中等职业教育“十二五”规划教材

中职中专计算机类教材系列

Dreamweaver 8 网页设计与实训

于 虹 主编

科学出版社

北 京

内 容 简 介

本书详尽地介绍了Dreamweaver 8中文版的基本功能。内容介绍从基本知识入手，引导读者逐步学习如何使用文本、图像、表格、层、框架、多媒体、行为以及表单等页面元素，生成图文并茂的网页。最后的综合实例详细地讲述了静态网页从切片到制作完整过程和动态留言板的制作。全书包括近40个典型实例，介绍了Dreamweaver 8的所有知识点，做到了实例典型、学有所用、用有所获。

本书以基本概念和入门知识为主线，并穿插大量网页制作技巧，案例语言简练、准确，图文比例适当，具有很强的可操作性和实用性。

本书可作为中等学校以及计算机培训班的教材，也可作为网页爱好者的自学读物。

图书在版编目(CIP)数据

Dreamweaver 8网页设计与实训/于虹主编.—北京：科学出版社，2008
（中等职业教育“十二五”规划教材·中职中专计算机类教材系列）

ISBN 978-7-03-022455-2

Ⅰ.D… Ⅱ.于… Ⅲ.主页制作-图形软件，Dreamweaver 8-专业学校-教材 Ⅳ.TP393.092

中国版本图书馆CIP数据核字（2008）第097053号

责任编辑：韩 洁 陈砺川/责任校对：刘彦妮
责任印制：吕春珉/封面设计：耕者设计工作室

科学出版社出版
北京东黄城根北街16号
邮政编码：100717
http://www.sciencep.com

铭浩彩色印装有限公司印刷

科学出版社发行 各地新华书店经销

*

2008年7月第一版 开本：787×1092 1/16
2018年12月第九次印刷 印张：16 3/4
字数：378 000

定价：44.00元

（如有印装质量问题，我社负责调换〈骏杰〉）

销售部电话 010-62136131 编辑部电话 010-62138978-8203

前　言

Dreamweaver 8 是目前最流行的网页制作软件之一，其功能强大，使用方便，也是一款集站点创建、网页制作、站点上传于一体的优秀网页制作软件，在制作静态网页和使用 ASP、ASP .NET、PHP 及 JSP 等语言制作动态网页方面都有非常出色的表现，备受广大网页设计师的青睐。

为了让读者更快、更有效地掌握 Dreamweaver 8 的主要工具和命令的使用方法，本书对软件中实用性不强的功能略过或一笔带过，重点为对在设计工作中常用、实用的功能进行了详细的讲解，以“全面掌握软件功能+典型设计应用案例”的学习方式，让读者在快速掌握切实所需的知识后，通过符合行为标准的设计应用实例进行创作训练，逐步掌握具有专业网页设计水平的实用技能。

本书力求体现以下特色：

（1）案例典型、内容合理

采用递进的方式，将书中知识点通过具有典型性、代表性的案例来具体实现，由简到繁、由易到难、循序渐进、深入浅出。

（2）结构新颖，项目综合

每一项目的知识安排和案例设计，力求符合教师授课要求和学生认知规律，为体现任务驱动和分层教学的教学理念，在每一项目中从讲解基本知识起，即设计“跟学操作”的过程，使学生或读者从一开始就能快速上手；案例设计力求完整，即一个项目用一个案例，且覆盖该项目所有知识点，使读者对项目知识有更深刻的认识和理解；每一项目的“知识拓展”环节，对该项目的提高知识做出讲解，使读者能掌握更多技巧；更在全书设计了一个完整的案例，并在每一项目的“综合实训”中进行与项目知识相关的练习，使读者在学习完本书全部项目后，即学会了一个完整的网站的制作。除此之外，在项目十四中，介绍了从 Photoshop 进行网页切片到进入 Dreamweaver 建立站点、制作模板、制作网页、上传网站的完整过程，使读者学会如何利用现今丰富的 PSD 模板，制作一个自己的网站。在项目十五中，讲解了留言板的制作，使读者对动态网站的制作流程有了初步的了解，为进一步深入学习网页制作打下良好的基础。

于虹任本书主编，廉小冰编写项目一、二、八，房志欣编写项目四、六、九、十二，于虹编写项目三、五、七、十、十一、十三、十四、十五，并完成全书统稿、校对。

本书中所用到的文件都在“本书实例”里，在正文中就不一一列出，如需本书素材、答案、课件，可从科学出版社职教技术出版中心网站（www.abook.cn）下载，或向作者索要（shuziyu@126.com）。

由于时间仓促，加上编写人员水平有限，书中可能存在着一些不足，欢迎各使用单位和个人对本书提出宝贵意见和建议，以便本书的更正和补充。

目　　录

走进 Dreamweaver 8

知识目标

- 了解 Dreamweaver 8 的主要功能
- 熟悉 Dreamweaver 8 的工作环境
- 掌握面板的添加方法

技能目标

- 掌握 Dreamweaver 8 的启动方法
- 掌握插入面板的使用
- 掌握属性面板的查看和使用

任务 1.1　Dreamweaver 8 概述

Dreamweaver 8 中文版是 Macromedia 公司继 Dreamweaver MX 2004 之后推出的新版网页设计软件，站点管理和页面设计是它的两大核心功能，它采用多种先进的技术，易学、易用，并以其直观的图形界面大大简化了网页的设计和编辑，与上一版本 Dreamweaver MX 2004 相比，其在功能上有了较大的提高，这些功能给网页编辑带来了许多便利之处和特殊效果，其特点如下。

（1）可视化操作 XML 数据

在 Dreamweaver 中使用简单的拖放工作流程，可将基于 XML 的数据集成到 Web 页中。使用 XML 和 XSLT 代码提示功能，可跳转到 Dreamweaver 的“代码”视图自行转换。

（2）统一 CSS 面板

在 Dreamweaver 8 中全部 CSS 功能合并到一个面板中，用户可以轻松、有效地使用 CSS 样式。

（3）CSS 布局可视化

在设计时应用可视化助理来描画 CSS 布局边框或为 CSS 布局加上颜色。单击 CSS 布局可了解设计的控制元素及所选内容的方案。

（4）改进的 WebDAV

Dreamweaver 8 中的 WebDAV 现在支持为安全文件传送使用摘要身份验证和 SSL（是为数据通讯提供安全支持的协议），并且连接也有所改善，可连接到更多的服务器。

（5）放大功能

使用放大功能可更好地控制设计。放大可检查图像或复杂的嵌套表格布局；缩小可预览页面。

（6）代码折叠

“代码”视图中的代码可以隐藏或展开，通过隐藏和展开代码块，可重点显示用户需查看的信息代码。

（7）改进的站点同步功能

对站点的管理更加可靠。改进的站点的同步功能有利于确保所使用的文件是最新版本，可防止某些意外操作覆盖其他人的工作。

（8）“编码”工具栏

“编码”工具栏位于“代码”视图的左侧，它提供了常见编码功能的按钮。

（9）选择性粘贴

利用 Dreamweaver 中新的粘贴选项，可保留在其他应用程序中创建的所有资源的格式的设置，也可以只粘贴其中的文本。

（10）文件比较功能

快速的文件比较功能可以确定两文件的不同的地方。它可以对两个本地文件、本地计算机上的文件和远程计算机上的文件、或是远程计算机上的两个文件进行比较。

（11）更加方便快捷的站点管理

新的起始页面、新的布局和设计使用户能快速地创建站点。

Dreamweaver 8 支持 ColdFusion 7 的新功能，并能利用更新的 PHP 5 支持功能，可以方便、快速地将 Flash 视频插入到 Web 页中。

任务 1.2　Dreamweaver 8 编辑界面

Dreamweaver 8 的操作界面整洁漂亮，功能齐全，主要由标题栏、菜单栏、插入面板、属性面板、浮动面板组和工作窗口组成，了解编辑界面的组成及使用，是学好 Dreamweaver 8 的第一步 。

知识 1.2.1　启动 Dreamweaver 8

在安装 Dreamweaver 8 后，可以通过“开始”菜单启动该程序。

操作步骤

① 选择“开始→程序→Macromedia→Macromedia Dreamweaver 8”。

② 第一次运行 Dreamweaver 8，会出现“工作区设置”对话框，如图 1.1 所示，选择“设计者”。

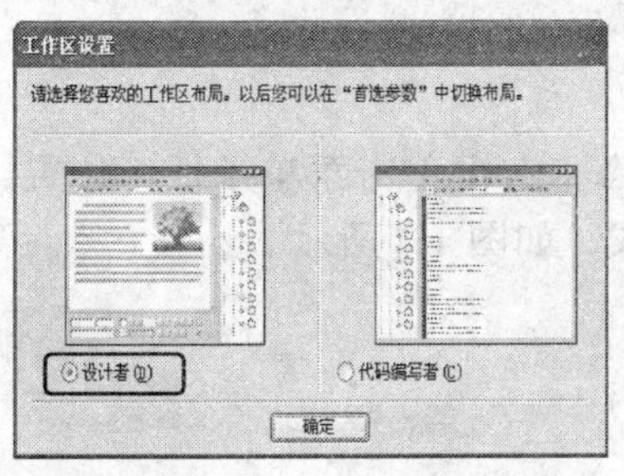

图 1.1　“工作区设置”对话框　　图 1.2　Dreamweaver 8 程序窗口及起始页

③ 在打开的程序窗口及起始页中选择“创建新项目”中的“HTML”，如图 1.2 所示，进入 Dreamweaver 8 的工作界面。

④ Dreamweaver 8 的工作界面由标题栏、菜单栏、插入面板、工具栏、文档窗口、“属性”面板和面板组组成，如图 1.3 所示。

知识 1.2.2　“插入”面板

位于文档窗口上端的“插入”面板组共包括 7 个子面板，通过点击它们可以实现对象的快速插入，其有两种显示状态：“显示为菜单”和“显示为制表符”，可以根据喜好选择其中一显示状态。

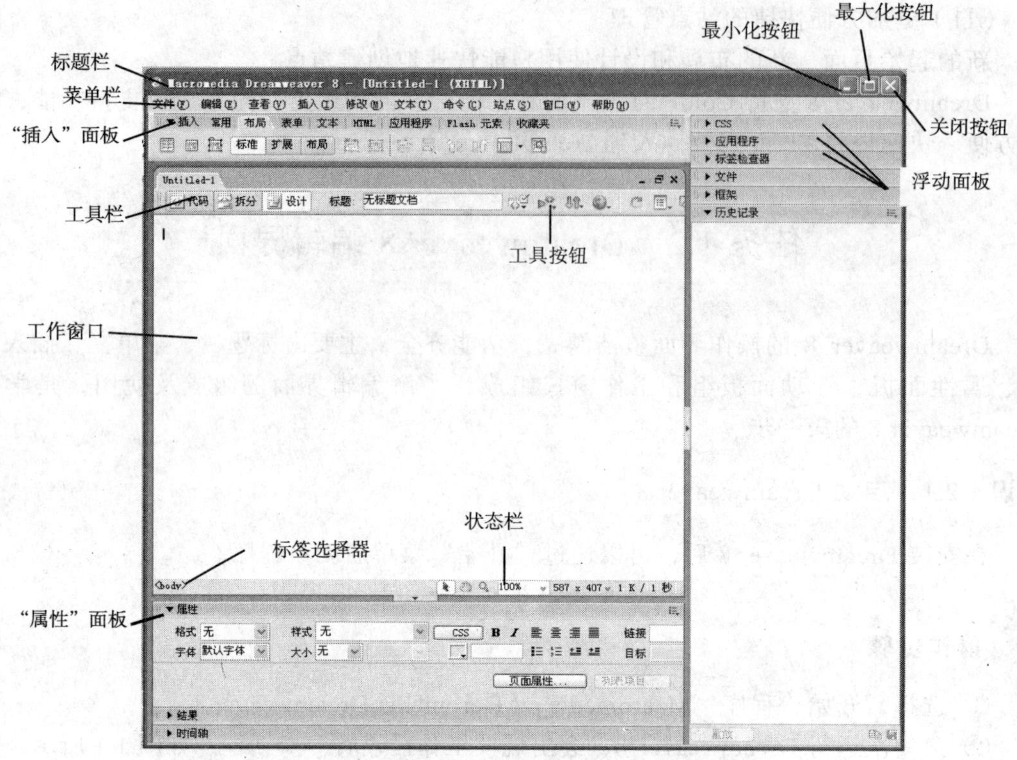

图 1.3 Dreamweaver 8 的工作界面

操作步骤

① 若"插入"面板组在"显示为制表符"状态，右键单击菜单条任一位置，在弹出的菜单中选择"显示为菜单"，可转换为菜单方式，如图 1.4 所示。

图 1.4 显示为菜单

② 若"插入"面板组为"显示为菜单"方式，在菜单项旁边点击▼按钮，选择弹出菜单中最后一项"显示为制表符"，这种状态下各个对象面板全部显示在插入面板上，如图 1.5 所示。

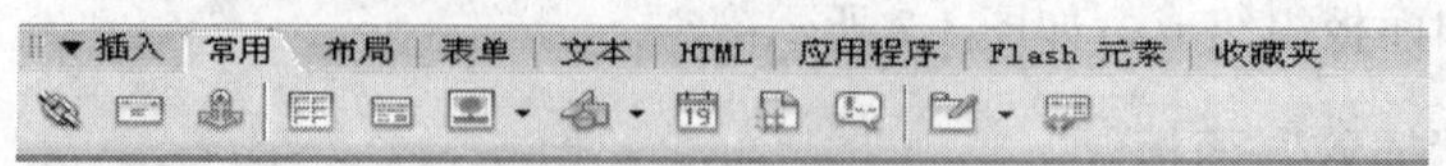

图 1.5 显示为制表符

③ 观察"插入"面板，其默认显示"常用"子面板，尝试在不同类别间转换，各子面板如图 1.6 所示，通过面板组上的按钮可以实现对象的快速插入。

图 1.6　插入面板组

知识 1.2.3　“属性”面板

一个网页是由文字、图像、表格、Flash 影片、表单、层等很多对象组成的，每一种对象都对应一个“属性”面板，它的作用是快速设置和显示对象的属性，当选中的对象不同时，文档窗口下面会呈现不同的“属性”面板。

跟我操作

① 选择“文件→打开”，在弹出的对话框中选择“本书实例”文件夹“1”中的“1.1.htm”，如图 1.7 所示，单击“打开”，即可打开该网页。

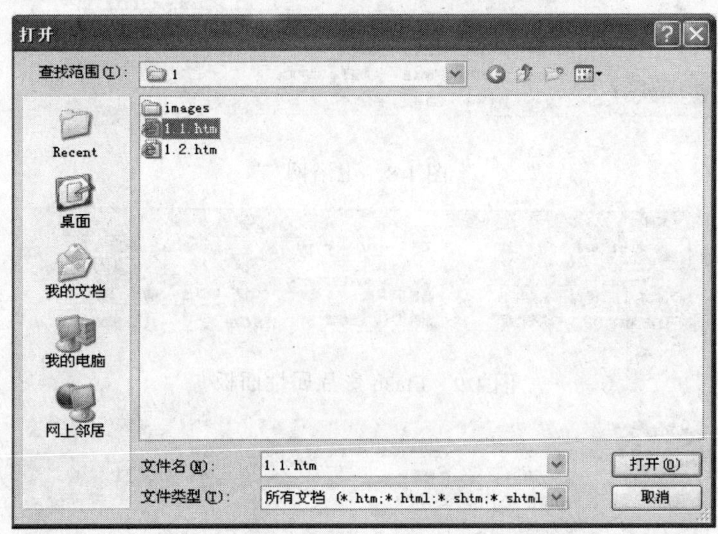

图 1.7　打开文件

② 网页编辑界面如图 1.8 所示，请尝试单击图中所示的对象，观察“属性”面板的变化，如图 1.9 ~ 图 1.12 所示，这些均为常用的“属性”面板，其中在 Flash 的“属性”面板中单击 播放 按钮可以播放 Flash 影片，效果如图 1.8 中所示。

③ 单击“属性”面板左侧的▼按钮，可以展开或折叠属性面板；单击右下方的△可扩展显示属性面板，如图 1.12 所示。

提　示　可能有的对象如表格、层等读者很难选取正确，那么就看不到其对应的"属性"面板，也就无从对它们的相关参数进行设置，这也体现了选取对象的重要性。除此之外，Dreamweaver 8 中还有其他的属性面板，在后面的项目中将逐一进行讲解。

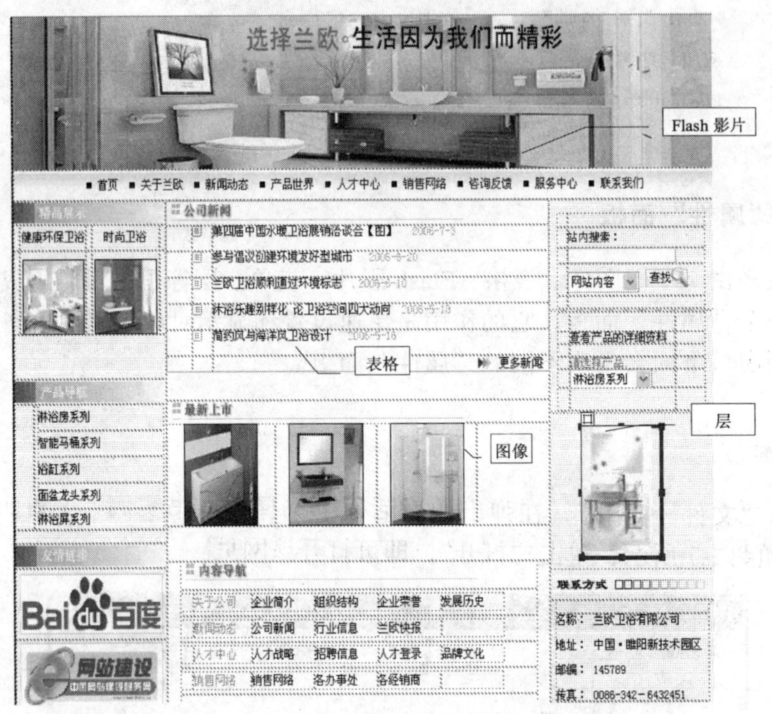

图 1.8　卫浴网

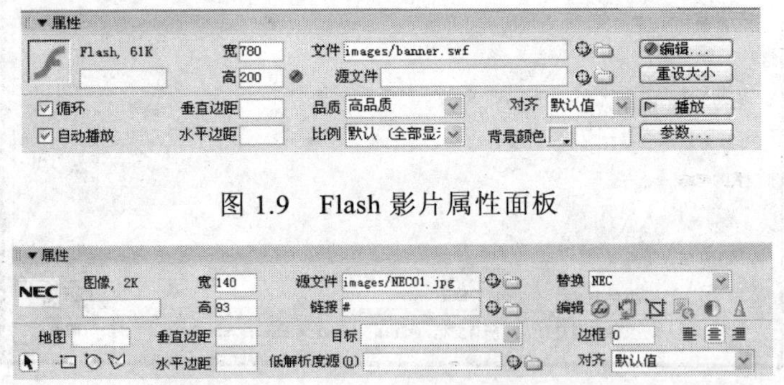

图 1.9　Flash 影片属性面板

图 1.10　图像属性面板

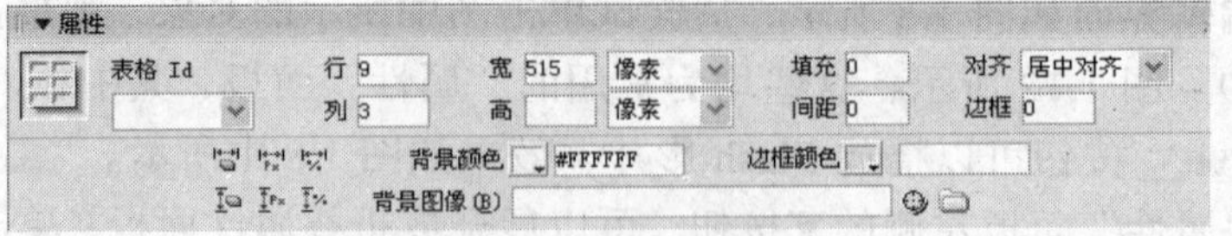

图 1.11　表格属性面板

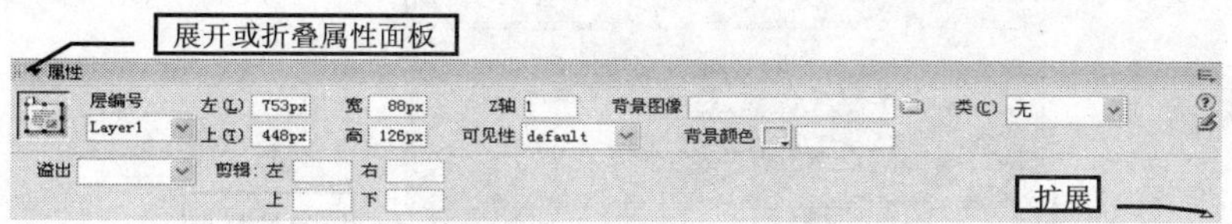

图 1.12 层属性面板

知识 1.2.4 “浮动”面板

浮动面板组在文档窗口的右侧，其内组合了多个常用的面板。

**跟我操作**

① 打开“窗口”菜单，选择相应的选项即可显示或隐藏相应面板；单击某一面板的▶按钮，可以将该面板展开或折叠，如图 1.13 所示。

② 单击浮动组中间的“收放”按钮或按 F4 键，可以将其收缩或展开，如图 1.14 所示。

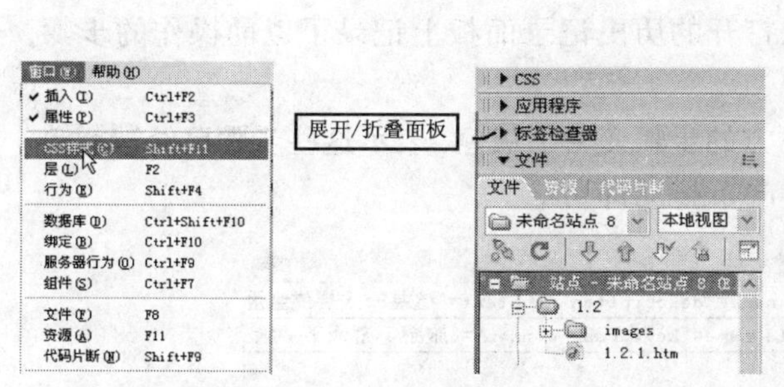

图 1.13 浮动面板组

图 1.14 收放/展开浮动面板

知识 1.2.5 标签选择器

标签选择器显示环绕当前选定内容的标签的层次结构。单击该层次结构中的任何标签可以选择该标签及其全部内容，如单击<body>可以选择网页的主体部分，单击<table>可以选择一个表格等。

**跟我操作**

① 打开文件“1.2.htm”，该页面中包含两个表格，其中内表格是一个嵌套表格，它包含在外表格的第 3 行第 2 个单元格内。

② 单击内嵌表格的某一单元格，在标签选择器上会显示多个标签，这些标签分层次显示出表格的多个标记，包括表格（<table>）、行（<tr>）、单元格（<td>），分别单击各标签以观察所选择的对象，如图 1.15 所示。

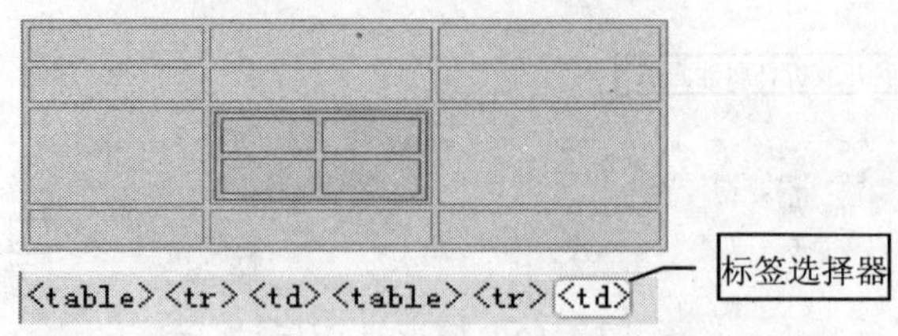

图 1.15 标签选择器

知识拓展

历史记录面板

在 Dreamweaver 8 中，可以按 Ctrl+Z 组合键撤销当前操作到上一步，但该方法只适合撤销几步，若想快速撤销更多步，最简便的方法是使用“历史记录”面板。

跟我操作

① 在当前网页中随意做一些操作。

② 选择“窗口→历史记录”，看到在打开的历史记录面板上记录了以前操作的步骤，如图 1.16 所示。

③ 向上拖动左侧的滑块，看到滑块下方的步骤变为了灰色，表示这些步骤已经被撤销。

④ 如果想恢复撤销，只需将滑块再向下拖动即可。

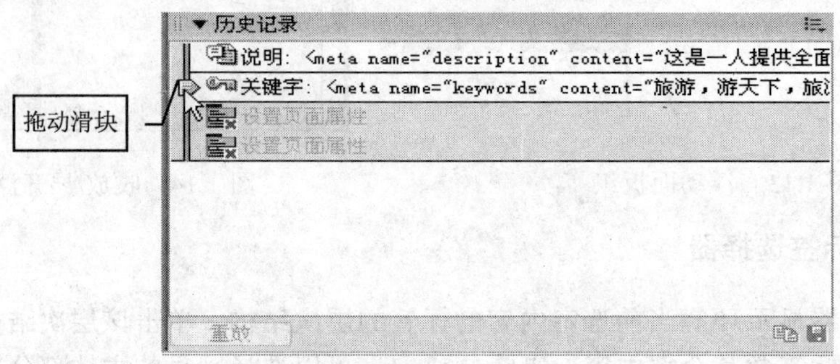

图 1.16 历史记录

提 示 默认设置下，历史记录最多撤销 50 步，若想增加撤销步数，请选择“编辑→首选参数”，在打开对话框的“常规”中设置即可。

项目小结

本项目介绍了 Dreamweaver 8 的启动方法和编辑界面，使初次接触 Dreamweaver 8 的用户能很快上手，为以后的学习打下良好的基础。

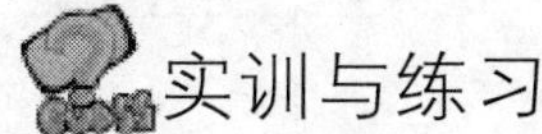

实训与练习

一、填空题

1．插入面板中共包含 8 个类别，分别是________、________、________、________、________、________、________、________。

2．在编辑页面时，按________键可以隐藏全部面板以查看页面的整体效果。

二、选择题

1．以下不是 Dreamweaver 8 的属性面板的是（　　）。

A．文本属性面板　　B．段落属性面板

C．层属性面板　　D．表格属性面板

2．Dreamweaver 8 的工具栏左侧有三个按钮，其中不包含（　　）。

A．HTML　　B．代码　　C．设计　　D．拆分

三、简答题

1．如何折叠、展开、扩展面板？

2．如何显示对象的属性面板？

四、实训题

【实训要求】 重组面板：将在网页制作过程中经常使用的面板，按照用户的需要重新组合在一起，可省去制作时在多个面板间切换的麻烦。请将“历史记录”面板组合到“文件”面板中。

【实训提示】 右击“历史记录”面板，在弹出的菜单中选择“将历史记录组合至”，选择“文件”，组合效果如图 1.17 所示。

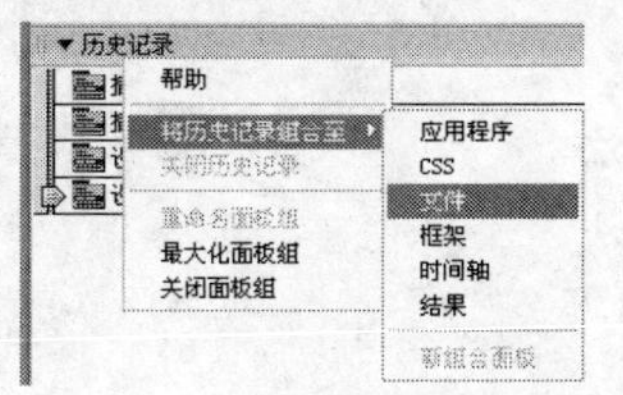

图 1.17　实训效果

项目二

创建本地站点

知识目标

- 站点的概念及意义
- 站点的规划原则
- 站点的建立方法

技能目标

- 掌握利用向导建立站点的方法
- 掌握利用高级建立站点的方法
- 掌握站点的编辑方法

任务 2.1　网站规划

知识 2.1.1　站点的概念

一个网站中包含了多个不同的页面，而每一个页面中又包含了大量的图片、音频、视频等信息。为了使整个网站的结构清晰，为了便于查找和管理网站中的各项信息，可以将整个网站定义为一个文件夹，此文件夹称为站点，在站点中可以把网页中的文件分门别类的存放。

Dreamweaver 中的站点包括远程站点和本地站点。简单地说，所谓远程站点就是读者在 Internet 上访问的各种站点，站点文件都存储在 Internet 服务器上，由于直接建立和维护远程站点有很多困难，因此通常在本地计算机上先完成站点的建设，这种在本地磁盘上建立的网站称为本地站点，本地站点测试无误后，再使用 FTP 工具上传到 Internet 服务器上。

知识 2.1.2　网站规划

在创建任何 Web 站点页面之前，都要对站点进行一系列的设计和规划，比如确定网站的目标用户群，网站的内容，站点决定要创建多少页，页面布局的外观以及各页是如何互相连接起来的等内容，当这些工作都做好之后，才开始利用 Dreamweaver 制作站点。

1. 确定目标群体

在创建一个站点之前，首先要确定站点是给什么人访问的，即确定站点的用户群体，以便于确定在站点内添加的内容、为网站设计不同的视觉内格、色彩效果等。比如化妆品网站的日标群体就是一些年轻、时尚、漂亮的女性，因此网站要配以偏向粉色或紫色等比较柔和、明亮的色彩和时尚、美观的界面，如图 2.1 所示。

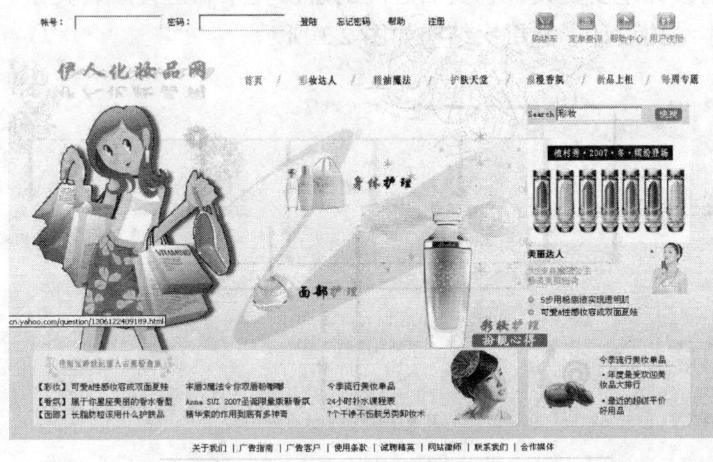

图 2.1　化妆品网

2. 确定站点功能

确定了站点的目标群体后，就要设计网站需要为这些用户实现哪些愿望和功能，以确定网站各方面的内容及效果要求，例如如果是企业网站，就应立足于企业形象来展开，如果是购物网站，就要强化网站的在线购物等功能，图 2.2 是一个“童话故事网”，它的用户群主要是儿童，其次是家长，因为主要面对儿童，所以在色彩上设计的比较明亮；又因为考虑到家长的需求，所以在功能上加入了“家庭沟通”“教育子女”“心理咨询”等栏目。

图 2.2　童话故事网

3. 安排站点结构

站点的结构设计主要是设计各页面之间的层次关系和链接跳转关系，以手机网为例对网站进行基本结构设计，其层次结构如图 2.3 所示。

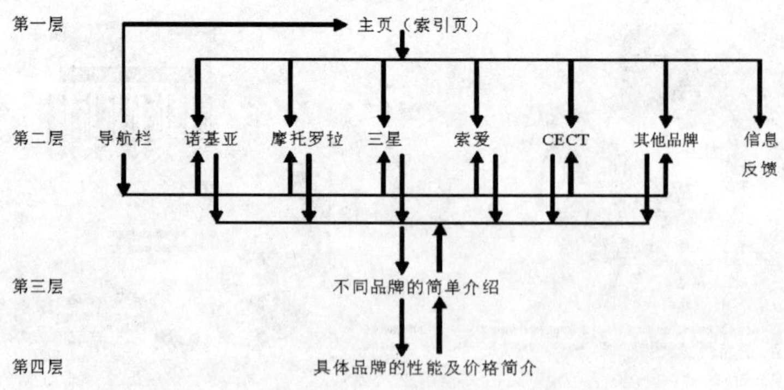

图 2.3　“手机”网站基本结构示意图

4. 设计网页布局

站点的整体结构设计后，要对网站的主页及各页面的布局进行设计，常用的有“国”字型、拐角型、标题正文型、综合框架型、封面型、Flash 型等，图 2.4 和图 2.5 是手机网的布局设计。

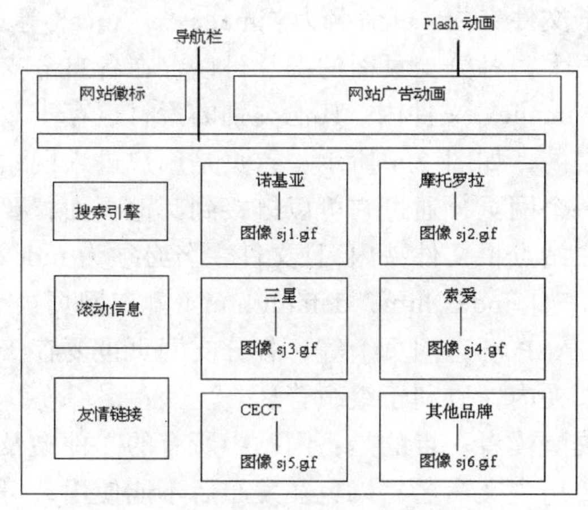

图 2.4　主页的布局设计

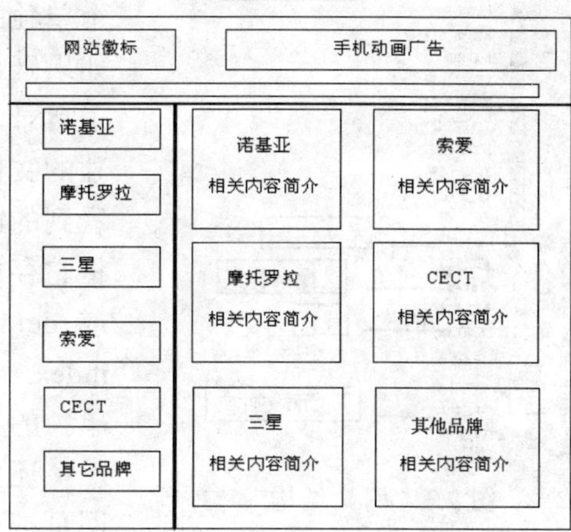

图 2.5　其他页面的布局设计

任务 2.2　创建本地站点

在做好了前面的准备工作后，就可以建立本地站点了，Dreamweaver 中提供了专门的站点建立向导，从而使建立站点变得异常简单和方便。

知识 2.2.1　建站规则

一个站点是由一组相互链接，并具有相同设计风格或共同用途的网页文档组成的，在建立网站之前，一定要合理地规划站点，避免建站工作的盲目性，一般情况下创建一个网站应遵循的流程如下：

① 对站点进行规划，具体知识请见知识 2.1.2。

② 准备站点中所用到的素材。

③ 创建本地站点。

④ 制作静态及动态网页。

⑤ 测试本地站点。

⑥ 上传本地站点到远程服务器。

⑦ 网站维护与更新。

在制作网页之前，首先应在本地计算机上建立一个文件夹作为站点根目录，例如，在 D 盘上建立一个目录 MyWeb，然后将准备好的素材，如图片、Flash 影片、声音、文字等都存放在该文件夹下，站点建立以后制作的所有网页，也存于该文件夹下，如果想

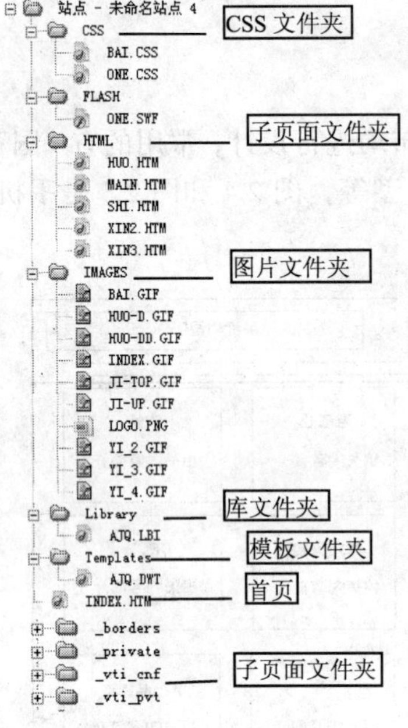

图 2.6 网站结构

移动和上传站点，只对该文件夹操作即可。

对于规模较大的网站来说，素材和网页文件会有几百个至上千上万个之多，那么如何管理好这些文件呢？就需要有一定的规则：即站点内所有内容的存放要有层次。一般情况下，图片类型的素材要存放在一个单独的子文件夹内，可命名为“images”、“pics”等；如果网站很大，各分支页面的图片可以存在各自分支子目录的“image”文件内，其他类别的素材也存于单独的文件夹内，如图 2.6 所示；首页是用户进入网站看到的第一个网页，通过它可以链接到其他页面，要将它存放在站点根文件夹内，且文件主名必须为 index 或 default，如 index.htm，default.htm（静态网页），index.asp（ASP 动态网页）等；各分支网页也要存于单独的文件夹内，以利于组织管理。

还要提醒读者一点的是：网站中所有的文件夹及网页都不要用中文命名，以免在发布后不能使用，可以使用有规律可循的汉语拼音、英文原义或英文缩写来命名，实际应用时，网站的文件结构可根据网站的大小和内容自行组织。

知识 2.2.2 利用向导创建站点

创建站点的操作是在站点管理器中完成的，对于初学者来说，利用向导建立站点是一个很好的选择，按照向导一步步设置，很快就可以建立好自己的站点。这主要包括三个方面：定义一个新站点、创建文件夹和创建空白文档。下面就通过一个实例，讲解建立站点的方法。

案例 创建本地站点

本案例任务为建立一个自己的站点，并在该站点中建立文件夹及网页。

操作步骤

（1）创建站点

① 在创建站点前，首先在 D 盘新建一个目录 MyWeb，选择菜单“站点→管理站点”，打开“管理站点”对话框，如图 2.7 所示。

② 在对话框中单击“新建→站点”，如图 2.8 所示，打开“站点定义”对话框。在该对话框中填入站点的名称，如图 2.9 所示，因为它只是一个网站的标识，所以可以起中文，也可以与站点根目录的名称不同，输入后单击“下一步”按钮。

③ 由于暂不建立动态网页，因此在图 2.10 中选择“否”，单击“下一步”。

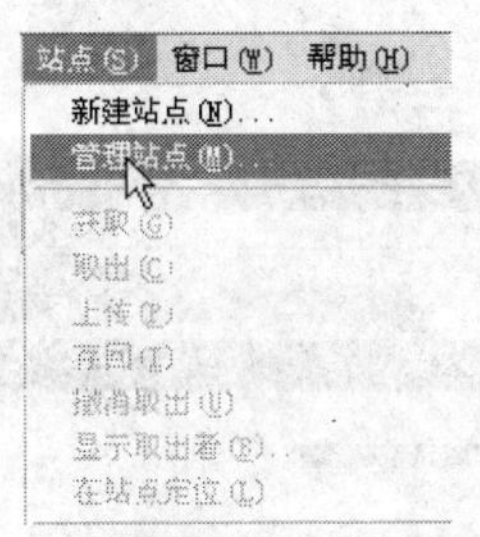

图 2.7　选择“管理站点”命令

图 2.8　“管理站点”对话框

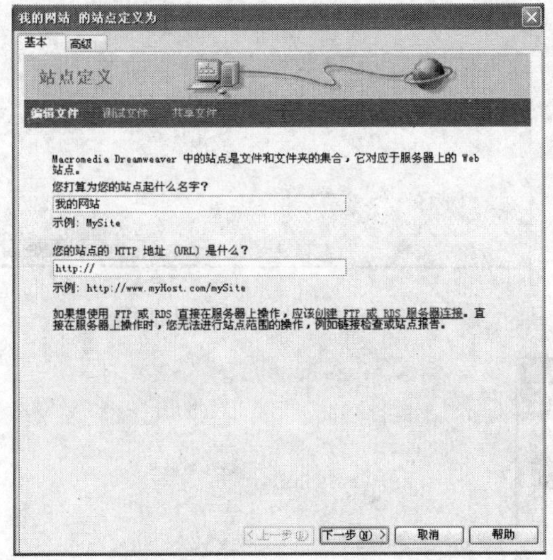

图 2.9　输入站点名

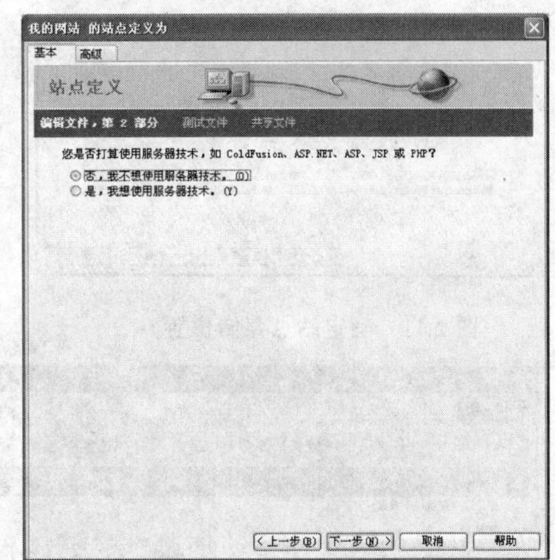

图 2.10　确定服务器技术

④ 在图 2.11 中选择“编辑我的计算机上的本地副本，完成后再上传到服务器”单选项，填入本地站点的目录位置如“D:\Myweb”，或单击旁边的浏览按钮，选择已建立好的目录。

提　示　也可以在单击“浏览”按钮打开的对话框中，新建站点根目录。

⑤ 一般情况下，站点定义完成后再与FTP连接上传网站，所以在图2.12中选择“无”，单击“下一步”。

⑥ 最后显示前面所定义的站点的所有信息，如图 2.13 所示，确定无误单击“完成”。然后在退出后的对话框再单击“完成”即完成站点的建立，在“文件”面板中，看到建立的站点。

（2）创建文件夹和首页

① 在“文件”面板中右击站点根目录位置，在弹出的快捷菜单中选择“新建文件夹”，即在站点中建立了一个文件夹，如图 2.14 所示，在文件夹名中单击，将其改名为 images，继续建立另外两个文件夹 music、flash，用于分别存放站点中不同类型的素材文件。

② 同样地，在弹出菜单中选择“新建文件”，如图 2.15 所示，新建一个网页文件，默认网页文件的名称是“untitled.html”，在文件名中单击，将其改为首页“index.htm”，

注意更改时不要改变扩展名。

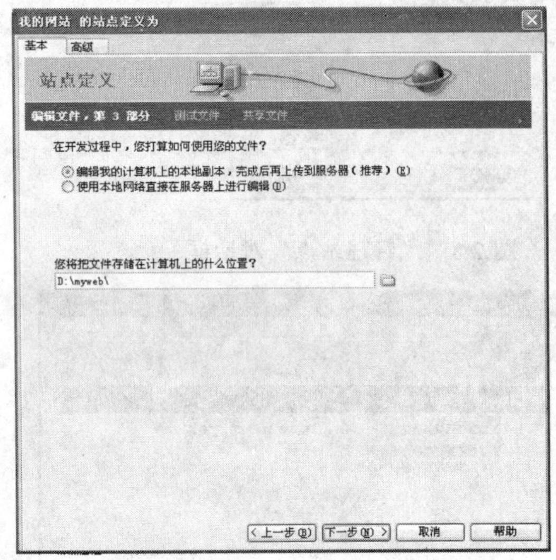

图 2.11 确定站点存储位置

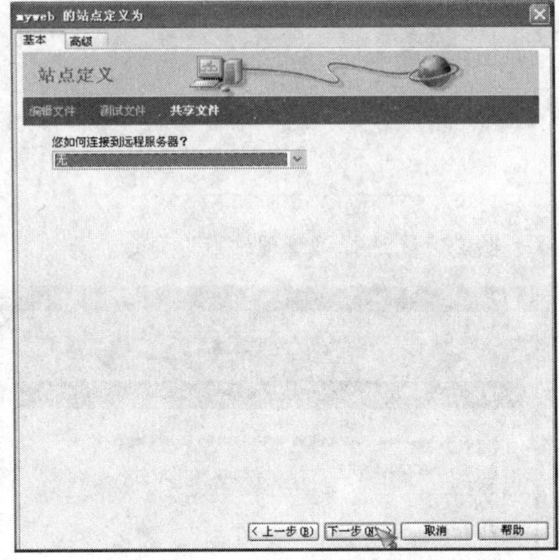

图 2.12 站点定义对话框

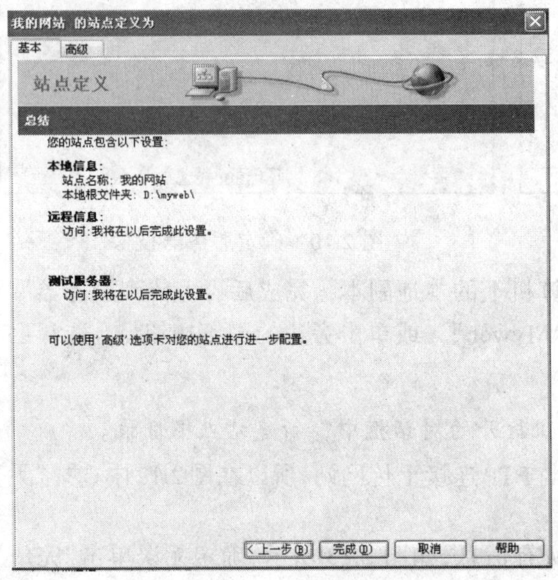

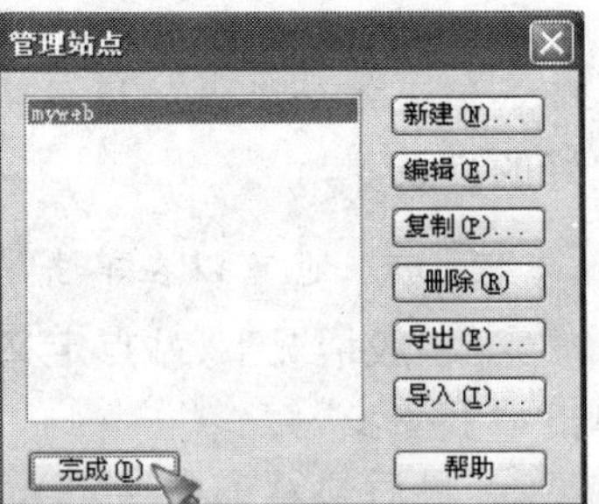

图 2.13 确认站点信息

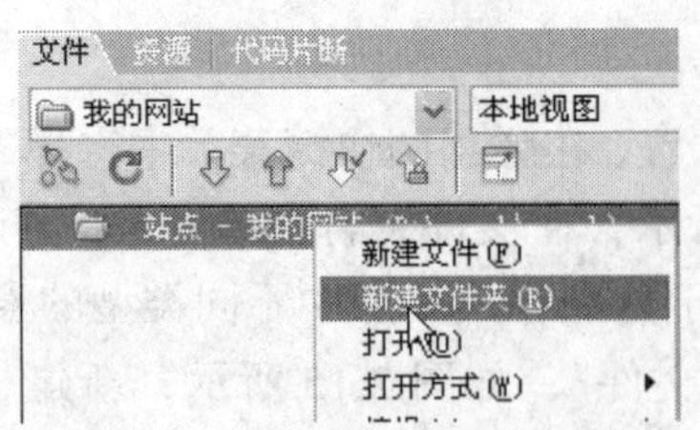

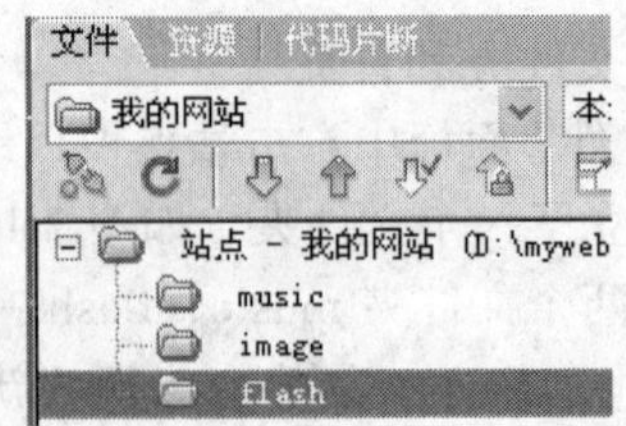

图 2.14 创建文件夹

③ 至此一个简单的网站结构就建立好了，下面可以将素材分类存放到相应文件夹内，并根据素材制作网页。

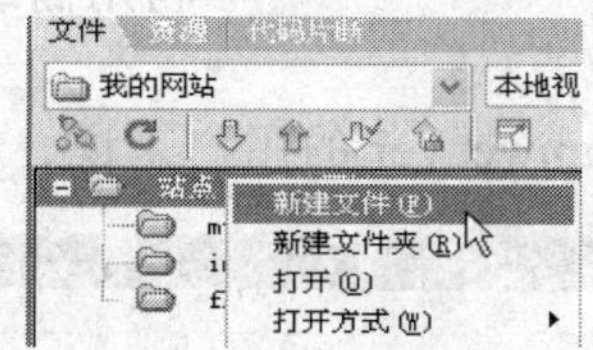

图 2.15　创建首页文件

（3）编辑站点

在站点中，除了可以新建文件夹和网页文件外，还可以删除、复制、重命名文件夹及文件，如果需要修改站点的相关设置，还可以再次进入站点定义对话框进行修改。

① 在文件或文件夹上单击右键，在弹出的快捷菜单中选择“编辑”可进行一系列的更改操作，如图 2.16 所示。

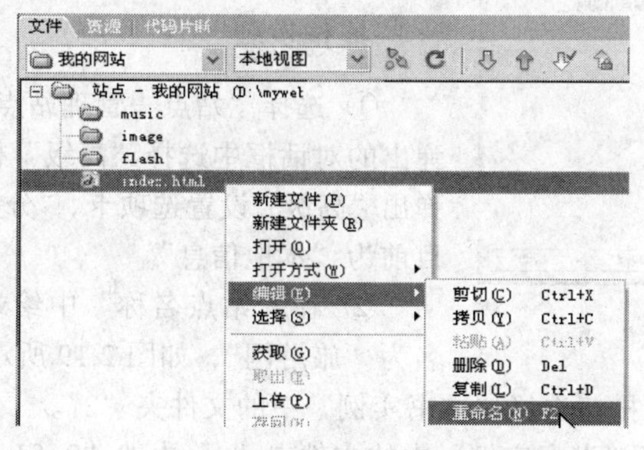

图 2.16　编辑操作

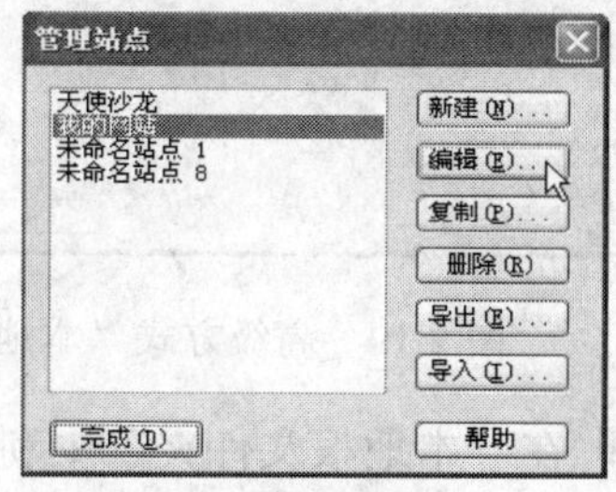

图 2.17　编辑站点

② 若想修改站点定义信息，可再次打开“管理站点”对话框，单击“编辑”按钮，如图 2.17 所示。即可再次打开站点定义对话框，对相关内容进行更改。

案例小结

本案例讲解了本地站点的创建和编辑方法，在这里要强调的是，重命名文件、移动文件等变更操作要在“文件”面板中进行，而不要在 Windows 的资源管理器中进行，因为在 Dreamweaver 的“文件”面板中改变网页文件名或路径时，会提示是否将其他网页文件中与变更文件相关的链接地址同时改变，如图 2.18 所示，从而避免因变更而造成的链接错误。

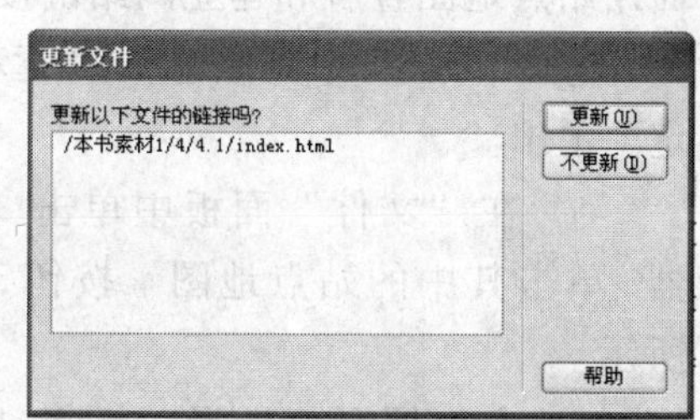

图 2.18　改名后同步更新链接

知识拓展　　利用高级创建站点

对于熟悉 Dreamweaver 的用户来说，使用“高级”方式创建网站更加方便，它可以根据需要分别设置本地、远程和测试服务器信息。如要快速开始，可先设置“本地信息”，至于其他远程和设置信息，可以后再添加，下面就重点介绍“本地信息”的添加方法，以“本书实例”中的文件夹“2”为例，利用“高级”方式将其建立为站点。

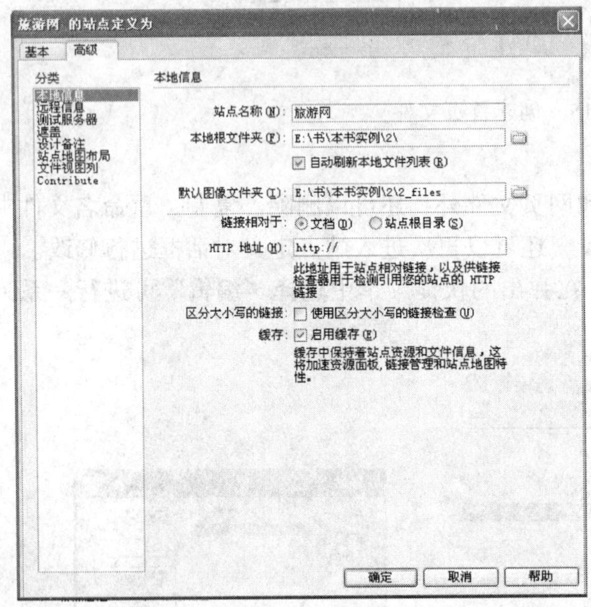

图 2.19　高级方式“本地信息”

操作步骤

① 选择“站点→管理站点”，在弹出的对话框中选择“高级”标签，弹出“高级”设置选项卡，“分类”中目前为“本地信息”。

② 在“站点名称”中给站点起名为“旅游网”，如图 2.19 所示。

③ 在“本地根文件夹”中利用按钮选择“本书实例”中的文件夹“2”。

④ 在“默认图像文件夹”中选择“本书实例”中的文件夹“2”中的“2_files”，它的作用是定义图像文件的默认目录。

提　示　定义此选项的好处是当网页中插入一个外部图像时，该图像会被自动拷贝到在此指定的默认图像文件夹中，而不必弹出提示拷贝的对话框。

⑤ 在“分类”中选择“站点地图布局”，设置“主页”为“2.1.htm”，以便于在后面用站点地图查看和建立网站链接，如图 2.20 所示。

⑥ “分类”中其他选项：“远程信息”、“测试服务器”等，可以后再添加，单击“确定”退出。

⑦ 在“文件”面板中单击“展开/折叠”按钮，如图 2.21 所示，展开站点管理器，单击其中的站点地图按钮，可以看到站点中从首页向下的链接关系，如图 2.20 所示。

⑧ 右击网页，选择“链接到新文件”或“链接到已有文件”可在地图中建立网页链接。

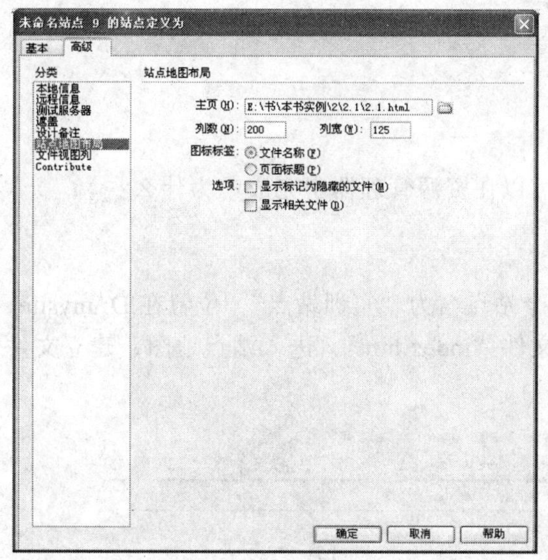

图 2.20　站点地图信息

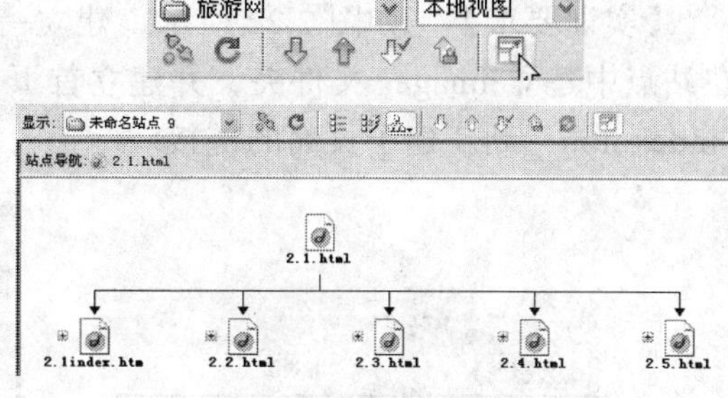

图 2.21　站点地图

项目小结

本项目介绍了本地站点和远程站点的概念、设计网站的一些准备工作，按部就班地定义了一个新站点并创建了分支页面，同时还讲解了如何利用高级方式创建站点，以后每一项目的案例中，还要经常用到建立站点的操作，是学习网页制作的重要的第一步。

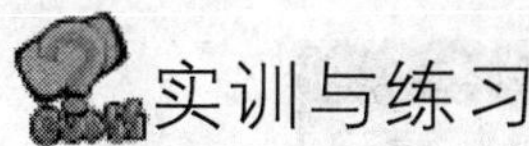

实训与练习

一、填空题

1．Dreamweaver 8 中的站点包括____________、____________。

2．站点主页的文件主名应该是____________或____________。

二、选择题

1．下面关于设计网站的结构的说法错误的是（　　）。

A．按照模块功能的不同分别创建网页，将相关的网页放在一个文件夹中

B．必要时应建立子文件夹

C．尽量将图像和动画文件放在一个文件夹中

D．“本地文件”和“远端站点”最好不要使用相同的结构

2．在制作网站时，下面是 Dreamweaver 的工作范畴的是（　　）。

A．内容信息的搜集整理　　　　B．美工图像的制作

C．把所有有用的内容组合成网页　　　　D．网页的美工设计

三、简答题

1．在 Dreamweaver 建立站点的作用？

2．对站点中的文件进行改名时，是否可以在资源管理器中完成？为什么？

四、实训题

【实训要求】　如图 2.22 所示，建立一个站点名为“实训站点”，位置在 D:\mysite，在站点中建立 images 文件夹，并建立首页文件“index.htm”，进入站点地图，建立文件“index.htm”到新建子页面的链接。

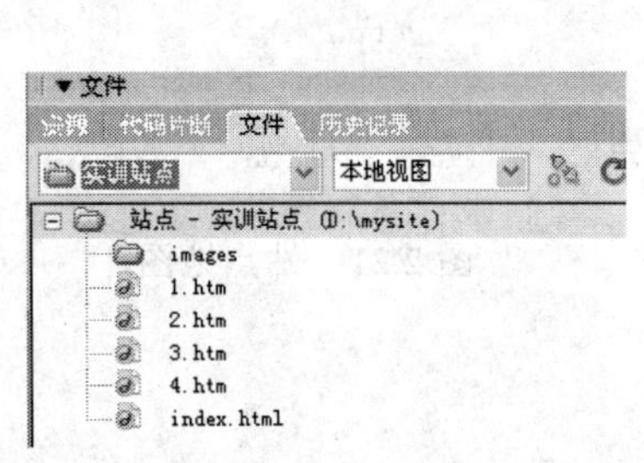

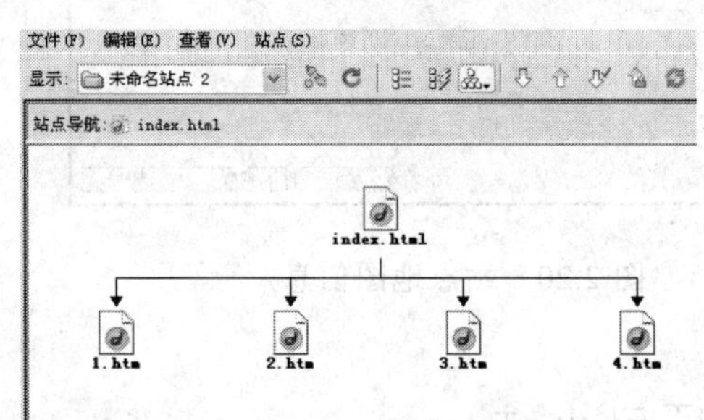

图 2.22　实训效果

【实训提示】　进入站点地图后，右击首页文件“index.htm”，在弹出的菜单中选择“链接到新文件”，给文件起名，输入链接文本和标题，如图 2.23 所示，则该文件及链接即被建立。依此方法再建立其他子页面文件即可。

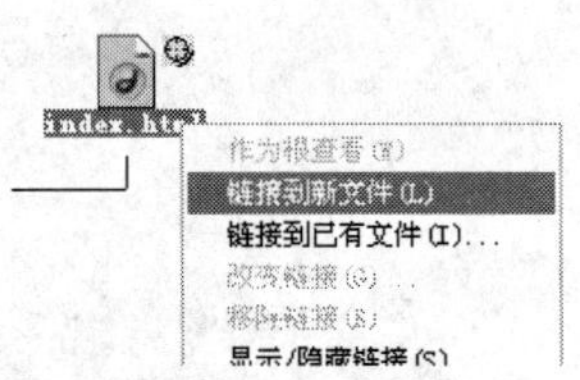

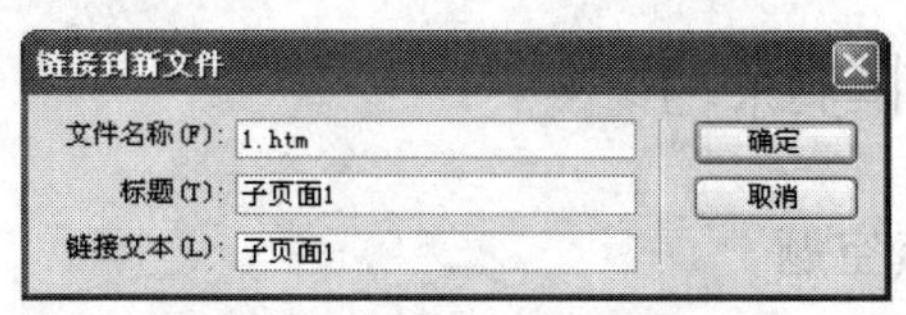

图 2.23　实训效果

网页基础知识和基本制作

知识目标

- 理解 HTML 语言的含义
- 理解三种视图方式的作用
- 理解网页文件的结构

技能目标

- 掌握页面属性的设置方法
- 掌握 META 的设置方法
- 掌握网页的基本制作方法

任务 3.1 网页基础知识

网页是 WWW 中的基本文档，按照功能划分，可分为静态网页和动态网页；按照编写语言的不同，又可分为 HTML、XML 和 ASP、ASP .NET、PHP 等网页。对于初学者来说，在开始学习网页制作之前，理解网页的基础知识非常重要。

知识 3.1.1 网页的分类

网页按照实现的交互功能的不同，分为静态网页和动态网页两种。这里的“静态”和“动态”不是指视觉上呈现的效果，很多人从字面上把动态网页理解为含有大量动画和视觉效果的网页，而静态网页则是没有动画的纯文本和静态图像的网页，这样的理解是错误的。

动态网页实际上是指以数据库技术为基础且具有交互功能的网页。通过动态网页可以实现访问者与 Web 服务器的信息交互，比如常见的网上论坛、博客和网上商店就属于动态网页，以.asp，.aspx，.php 等为后缀的网页都是动态网页，它们是用 ASP、ASP .NET、PHP 等语言编写的。相对的，静态网页则是指不具有交互功能的传统网页，它的内容不会因为用户的访问而产生变化。

目前很多静态网页都是基于 HTML 语言规范的，HTML 其全称为 Hyper Text Markup Language，即超文本标记语言，是一种页面描述的标记语言而非编程语言，原理是通过各种标记来描述文字、图像、表格等在浏览器中的显示效果，当用户使用浏览器打开网页时，将根据其 HTML 标记来显示网页的内容。

当新建一个网页时，默认情况下都会以“htm”或“html”为后缀来保存，这就是标准的 HTML 文档，即静态网页，其源代码是 HTML 代码的集合。随着 Web 应用范围的不断扩展，又涌现出了大量的网页技术，如 XHTML 和 XML。

知识 3.1.2 三种视图方式

一个网页可以理解为两种状态：一种是源代码状态，这种状态下看到的是网页的源代码，它由纯文本组成，是未经浏览器端和服务器端处理的原始状态；另一种是在浏览器中显示出来的状态，即用户见到的网页状态。Dreamweaver 8 采用“所见即所得”的方式将两种状态同时在编辑器中显示，将网页设计由“单纯的代码编写“转变为“可视化的操作”，使网页的制作更加快捷和方便。比如可以通过选取菜单向网页中插入一张图片，当图片插入时即表示其 HTML 代码插入到网页中，从而由简单的操作替代了复杂的代码编写。

Dreamweaver 8 提供三种视图方式，使用户可以方便地在代码和编辑状态之间转换，这三种视图方式分别为“设计视图”“代码视图”和“拆分视图”。

跟我操作

打开“本书实例”中文件夹“3.1”中的文件“3.1.htm”，单击文档窗口左上角三个按钮，尝试在三种视图间进行转换，如图 3.1 所示。

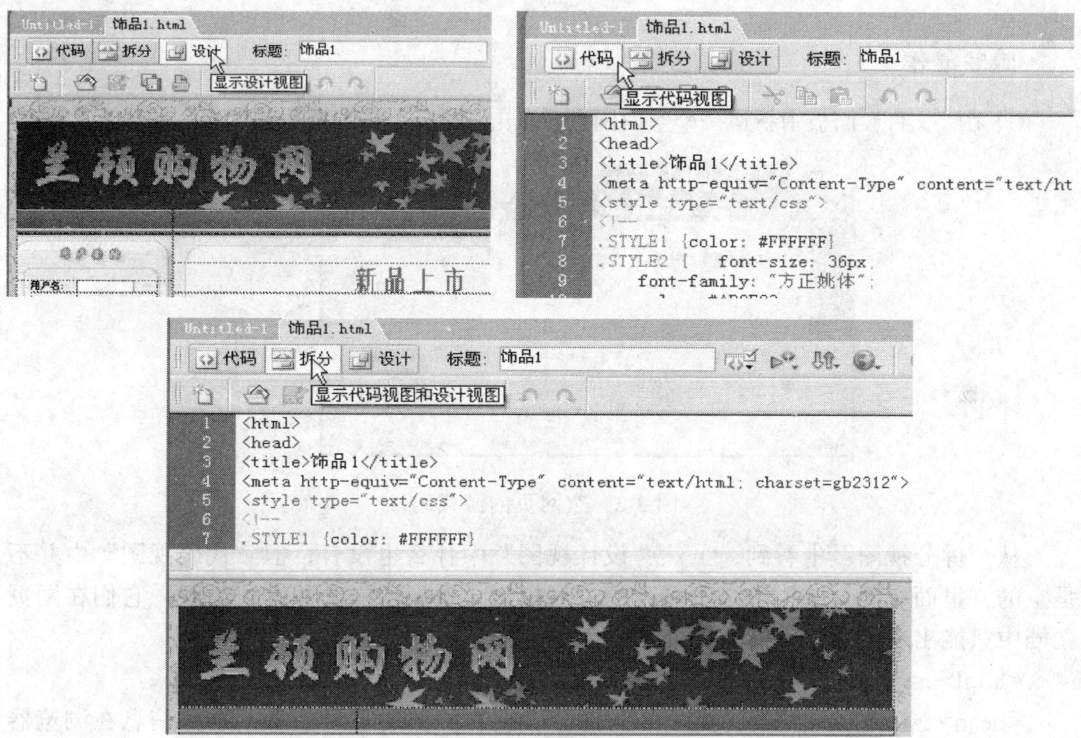

图 3.1　三种视图方式

其中，“设计视图”：在所见即所得的方式下显示网页文档。

“代码视图”：显示网页的源代码。

“拆分视图”：同时显示网页的源代码和所见所得的外观。

可以根据需要在这三种视图间进行切换。“设计视图”是在网页布局阶段必不可少的视图方式，网页的布局、美化、色调搭配等都需要在此视图下完成；“代码视图”使用户们可以编辑网页的源代码，是编程人员必不可少的视图方式；而“拆分视图”可以使用户们同时对照网页的效果和源代码进行修改和制作，在很多情况下也是经常使用的。

知识 3.1.3　HTML 源代码

HTML 语言是一种网页制作的排版语言，而并非一种编程语言，用它编写出的 HTML 文件是一种纯文本格式的文件，由一系列字符串来描述文件中的信息和功能，它由标记和被标记的内容组成，标记像一个排版程序，将网页的内容排成想要的效果，它们大多成对出现，且用层层嵌套的方式组织。

1. HTML 文件结构

一个 HTML 文件由两大部分组成，即文件头部分和文件主体部分，文件主体部分是在 Web 浏览器窗口中显示的内容，而文件头则用来规定该文档的标题和文档的一些属性。

跟我操作

① 在“文件”面板中新建一个空白网页，点击“拆分”视图查看源代码，如图 3.2 所示。

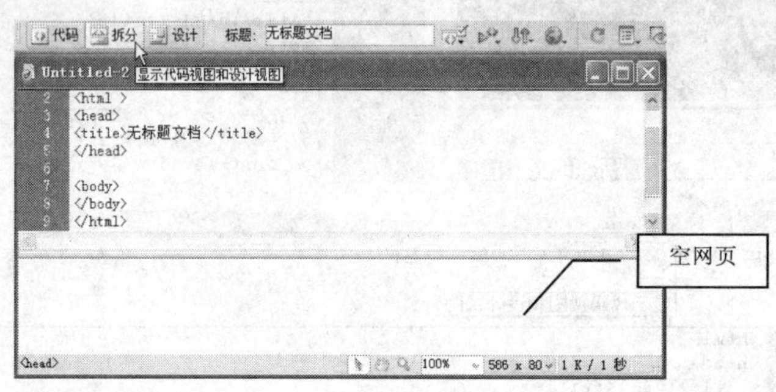

图 3.2 空网页的源代码

从“拆分视图”中看到，虽然“设计视图”中什么也没有，但“代码视图”中并不是空的，里面有网页结构中必不可少的三对标记，由层层嵌套的方式组织，它们在网页文档中只能出现一次，不能重复使用，下面介绍其含义：

<html>..</html>：网页的开始、结束标记。

<head>..</head>：网页的文档开头部分，包含网页的重要信息，这些信息在浏览器中不显示。

<body>..</body>：网页的可见部分，设计视图中看到的所有元素都包含在这对标记中。

这三对标记的结构为：

```
<HTML>
  <HEAD>
    <TITLE>网页的标题</TITLE>
  </HEAD>
  <BODY>
      网页的内容
  </BODY>
</HTML>
```

例：

```
<HMTL>
<HEAD>
<TITLE>简单的 HTML 文件</TITLE>
</HEAD>
<BODY>
  最简单的网页
</BODY>
</HTML>
```

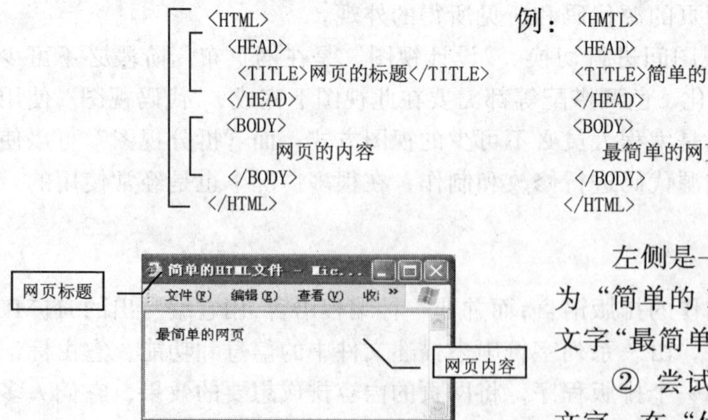

图 3.3 网页效果

左侧是一个示例，定义了网页的标题为“简单的 HTML 文件”，网页的内容为文字“最简单的网页”，效果如图 3.3 所示。

② 尝试在“设计视图”中输入一些文字，在“代码视图”中观察变化，发现

其文字源代码在<body>…</body>中显示。

2. HTML 标记

HTML 标记用来描述页面中的内容，大多成对出现，格式为：

```
<标记 属性> 受标记影响的内容 </标记>
```

例如：字体标记为<font>，“size”为其属性，表示设置文字大小，那么

```
<font size=3>公司简介</font>
```

就表示设置文字“公司简介”的字号大小为 3。也有的标记不成对出现，也没有属性，比如换行标记
。

Dreamweaver 8 在状态栏的左侧提供了一个“标签选择器”专门用来显示标记，如图 3.4 所示，熟悉 HTML 代码的用户可以通过它选中相应的标记，来快速的选取对象。

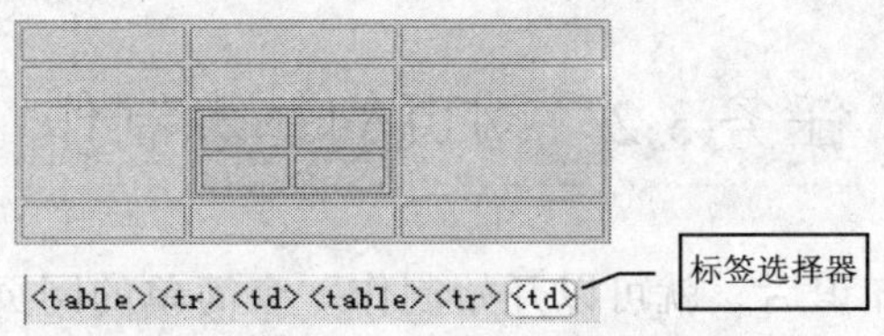

图 3.4　标签选择器

知识 3.1.4　网页的颜色

网页中的颜色可以用十六进制 RGB 值和颜色的英文名来表示。十六进制 RGB 值以“#”开头，如“#00FF00”就是一个颜色值。RGB 值虽然表面看起来很复杂，但其实它的定义是有规则的：颜色是由红、绿、蓝三原色组合而成，而对于每种三原色又有 256 种彩度，每种颜色用 2 位十六进制数来定义，范围“00～FF”，三种颜色加起来一共是六位十六进制数，能混合成 1600 万种颜色。

六位数中，前两位表示红色，中间两位表示绿色，最后两位数字表示蓝色，其中“00”表示该颜色没有，“FF”表示该颜色最亮，所以以此类推：“#FF0000”表示红色；“#00FF00”表示绿色，“#0000FF”表示蓝色，而“#FFFFFF”表示白色，相反“#000000”则为黑色，然后每个颜色值的中间变化，又会对应出成千万种彩度的颜色。其中常用的颜色还对应英文颜色名，它和十六进制值一样，表示该种颜色，可以直接在 HTML 的属性中使用，表 3.1 是常用颜色的值及其英文名。

表 3.1　常用颜色值及英文名

名　称	十六进制值	英文颜色名
黑　色	#000000	black
红　色	#FF0000	red
蓝　色	#0000FF	blue
绿　色	#00FF00	green
黄　色	#FFFF00	yellow
白　色	#FFFFFF	white

跟我操作

在空白网页中输入一些文字，如“学习 Dreamweaver”，在下面的属性面板中单击“文本颜色”，在弹出的颜色面板中改变吸管的位置，观察颜色值的变化，最后确定一种颜色，如图 3.5 所示。

图 3.5 设置颜色

任务 3.2 网页的基本制作

了解了网页的相关知识后，就可以开始制作一个简单的网页了，网页的文件头设置和页面属性设置是制作网页初始的一个重要步骤，虽然这些信息多为不可见元素，不能够在网页上直接看到效果，但从功能上来说，很多都是必不可少的。头内容为网页添加必要的信息，帮助网页实现各种功能；网页属性可以设置网页的背景颜色、文本颜色等内容，主要对网页外观进行总体上的控制。

知识 3.2.1 页面属性

建立网页时，需要对网页的“外观”、“链接”、“标题”等进行基本的设置，这些设置需要在“页面属性”中完成。

跟我操作

选择“修改→页面属性”或单击“属性”面板中的“页面属性”按钮，均可打开如图 3.6 所示的“页面属性”对话框。

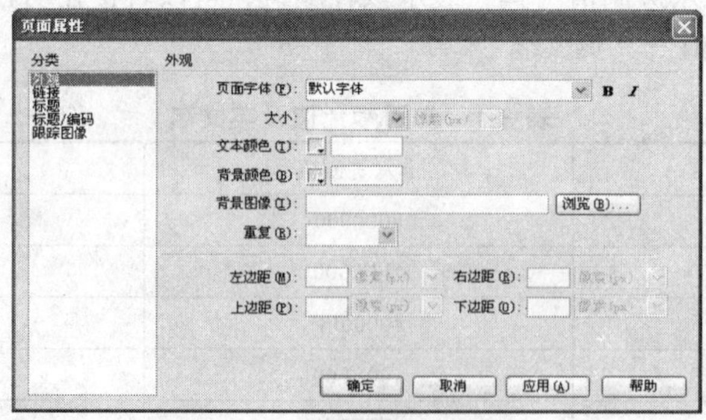

图 3.6 “页面属性”对话框

图 3.6 中左侧“分类”选项的含义如下：

“外观”选项：可以设置页面中的字体、背景、页面边距等。

“链接”选项：可以设置页面的链接字体，链接颜色及链接是否显示下划线等。

“标题/编码”选项：可以设置网页的标题和文字编码。

页面属性也可以用代码设置，<body>标记的属性中即包含了一部分选项的设置，下面是一个示例，<body>属性见表 3.2。

表 3.2　<body>属性

属　性	描　述
text	页面文字的颜色
bgcolor	页面背景颜色
background	页面的背景图像
link	默认链接颜色
vlink	已访问链接颜色
alink	鼠标经过时（活动链接）颜色
leftmargin	页面左边距
topmargin	页面上边距

例：

```
    <body background="bg.gif" text="#666666" Link="#0000FF" vlink=
"#00CC99" alink="#3333CC" leftmargin="0" topmargin="0">
```

其作用为设置网页的背景图片为 bg.gif，文本颜色为"#666666"，默认链接颜色为"#0000FF"，已访问链接颜色为"#00CC99"，鼠标经过时链接颜色为"#3333CC"，页面左边距为“0”，上边距为“0”。

知识 3.2.2　META 标记

META 标记是位于网页头部<head>与</head>标记之间的一个辅助性标记，通常用来为搜索引擎定义页面主题，或者是定义用户浏览器上的 cookie。它可以用于鉴别作者，设定页面格式，标注内容提要和关键字，还可以设置页面间隔刷新和设置转场效果等。

跟我操作

选择“插入→HTML→文件头标签”或单击插入栏中“HTML”标签中的“文件头”按钮，如图 3.7 所示，均可对相应内容进行设置。

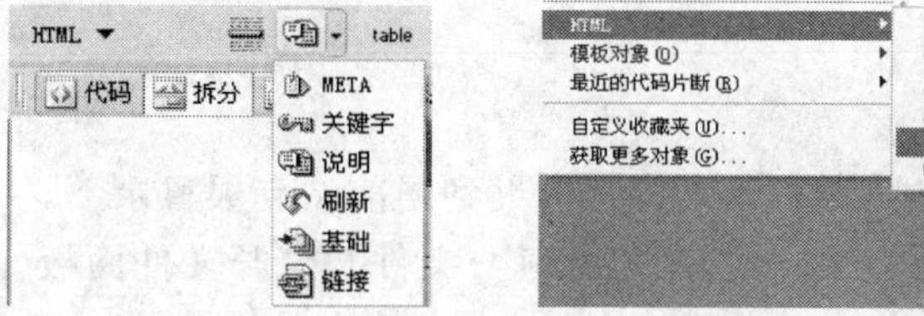

图 3.7　插入文件头标记

图 3.7 中，“Meta”：用于记录当前网页的字符编码、作者、版权作息、关键字。

“刷新”：可以使网页在若干秒后自动刷新当前页面，或自动跳转到新的页面。

“关键字”：有助于搜索引擎搜索到这些关键字的网页。

“说明”：有助于搜索引擎搜索到带有这些说明信息的网页。

添加之后的标记在<head>与</head>之间，下面是其代码示例：

```
<meta name="keywords" content="旅游，游天下，旅游网，出游">
<meta name="description" content="这是一个提供全面旅游信息及服务的网站">
```

其中第一行定义的是网页的关键字，第二行定义的是网页的说明文字。

案例　简单网页制作（旅游网）

本案例任务为制作一个简单的网页，包括利用表格布局页面；设置文字、链接、背景等页面属性；添加 META 标记；最后建立超链接，使制作的网页能链接到一个给定的网页上，效果如图 3.8 所示。

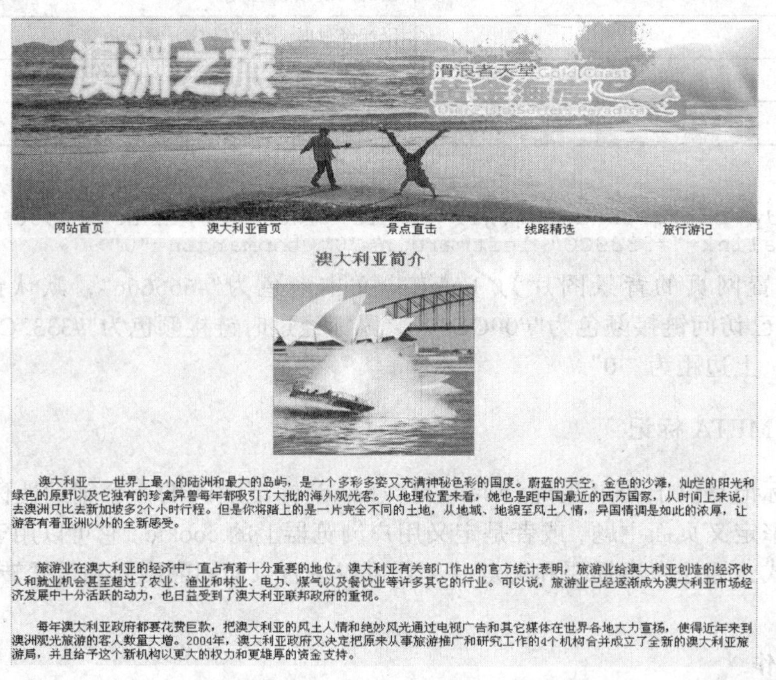

图 3.8　实例效果

操作步骤

（1）制作页面布局

① 将文件夹“3\3.2lx”建立为站点或将其拷贝到当前站点根目录下。

② 在站点中新建一个网页文件：选择“窗口→文件”打开文件面板，在面板中右击站点名，在弹出的快捷菜单中选择“新建文件”，将其改名为“3.2lx.htm”，如图 3.9

所示，双击文件名，则该文件在编辑窗口中打开。

③ 下面就开始进行网页的制作：选择“插入→表格”，在打开的对话框中输入行数为“5”，列数为“1”，表格宽度为“770 像素”，其他均为 0，如图 3.10 所示，单击“确定”退出，则在网页中插入一个 5 行 1 列的表格，插入表格的目的是进行版面的布局。

④ 光标放在表格的任一单元格内，右击鼠标，在快捷菜单中选择“表格→选择表格”，则表格被选中，在下面的“属性”面板中设置表格背景色为“#F2F2F2”（灰色），如图 3.11 所示。

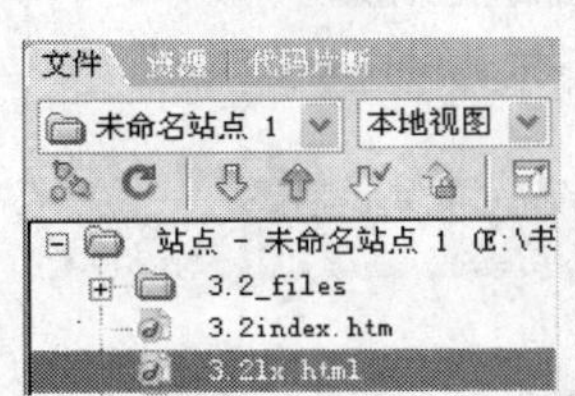

图 3.9　新建网页文件

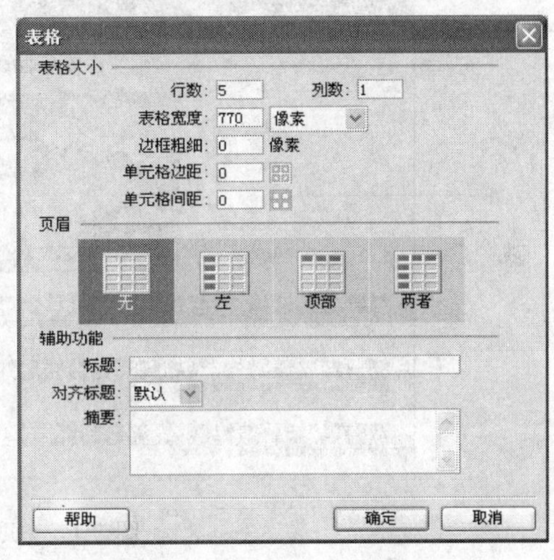

图 3.10　插入表格

图 3.11　设置表格属性

⑤ 光标放在第 1 行单元格内，选择“插入→媒体→flash”，在打开的对话框中选择“3.2_files/banner.swf”，将 Flash 影片作为 banner 插入到表格中，选中影片，在下面的“属性”面板中单击按钮［播放］可播放影片。

提　示　放置在页面顶部的广告、装饰图案等长方形的图片称之为 banner。

⑥ 光标放在第 2 行单元格内，在下面的“属性”面板内设置背景颜色 #FFFFFF（白色），在单元格内右击鼠标，在快捷菜单中选择“表格→拆分单元格”，在打开的对话框中选择“列”，列数为“5”，这样就将第 2 行单元格拆分为 5 列。

⑦ 在每 1 列单元格内分别输入网页的导航文字：“网站首页”“澳大利亚首页”“景点直击”“线路精选”和“旅行游记”。

⑧ 光标放在第 3 行单元格内，输入文字“澳大利亚简介”，在下面的“属性”面板

内设置格式 标题 3，看到其呈现标题 3 的大小和外观。

⑨ 光标放在第 4 行单元格内，选择“插入→图像”，选择图像为“3.2_files/ao1.jpg”。光标放在第 5 行单元格内，打开 Word 文件“澳洲.doc”，将其中的文字粘贴到单元格内，至此网页布局制作完毕，如图 3.12 所示。

⑩ 下面添加一个超链接，选中“网站首页”，在下面的“属性”面板中设置链接 3.2index.htm，则建立了该文字到网站首页的链接，其中文件“3.2index.htm”是已做好的首页文件。

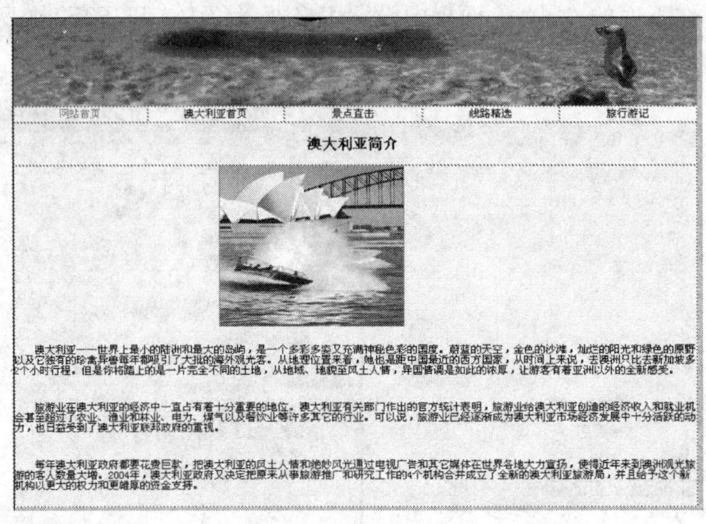

图 3.12　页面布局

（2）设置页面属性

① 选择“修改→页面属性”，在打开的对话框中设置“外观”分类中文字大小为“12 像素”，文本颜色为“#000066”，背景图像为“3.2_files/back2.gif”，页面的左边距和上边距为“0”，如图 3.13 所示。

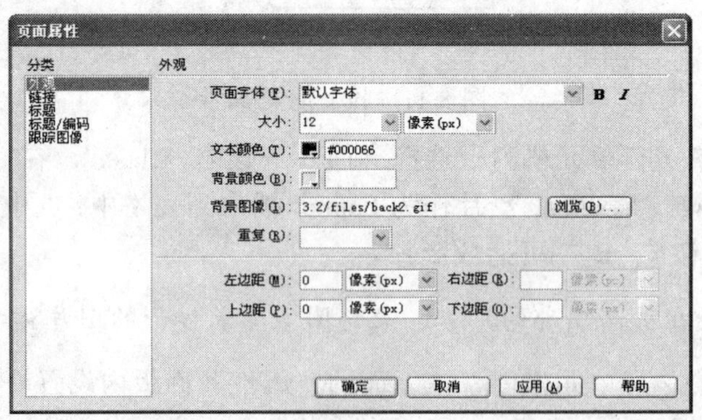

图 3.13　外观设置

② 继续设置：选择左侧“分类”中的“链接”选项，在右侧对超链接样式进行设置，设置“链接颜色”、“已访问链接”的颜色均为“#669900”，“变换图像链接”颜色为“#00CCFF”，“下划线样式”为“始终无下划线”，如图 3.14 所示。

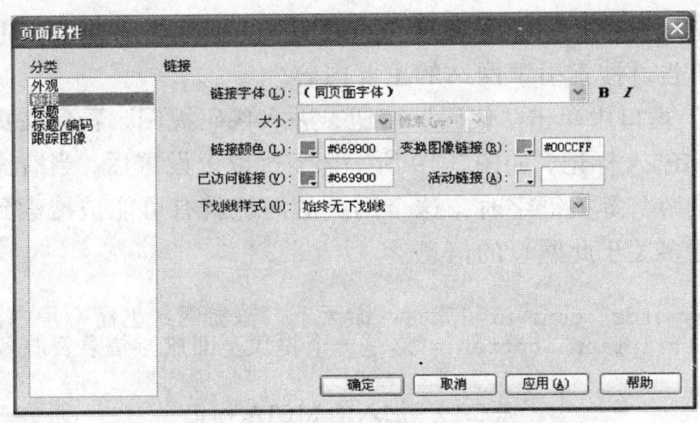

图 3.14 链接设置

提 示 “链接颜色”为超链接默认状态下的颜色，“已访问链接”为链接访问后的颜色，“变换图像链接”为鼠标经过链接上时的颜色，“始终无下划线”表示链接下面不显示下划线。更详细超链接设置知识，请见项目“CSS 样式”。

③ 选择左侧“分类”中的“标题/编码”选项，设置标题为“游天下·身未动·心已远”，编码为默认的“简体中文（GB2312）”。

④ 此时全部设置完毕，单击“确定”退出到编辑窗口，看到网页添加了灰色条纹背景图；文字变成默认的深蓝色，12 像素大小；页面在编辑窗口的左上角对齐；“文档”工具栏中出现“标题”的内容，如图 3.15 所示，当然，也可在“文档”窗口的“标题”中直接输入网站标题。

⑤ 下面在浏览器中预览一下网页，按 F12 键或在文档中单击预览按钮，均可以在浏览器中打开网页，单击“网站首页”，看到其呈现定义的链接效果，并可链接到网站首页，如图 3.16 所示。

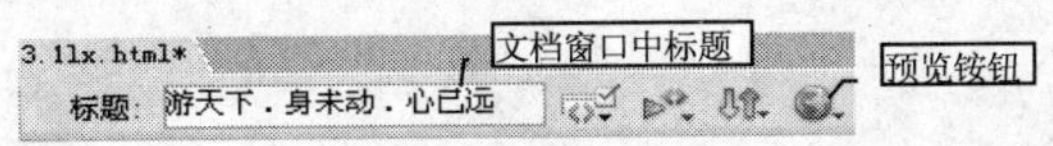

图 3.15 标题和预览

图 3.16 超链接效果

（3）定义 META 标记

① 选择“插入→HTML→文件头标签→关键字”，打开“关键字”对话框，在其中依次输入“旅游，游天下，旅游网，出游，境内游，出境游”等文字，如图 3.17 所示，这些文字将作为分类关键词被搜索引擎机器人查找和分类。

图 3.17 设置关键字

图 3.18 设置说明

② 选择“插入→HTML→文件头标签→说明”，输入当前网页的说明文字，如图 3.18 所示，这些文字将告诉搜索引擎网站的主要内容。

③ 在“文档”窗口中单击“代码”按钮，进入代码视图，看到在页面前面的<head>区中加入了以下 META 标记，如图 3.19 所示。经过以上设置后，当有浏览者通过网上的搜索引擎搜索“旅游”等关键字时，这个网页的网址就有可能被搜索到，同时说明文字会为浏览者提供更多关于此网页的信息。

```
<meta name="keywords" content="旅游，游天下，旅游网，出游，境内游，境外游">
<meta name="description" content="这是一个提供全面旅游信息及服务的网站">
```

图 3.19 加入的 META 标记

案例小结

在本案例中讲解了网页的基本布局制作、整体效果的设置和 META 标记的添加，其中头文件虽然在浏览器中不可见，但却携带网页的重要信息；页面属性的设置对整个网页起作用，非常重要；页面布局中涉及到表格、Flash 影片、文字、图像、超链接等对象的使用，本案例作为简单介绍使读者初步理解了一个简单网页的制作方法，有关这些对象更具体的使用方法，将在后面的项目中详细讲解。

知识拓展 制作网页过渡效果

网页过渡是指当浏览者进入或离开网页时，页面呈现的不同的刷新效果，比如卷动、百叶窗等，该效果需要利用 META 标记设置。

操作步骤

① 打开文件“3.2index.htm”，选择“插入→HTML→文件头标签→MTEA”，在对话框中的属性选项的下拉列表中选“HTTP-equivalent”选项，在值一格中键入“Page-Enter”，表示“进入”网页时有过渡效果。在内容一格中键入“Revealtrans（Duration=4，Transition=22）”，如图 3.20 所示，其中 Duration=4 表示网页过渡效果的延续时间为 4 秒，Transition 表示过渡效果方式，值为 22 时表示垂直线效果。

② 打开上例中制作的网页“3.2lx.htm”，按 F12 键预览网页，单击“网站首页”链接，看到在进入链接目标文件“3.2index.htm”时，出现随机垂直线效果，如图 3.21 所示。

值“Page-Exit”表示网页离开时有过渡效果，Transition 的值不同过渡效果也不同，范围从“0～23”，如“8”为垂直叶窗效果，“12”为溶解效果等。

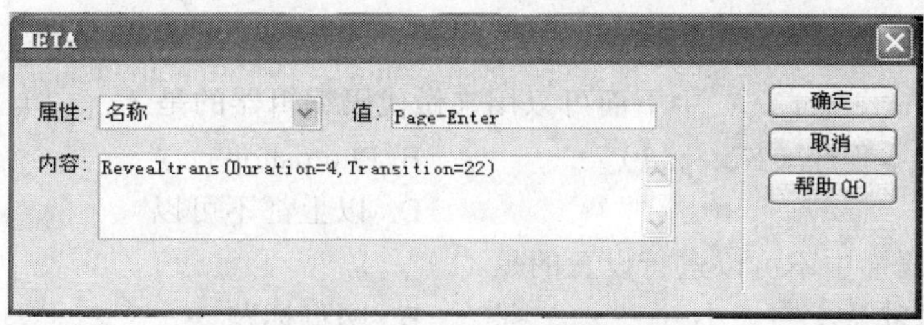

图 3.20 设置 META 参数

图 3.21 首页过渡随机直线效果

项目小结

本项目介绍了网页的基础知识和基本制作方法，讲解了 HTML 语言的概念和 HTML 文档的结构，希望读者通过这些知识能够理解网页的实质，为进一步学习网页的制作打下良好的基础。

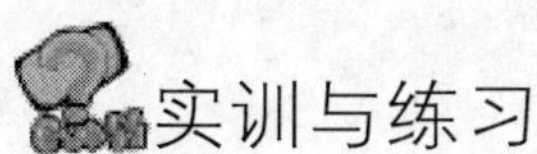

实训与练习

一、填空题

1. 网页文件可分为__________网页和__________网页两大类 。

2. 请写出几种常用颜色的 RGB 值：白色__________，黑色__________，红色__________，蓝色__________，绿色__________。

二、单选题

1. 在 Dreamweaver MX 中下面可以用来做代码编辑器的是（　　）。
   A. 记事本程序（Notepad）　　B. Photoshop
   C. Flash　　D. 以上都不可以
2. 在页面属性中不可以进行设置的是（　　）。
   A. 网页默认文字大小　　B. 网页标题
   C. 网页刷新　　D. 网页背景图片

三、简答题

1. 试述网页三种视图方式的作用。
2. 头标记都能定义哪些内容？

四、实训题

1. 简单页面布局（卫浴网）

图 3.22　实训效果

【实训要求】　创建一个站点，利用给定素材制作卫浴网首页（图 3.22），设置其页面属性、头标记和到给定网页“3.3index”的超级链接，同时设置链接到该网页的过渡效果。

【实训提示】

（1）页面布局

① 将文件夹“3\3.3lx”建立为站点或将其拷贝到当前站点根目录下。

② 在站点中新建一个网页文件并重命名为 3.3lx.htm，在网页中插入一个 4 行 1 列、宽为 740 像素的表格。

③ 在第 1 行中插入图片“home_top.jpg”，点击第 2 行单元格，在下面的“属性”面板中设置“背景颜色”为“#689FC8”，插入如图 3.22 所示的导航文字。

④ 在第 3 行中插入 Flash 影片 top.swf。

⑤ 在第 4 行输入图中所示版权信息文字。

（2）添加超链接

添加文字“首页”到文件“3.3index”的超链接。

（3）页面属性设置

设置页面默认文字大小为“12 像素”，背景图像为“lvbgcolor.gif”，设置一种文字颜色；设置超链接颜色和标题文字。

2. 综合实训：页面属性和 META 设置（鲜花网）

图 3.23　实训效果

【实训要求】　将鲜花网创建为站点，进行页面属性和关键字的设置，并练习刷新效果的设置。

【实训提示】

1）将文件夹“3\3.4lx”建立为站点，给文件“3.4lx.htm”设置页面属性。

① 页面默认文字大小为“12 像素”，颜色为“#391D00”，网页背景色为“#285A2C”。

② 链接颜色”、“已访问链接”颜色为“#666600”，“变换图像链接”和“活动链接”颜色为“#FF9900”。

③ 网页标题为“浓情小屋鲜花店”。

2）给网页添加关键字为“鲜花，鲜花店，花店，浓情小屋鲜花店”，说明文字为“网上鲜花店，在线购买各种鲜花”。

3）刷新效果。给“慰问鲜花”添加链接为“weiwen.htm”，给链接到的文件添加一种刷新效果。

项目四 文本编辑

知识目标

- 理解换行和分段的区别
- 文字属性面板各选项的功能
- 在网页中插入其他对象的方法

技能目标

- 掌握文本的基本编辑方法
- 掌握特殊对象的插入方法
- 掌握段落的设置方法
- 掌握项目编号和列表的设置方法

任务 4.1 文本基本操作

文本作为网页中最基本的信息载体，以最直接、最直观的方式使用户获取信息，在网页中有着不可替代的地位与作用，它涵盖的信息量大，插入、编辑操作简便，容易被浏览器下载，不会像图片一样占用太长的等待时间，因此掌握好文本的操作，对于网页制作是最基本的技能。

知识 4.1.1 选择性粘贴

在页面中插入文本时除了直接输入之外，还可以通过“复制”与“粘贴”来完成，Dreamweaver 8 提供了一种新的方法“选择性粘贴”，使用户粘贴时的选择性更大。

普通的“粘贴”不仅粘贴文本，而且将文本的 HTML 样式如文本大小、颜色、格式、对齐方式等属性都粘贴了过来；而“选择性粘贴”可以支持仅粘贴文本，不粘贴任何格式，给用户一个“干净”的文档，便于用户进一步重新设置和加工处理。

① 打开文件夹“4\4.1lx”中的“佰林家具.doc”，选中所有文本并复制。

② 打开“4.1lx1.htm”和“4.1lx2.htm”，分别选择“编辑→粘贴”和“编辑→选择性粘贴”将刚才复制的内容粘贴到当前网页。注意“选择性粘贴”时，在对话框中选择“仅文本”，如图 4.1 所示。

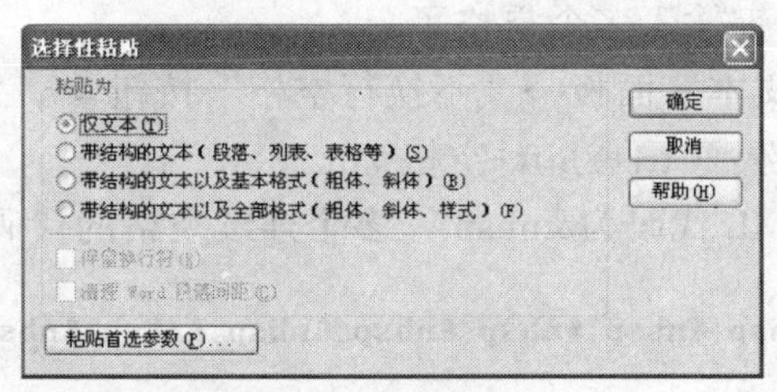

图 4.1 选择性粘贴

图 4.2 是“粘贴”和“选择性粘贴”的效果对比：“粘贴”后的文本保留了原文的样式，包括换行、分段、空格等，如图 4.2 所示；“选择性粘贴”只粘贴文本，而不携带任何附加样式，如图 4.3 所示，用户可以在此基础上设置自己想要的效果。

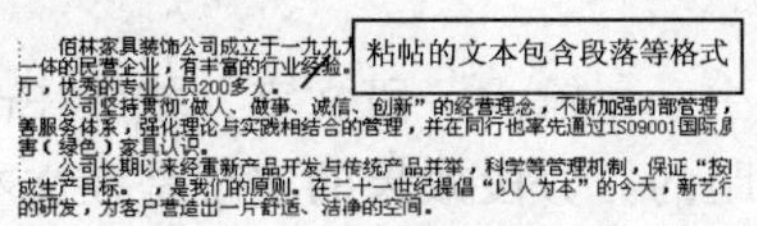

图 4.2 “粘贴”的结果

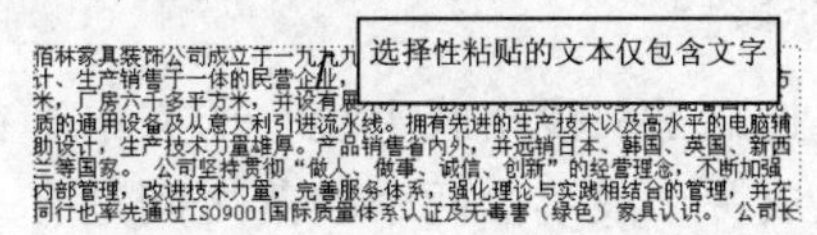

图 4.3 “选择性粘贴”的结果

将两个网页分别切换到“代码”视图，看一下代码对比，如图 4.4 和图 4.5 所示，“粘贴”后的文本代码中包含原文的 HTML 格式设置，如
（表示换行）<p>（表示分段）等，而“选择性粘贴”后的代码中只包括文本，没有格式设置的代码。

```
佰林家具装饰公司成立于一九九九年,是一家致力于办公家具、酒店家具专业设计、生产销售于一体的民营企业，有丰富的行业经验。公司占地面积
近二万平方米，厂房六千多平方米，并设有展示厅，优秀的专业人员200多人。配备国内优质的通用设备
术以及高水平的电脑辅助设计，生产技术力量雄厚。产品销售省内外，并远销日本、韩国、英国、新西
  
公司坚持贯彻“做人、做事、诚信、创新”的经营理念，不断加强内部管理，改进技术力量，完善服务体系，强化理论与实践相结合的管理，并在同
行也率先通过ISO9001国际质量体系认证及无毒害（绿色）家具认识。<br />
   公司长期以来经重新产品开发与传统产品并举，科学等管理机制，保证“按时、按质、按量”完成生产目标。<br />
```

粘贴文本中包含
等格式代码

图 4.4 “粘贴”文本的 HTML 代码

```
佰林家具装饰公司成立于一九九九年,是一家致力于办公家具、酒店家具专业设计、生产销售于一体的民营企业，有丰富的行业经验。公司占地面积
近二万平方米，厂房六千多平方米，并设有展示厅，优秀的专业人员200多人。配备国内优质的通用设备及从意大利
术以及高水平的电脑辅助设计，生产技术力量雄厚。产品销售省内外，并远销日本、韩国、英国、新西兰等国家。
公司坚持贯彻“做人、做事、诚信、创新”的经营理念，不断加强内部管理，改进技术力量，完善服务体系，强化
行也率先通过ISO9001国际质量体系认证及无毒害（绿色）家具认识。
公司长期以来经重新产品开发与传统产品并举，科学等管理机制，保证“按时、按质、按量”完成生产目标。
```

选择性粘贴文本中不含格式代码

图 4.5 “选择性粘贴”文本的 HTML 代码

在实际应用中可以根据自己的需要来选择最佳的粘贴方式，当然，在“选择性粘贴”中也可以选择粘贴多种格式。

知识 4.1.2 插入连续空格

在 Dreamweaver 8 的默认状态下，两个字符间无论按多少次空格键，只能插入一个空格，若想添加多个连续的空格，需要进行特别的操作，有以下三种方法。

跟我操作

① 选择“编辑→首选参数”，勾选“允许多个连续空格”选项。然后就可以在编辑窗口连续按空格键输入多个空格了。

② 选择“文本”面板→“不换行空格”按钮，每选一次插入一个空格。

③ 按快捷键：Ctrl+Shift+空格键。

空格的 HTML 代码为 :，多个连续空格的代码如下：

```
          ------浅谈自我管理
```

知识 4.1.3 分段与换行

当在网页中输入文本的时候，一定会有使文本换到下一行的操作，不了解 Dreamweaver 的用户会习惯性地通过回车来换行。其实在 Dreamweaver 中分段和换行是两个标记，它们起到不同的作用，实现的方法也不同，下面就进行详细的介绍。

1. 分段

段落指的是一段格式上统一的文本。在文档中，每输入一段文字，按下 Enter 键，就自动生成一个段落，两个段落之间是有一定间距的。分段效果的实现是在文本两端加入了<p></p>标记，该标记的作用是用来标识一个段落。

2. 换行

（1）利用快捷键插入换行标记

分段操作会使段落之间会产生很大的间距，如果想将文字换到下一行且不产生间距，就要插入一个“换行”标记，其方法是按 Shift+Enter 键，这样既保证了文本还在同一段落中，又使文本换到了下一行。

跟我操作

打开文件“4.1lx3.htm”，将最后一段文字的四句话分别通过按 Shift+Enter 键分成 4 行，和按 Enter 键分成 4 段，如图 4.6 所示，与分段效果对比发现换行的间距要小很多。

原效果

“诚信、创新、做人、做事”的经营理念 “优质、专业、以客为先”的服务准则 “人性、环保、以人为本”的研发精神 “按时、按质、按量”的生产标准

分段效果

“诚信、创新、做人、做事”的经营理念

“优质、专业、以客为先”的服务准则

“人性、环保、以人为本”的研发精神

“按时、按质、按量”的生产标准

换行效果

“诚信、创新、做人、做事”的经营理念
“优质、专业、以客为先”的服务准则
“人性、环保、以人为本”的研发精神
“按时、按质、按量”的生产标准

图 4.6 分段与换行效果对比

切换到“代码”视图，看到分段标记为<p>…</p>，换行标记为
，下面是两种效果的源代码对比，如图 4.7 所示。

分段代码

```
<p>“诚信、创新、做人、做事”的经营理念</p>
<p>“优质、专业、以客为先”的服务准则</p>
<p>“人性、环保、以人为本”的研发精神</p>
<p>“按时、按质、按量”的生产标准</p>
```

（a）

换行代码

```
<p>“诚信、创新、做人、做事”的经营理念<br>
  “优质、专业、以客为先”的服务准则<br>
  “人性、环保、以人为本”的研发精神<br>
  “按时、按质、按量”的生产标准<br>
</p>
```

（b）

图 4.7 分段与换行代码

图 4.7（a）产生了 4 个段落，而图 4.7（b）虽然插入了 4 个换行标记，但文字仍属于一个段落，因为它们在一组<p></p>中。

3. 显示换行标记

换行标记是一个不可见元素，在首选参数中进行设置，可以在编辑状态下看到该标记。

跟我操作

选择“编辑→首选参数”，在对话框的“分类”中选择“不可见元素”，在右侧勾选“换行符”即可，回到编辑窗口看到换行标记，显示效果如图 4.8 所示。

"诚信、创新、做人、做事"的经营理念
"优质、专业、以客为先"的服务准则
"人性、环保、以人为本"的研发精神
"按时、按质、按量"的生产标准

图 4.8 设置首选参数

知识 4.1.4 文本属性面板

插入文本后，通常要为文本设置格式，这些操作要在其"属性"面板中完成，选中文本，其"属性"面板如图 4.10 所示。

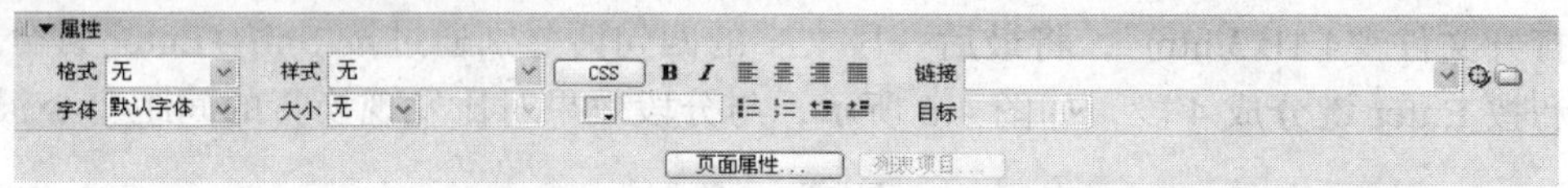

图 4.9 "属性"面板

"格式"：在 Dreamweaver 8 中，为标题段落预设了 6 种格式，每级标题均为粗体显示，且大小依次递减，如图 4.10 所示。

标题1
标题2
标题3
标题4
标题5
标题6

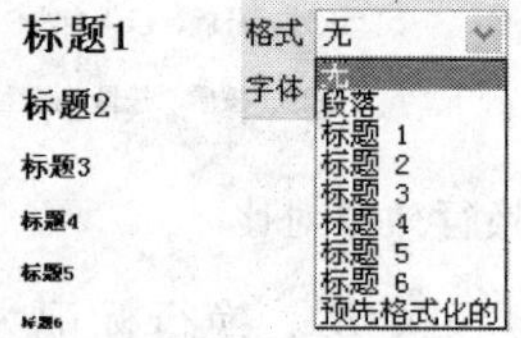

图 4.10 格式和样式

"样式"：默认情况下，Dreamweaver 会将文本格式化信息以 CSS 样式存储，并以".style1，.style2，.style3…"来命名，打开"样式"的下拉菜单可看到这些自动产生的 CSS 样式，如图 4.11 所示，单击选择可在其它文本上重复套用该样式。

"字体"：选择"字体"下拉菜单中的"编辑字体列表"，在弹出的对话框右侧的"可用字体"中选择一种字体，单击"《"即可添加新字体，如图 4.11 所示。

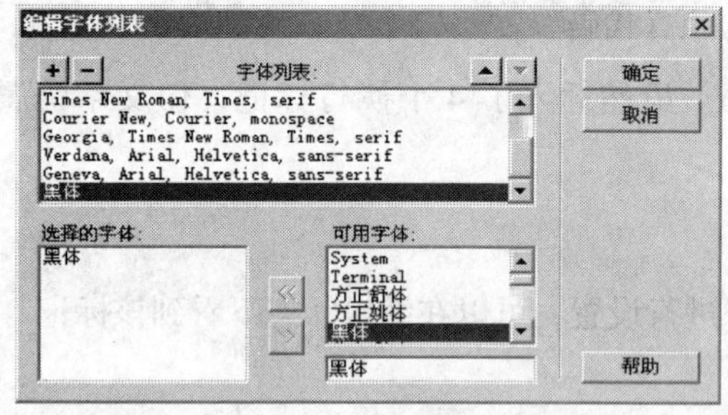

图 4.11 添加字体

注意 最好不要在网页中使用过于新奇的字体，因为如果访问该页面的用户机器中没有该字体，一般情况下显示为默认字体，严重时会出现乱码。相对来说选择"宋体、黑体、楷体、隶书、仿宋"可以避免上述问题的产生。如果为了某种原因，一定要使用特殊字体，可将其制作为图像，然后将该图像插入到网页中。

"字号、颜色"：可为文本设置大小 大小 12 像素(px) 和颜色 #99CC66。

“加粗、倾斜和对齐”：设置文字加粗、倾斜和对齐方式。

加粗B：版权所有：佰林家私。倾斜I：版权所有：佰林家私。右对齐：版权所有：佰林家私。左对齐：版权所有：佰林家私。居中对齐：版权所有：佰林家私。

“编号和列表”：可以为文本设置编号列表和项目列表。

“段落缩进”：可以为段落设置缩进和凸出。

任务 4.2 插入其他对象

在网页中除了插入文字外，还有一些非常重要的元素，如特殊字符、水平线、时间日期等，这些在网页中也比较常用，运用它们有利于页面的信息组织与布局。

知识 4.2.1 插入特殊字符

在 Dreamweaver 8 中，除了可以插入基本文字外，还可以插入特殊字符、换行符、不换行空格、版权符号注册商标等特殊符号，其执行操作如下：

跟我操作

① “插入→HTML→特殊字符”子菜单中选字符名称。

② 在“文本”面板，单击“字符”菜单，然后选择“其他字符”按钮，如图 4.12 所示。

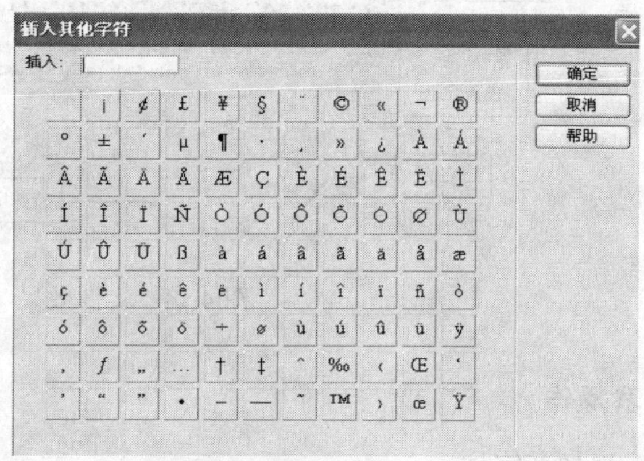

图 4.12 在插入面板插入特殊字符

知识 4.2.2 插入水平线和日期

水平线对于组织信息很有用。在页面上，可以使用一条或多条水平线非常直观地分隔文本和对象，使文本对象整洁明了，页面组织结构清晰；插入当前文档的编辑日期，可使用户标记网页编辑日期。

跟我操作

① 选择“插入→HTML→水平线”，或在“HTML”面板中，单击“水平线”按钮 ，均可直接插入一个水平线。

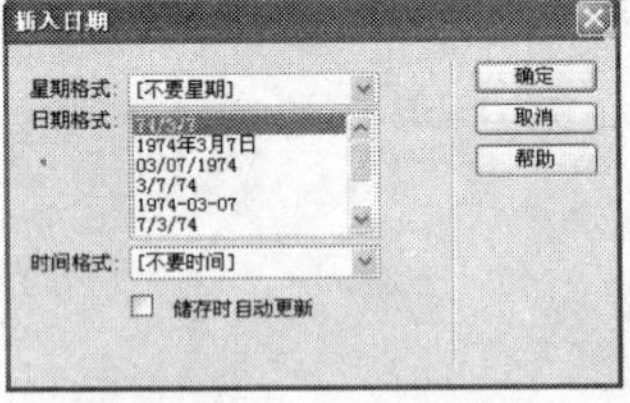

图 4.13 “插入日期”面板

② 选择“插入→日期”或在“常用”面板中，单击“日期”按钮，打开对话框，如图 4.13 所示。

在对话框中可选择一种星期和日期的格式；设置是否显示时间；选中“储存时自动更新”复选框，表示插入的日期将在网页每次保存时自动更新为最新的日期。

案例 文本编辑（商务网）

本案例通过一个网页讲解了本项目所有的知识点，具体任务为把一段无格式的文字进行粘贴和编辑处理，并加入时间日期水平线等内容，如图 4.14 所示。

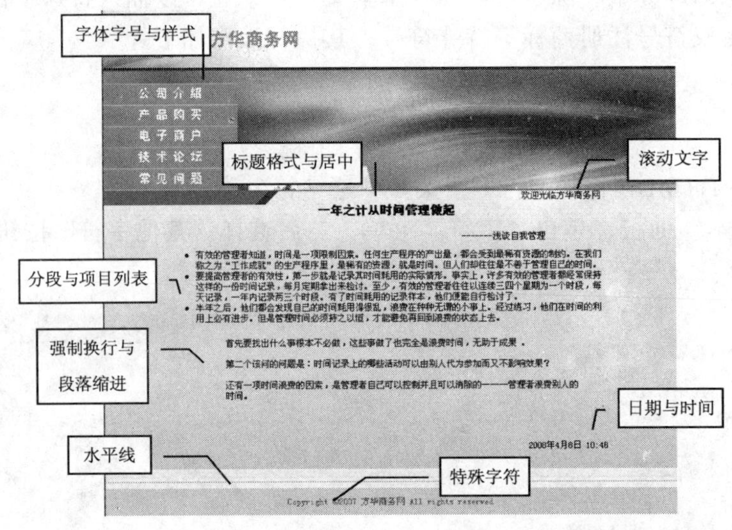

图 4.14 实例效果

跟我操作

（1）添加新字体

① 将文件夹“4\4.2lx”建立为站点或拷贝到当前站点根目录下。

② 打开文件“4.2lx.htm”，选择“属性”面板中的“字体→编辑字体列表”选项，弹出“编辑字体列表”对话框，在“可用字体”中选择“黑体”，单击，“字体”列表中就会添加“黑体”字体，如

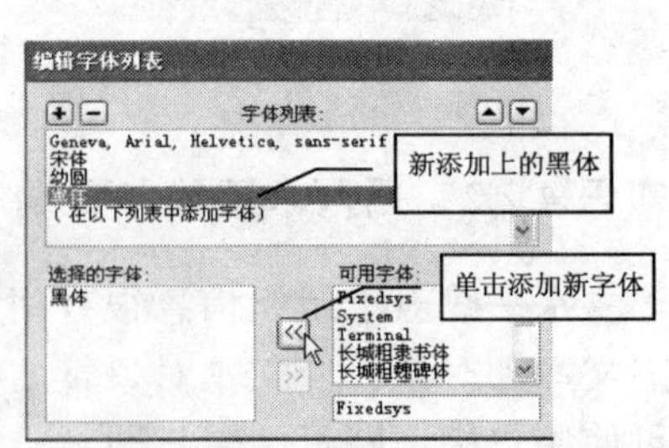

图 4.15 添加新字体

图 4.15 所示，单击“确定”退出。在“属性”面板再次单击“字体”，看到“黑体”已被添加到列表中。

（2）为文字应用样式

当为文本设置了诸如字体、字号、加粗等格式后，Dreamweaver 会自动产生有关该格式设置的样式，这些样式可以在以后重复使用，从而实现对文本的快速设置，下面就以最简单的样式套用为例，讲解其使用方法，有关样式的具体解释，请参阅“CSS 样式”一章。

① 选定文字“公司介绍”，设置其字体为“黑体”，文字大小为“16”像素，颜色为“#FFFFFF”，如图 4.16 所示，看到自动生成的样式名“style1”和“公司介绍”的外观都发生了相应变化。

图 4.16 设置文字样式

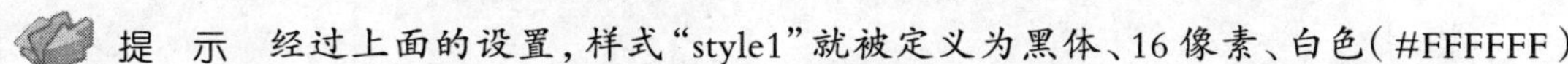

提 示 经过上面的设置，样式“style1”就被定义为黑体、16 像素、白色（#FFFFFF）

② 下面给其他文字应用该样式，选定“产品购买”，在下面“属性”面板的“样式”下拉列表中选择“style1”，如图 4.17 所示，则该样式被应用，依次为其他文字应用该样式，效果如图 4.18 所示，通过这个例子读者可以体会到应用样式的快速和方便。

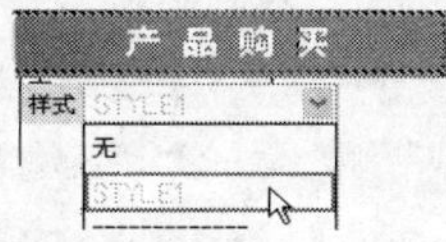

图 4.17 应用样式

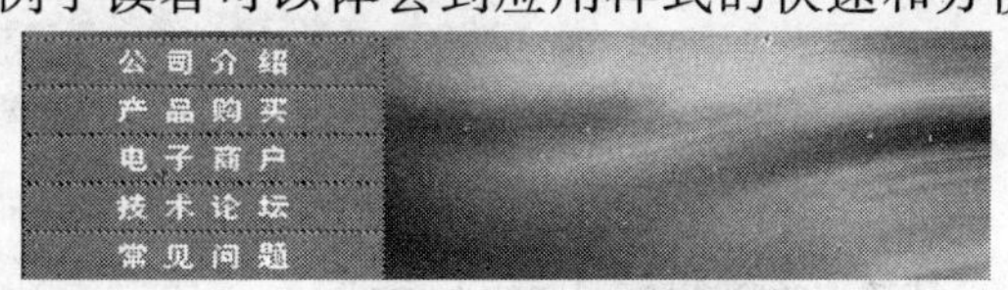

图 4.18 样式应用效果

（3）设置段落格式

选中标题“一年之计从时间管理做起”，在下面“属性”面板的“格式”的下拉列表框中选择“标题 3”，则标题马上具有了它的外观，文字被加大和加粗。选中标题，单击按钮，使之居中，如图 4.19 所示。

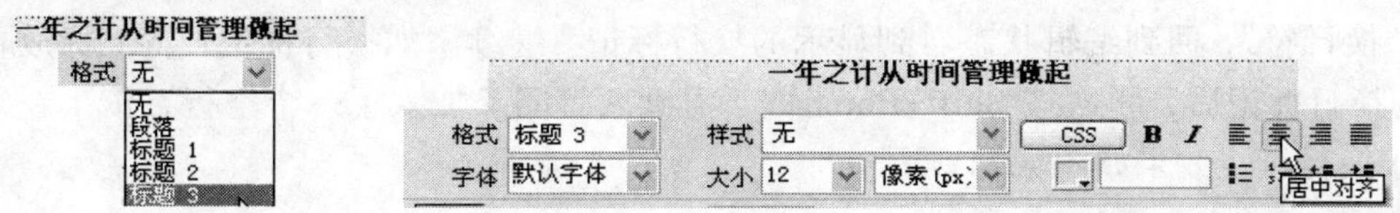

图 4.19 设置标题格式

（4）插入连续的空格

① 选择菜单“编辑→首选参数”选项，弹出首选参数对话框，在“常规”类别中勾选“允许多个连续的空格”，如图 4.20 所示。

② 再次尝试，输入多个空格直到副标题稍靠右侧，效果如图 4.21 所示。

（5）分段与换行

① 打开素材文件“一年之计.doc”，将其中的文字复制，回到 Dreamweaver，将光标放在标题下一行的空白单元格内，选择“编辑→选择性粘贴”，在对话框中选择“仅文

本”，将刚才复制的内容粘贴到当前网页。

② 光标放在第 2 行文字“要提高管理者…”前，按 Enter 键，则从该位置处分段。使用同样方法，将光标分别放在“半年之后”和“首先要找出…”前，按 Enter 键，将所有文字分为 4 段，如图 4.22 所示。

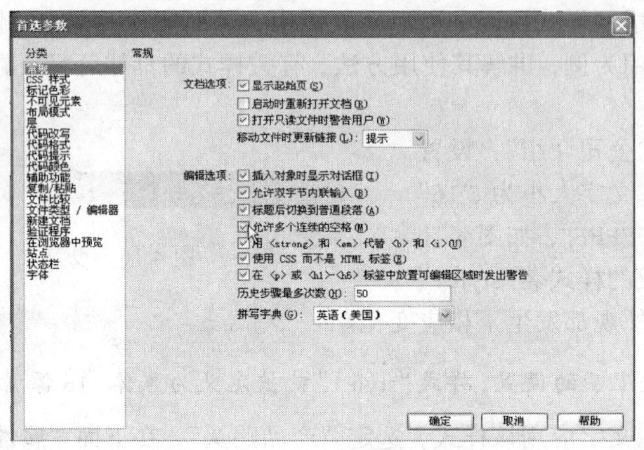

图 4.20 “首选参数”对话框

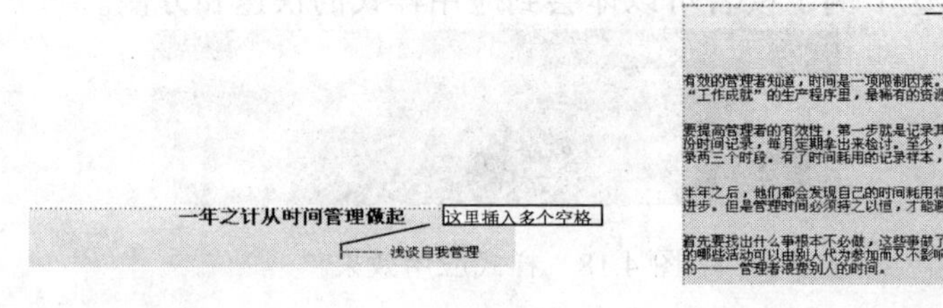

图 4.21 插入连续空格

图 4.22 分段效果

③ 下面给最后一段的文本添加换行标记：将光标放到“第二个该问的问题是……”前，按 Shift+Enter 键，则文字换到下一行，继续给下一句换行，效果如图 4.23 所示。

④ 选择“编辑→首选参数”，在对话框的“分类”中选择“不可见元素”，在右侧勾选“换行符”，回到编辑状态看到显示的换行标记。继续添加换行标记：将光标放在第 1 行的换行标记后，再次按 Shift+Enter 键，看到两行间又加入了一个空行，依次在每行后插入换行符，效果如图 4.24 所示。

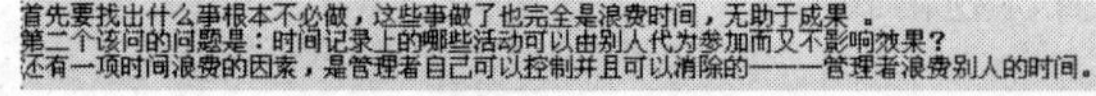

图 4.23 换行效果

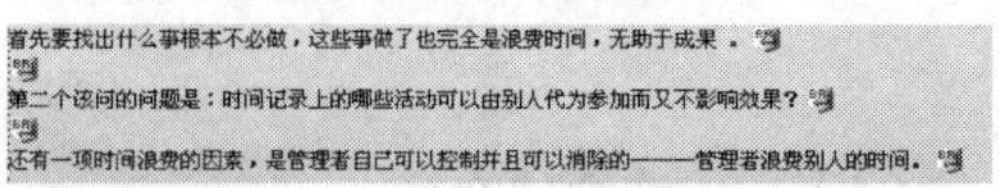

图 4.24 显示换行标记

⑤ 按 F12 键预览，在编辑窗口单击“代码”，其源代码如图 4.25 所示，看到共有 4 组<p></p>标记，而插入
的部分在同一段落中，如图黑框中所标记。

提 示 不要随意地在文字间尤其是在网页空白处按回车键，因为每按一次回车键，就会插入一对<p></p>标记，从而在页面上产生一段空白的距离，

打乱了版面的布局，而更重要的是有时候在“设计”状态下看不出任何的问题，而到“代码”状态下，才发现插入了一堆无用的<p></p>标记，从而影响了页面的排版。

```
<p>
有效的管理者知道，时间是一项限制因素。任何生产程序的产出量，都会受到最稀有资源的制约。在我们称之为“工作
的资源，就是时间。但人们却往往最不善于管理自己的时间。
</p>
<p>
要提高管理者的有效性，第一步就是记录其时间耗用的实际情形。事实上，许多有效的管理者都经常保持这样的一份时
。至少，有效的管理者往往以连续三四个星期为一个时段，每天记录，一年内记录两三个时段。有了时间耗用的记录样
</p>
<p>
半年之后，他们都会发现自己的时间耗用得很乱，浪费在种种无谓的小事上。经过练习，他们在时间的利用上必有进步
，才能避免再回到浪费的状态上去。
</p>
<p>首先要找出什么事根本不必做，这些事做了也完全是浪费时间，无助于成果 。<br>
<br>
第二个该问的问题是：时间记录上的哪些活动可以由别人代为参加而又不影响效果？<br>
<br>
还有一项时间浪费的因素，是管理者自己可以控制并且可以消除的———管理者浪费别人的时间。<br>
</p>
```

图 4.25　源代码

（6）段落缩进和项目列表

① 选中如图 4.26 所示的最后一段文字，单击属性面板的“文本缩进”按钮，则所有行向内缩进了一块距离，这也证明这些文字确实在一个段落内。

目标
文本缩进

半年之后，他们都会发现自己的时间耗用得很乱，浪费在种种无谓的小事上。经过练习，他们在时间的利用上必有进步。但是管理时间必须持之以恒，才能避免再回到浪费的状态上去。

首先要找出什么事根本不必做，这些事做了也完全是浪费时间，无助于成果 。

第二个该问的问题是：时间记录上的哪些活动可以由别人代为参加而又不影响效果？

还有一项时间浪费的因素，是管理者自己可以控制并且可以消除的———管理者浪费别人的时间。

图 4.26　文本缩进效果

② 选中如图 4.27 所示的文章前三段，在“属性”面板中单击“项目列表”按钮，在段落前生成项目列表符号圆点。

- 有效的管理者知道，时间是一项限制因素。任何生产程序的产出量，都会受到最稀有资源的制约。在我们称之为“工作成就”的生产程序里，最稀有的资源，就是时间。但人们却往往最不善于管理自己的时间。
- 要提高管理者的有效性，第一步就是记录其时间耗用的实际情形。事实上，许多有效的管理者都经常保持这样的一份时间记录，每月定期拿出来检讨。至少，有效的管理者往往以连续三四个星期为一个时段，每天记录，一年内记录两三个时段。有了时间耗用的记录样本，他们便能自行检讨了。
- 半年之后，他们都会发现自己的时间耗用得很乱，浪费在种种无谓的小事上。经过练习，他们在时间的利用上必有进步。但是管理时间必须持之以恒，才能避免再回到浪费的状态上去。

图 4.27　项目列表

 提　示　在应用列表之前，先确定选中的是一系列段落。

（7）插入版权信息和水平线

① 将光标放在底部文字“2007”的前面，选择“插入→HTML→特殊字符→版权”插入版权符号，如图 4.28 所示。

② 将光标放在如图 4.29 所示位置，选择“插入→HTML→水平线”，插入一条水平线。

Copyright ©2007 方华商务网

图 4.28 插入版权符号

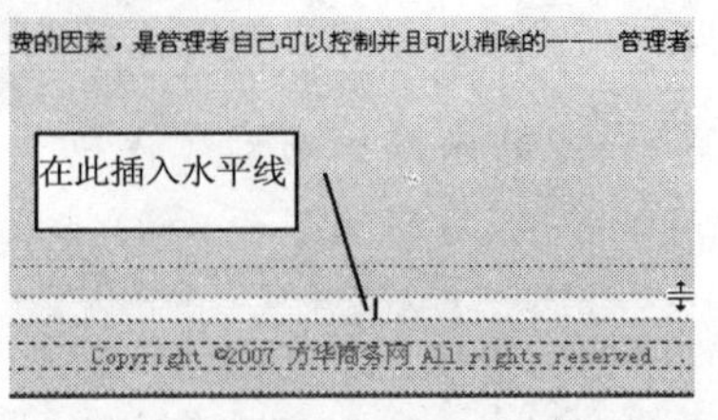

图 4.29 插入水平线

提 示 如果在文档中插入水平线，其宽度为文档宽度；如果在单元格中插入水平线，则其宽度为单元格宽度。

（8）插入时间和日期

① 将光标置于所有文字的最下方，单击“属性”面板中的“右对齐”按钮，将光标定位在右边，如图 4.30 所示。选择“插入→日期”，或者在“常用”面板中，单击“日期”按钮，在打开的对话框中选择一种日期显示状态，再选择一个时间格式，如果需要在每次保存网页时自动更新编辑日期，就勾选“储存时自动更新”。

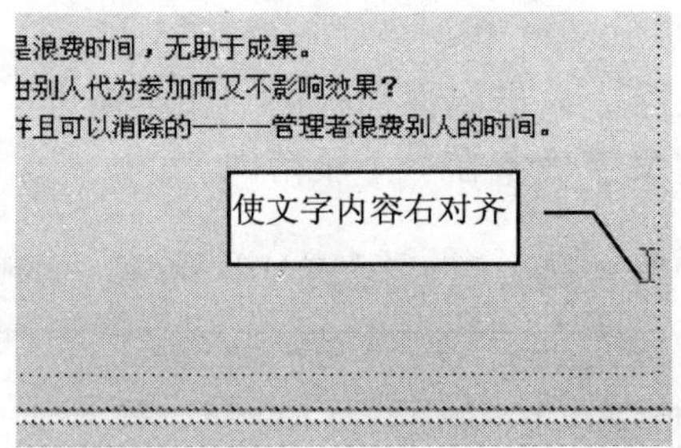

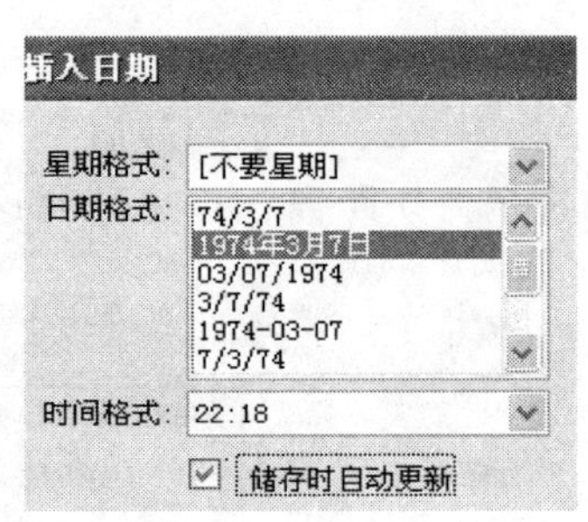

图 4.30 “插入日期”对话框

② 预览，看最后的网页效果如图 4.14 所示。

案例小结

本案例中讲解了文本的基本操作及其他对象的插入方法，在此再次提醒读者的是，在网页中不要随意按回车键，以防止在页面上插入无用的标记，从而影响了页面排版。

知识拓展 制作跑马灯文字

Dreamweaver 提供了一个很有意思的标签<marquee>，使用户可以轻松地制作跑马灯文字效果，也就是滚动文字。

操作步骤

① 打开文件“4.3lx.htm”，将光标放在单元格内，输入“欢迎光临方华商务网”这几个字，进入到“代码”视图中，在“欢迎…”文字左右两侧分别输入<marquee>、</marquee>滚动标签，如图 4.31 所示。

图 4.31 输入文字并添加<marquee>标记

② 这样，一个简单的跑马灯文字制作完成了，预览看效果，下面改变一下运动速度：再次切换到“代码”视图，在“marquee”旁单击空格键，在弹出的属性菜单中选“Scrollamount”，如图 4.32 所示，在值中输入“2”，表示滚动速度为 2，最后生成代码如图 4.32 所示，预览，看看速度是不是慢了。

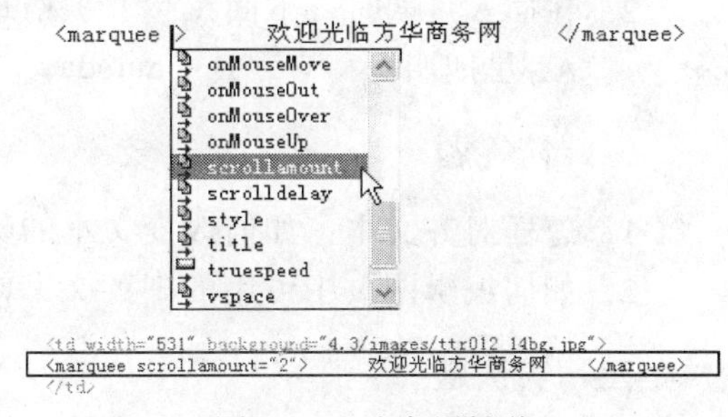

图 4.32 改变属性值

marquee 标记的常用属性：

① Direction：表示滚动的方向，值可以是 left，right，up，down，默认为 left。

② Behavior：表示滚动的方式，值可以是 scroll（连续滚动）slide（滑动一次）alternate（来回滚动）。

③ Loop：表示循环的次数，值是正整数，默认为无限循环。

④ Scrollamount：表示运动速度，值是正整数，默认为 6。

⑤ Scrolldelay：表示停顿时间，值是正整数，默认为 0，单位为毫秒。

 提 示 以上各参数都是可选的，只用<marquee>标记，IE 则会默认为向左滚动。

项目小结

本项目中介绍了文本和特殊对象的插入及其属性设置，讲解了分段和换行的区别及其操作，最后还通过一个完整的练习，强化了这些知识的操作，这些最基本的操作，在后面的项目中会经常用到，希望读者牢固、扎实的掌握。

实训与练习

一、填空题

1. 在网页中，文本的插入方式有两种：____________和____________。
2. 在页面文档中，按____________键能生产一个新的段落。

二、选择题

1. 在（　　）中可以为文本设置字体、大小、颜色和对齐方式。
   A. 属性面板　　B. 文件面板　　C. 代码面板　　D. 资源面板
2. 在插入日期时，下面（　　）格式不是系统提供的星期格式。
   A. 星期四　　B. Thursday　　C. 周四　　D. Thu

三、简答题

1. 怎样对齐文本，如何改变文本的颜色？
2. 如何编辑网页中可用的中英文字体？

四、实训题

1. 文字排版与动态时间制作（图 4.33）

图 4.33　实训效果

【实训要求】 将网页中给定的文字进行属性、分段、换行和插入水平线的操作，并在页面中添加动态时间，即用户打开网页时的时间。

【实训提示】

（1）文字设置

① 将文件夹“4\4.4lx”建立为站点或将其拷贝到当前站点根目录下。

② 将网页中的文字进行字体、字号、颜色和分段、换行等设置。

③ 在“公司简介”的下一行加入水平线。

（2）插入当前时间

代码①：光标放在“公司简介”右侧的单元格内，单击“文档”视图中的“代码”按钮，将文件“date1.txt”中的JavaScript代码粘贴到光标所在处，其显示格式“年月日星期”。

2008年5月20日 星期二

```
<script language="javascript" type="text/javascript">
c=new Array("日", "一", "二", "三", "四", "五", "六");
da=new Date();
s="";
s+=da.getYear();
s+="年";
s+=da.getMonth()+1;
s+="月";
s+=da.getDate();
s+="日";
s+=" 星期";
s+=c[da.getDay()];
document.write(s);
</script>
```

代码②：将date2.txt中的JavaScript代码粘贴到光标所在处，这段代码除了显示年月日星期外，还显示时分秒，并且时间值在不停变化，呈现电子时钟的效果。

2008年5月20日 10:14:48
星期二

```
<label id="aa"></label>
<script>
setInterval("aa.innerHTML=new Date().toLocaleString()+' 星期'+'日一二三四五六'.charAt(new Date().getDay());", 1000);
</script>
```

2．综合实训：购物指南页面文字排版（鲜花网）

效果图如图4.34所示。

【实训要求】 将文件“4\4.5lx”建立为站点，打开购物指南页面“4.5lx.htm”，将网页中给定的文字进行属性、分段、换行和插入水平线的操作，并在页面中插入滚动文字“精品鲜花的世界，承载祝福的使者，欢迎光临浓情小屋!”

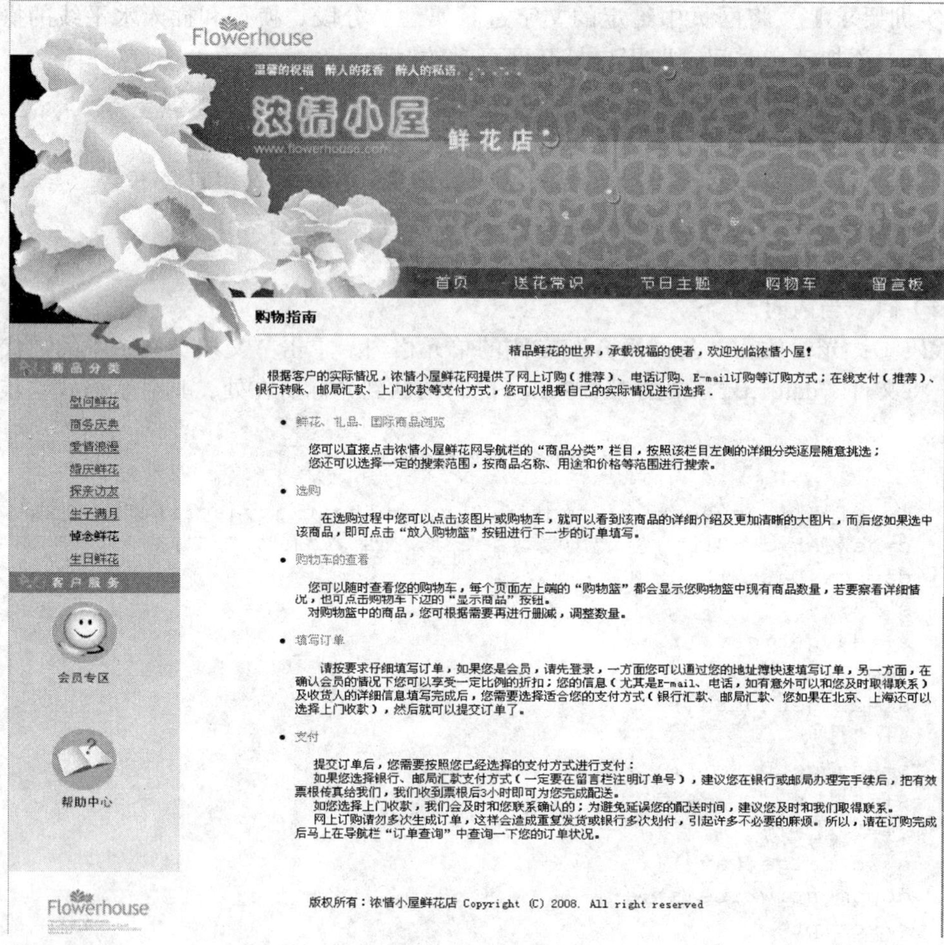
Flowerhouse
温馨的祝福 醉人的花香 醉人的私语
浓情小屋
鲜花店
首页
送花常识
节日主题
购物车
留言板
购物指南
商品分类
慰问鲜花
商务庆典
爱情浪漫
婚庆鲜花
探亲访友
生子满月
悼念鲜花
生日鲜花
客户服务
会员专区
帮助中心
精品鲜花的世界，承载祝福的使者，欢迎光临浓情小屋！
根据客户的实际情况，浓情小屋鲜花网提供了网上订购（推荐）、电话订购、E-mail订购等订购方式；在线支付（推荐）、银行转账、邮局汇款、上门收款等支付方式，您可以根据自己的实际情况进行选择．
鲜花、礼品、国际商品浏览
您可以直接点击浓情小屋鲜花网导航栏的“商品分类”栏目，按照该栏目左侧的详细分类逐层随意挑选；
您还可以选择一定的搜索范围，按商品名称、用途和价格等范围进行搜索。
选购
在选购过程中您可以点击该图片或购物车，就可以看到该商品的详细介绍及更加清晰的大图片，而后您如果选中该商品，即可点击“放入购物篮”按钮进行下一步的订单填写。
购物车的查看
您可以随时查看您的购物车，每个页面左上端的“购物篮”都会显示您购物篮中现有商品数量，若要察看详细情况，也可点击购物车下边的“显示商品”按钮。
对购物篮中的商品，您可根据需要再进行删减，调整数量。
填写订单
请按要求仔细填写订单，如果您是会员，请先登录，一方面您可以通过您的地址簿快速填写订单，另一方面，在确认会员的情况下您可以享受一定比例的折扣；您的信息（尤其是E-mail、电话，如有意外可以和您及时取得联系）及收货人的详细信息填写完成后，您需要选择适合您的支付方式（银行汇款、邮局汇款、您如果在北京、上海还可以选择上门收款），然后就可以提交订单了。
支付
提交订单后，您需要按照您已经选择的支付方式进行支付：
如果您选择银行、邮局汇款支付方式（一定要在留言栏注明订单号），建议您在银行或邮局办理完手续后，把有效票根传真给我们，我们收到票根后3小时即可为您完成配送。
如您选择上门收款，我们会及时和您联系确认的；为避免延误您的配送时间，建议您及时和我们取得联系。
网上订购请勿多次生成订单，这样会造成重复发货或银行多次划付，引起许多不必要的麻烦。所以，请在订购完成后马上在导航栏“订单查询”中查询一下您的订单状况。
版权所有：浓情小屋鲜花店 Copyright (C) 2008. All right reserved
Flowerhouse

图 4.34　实训效果

图像与多媒体的应用

知识目标

- 插入图片对象的方法
- Flash 影片的插入和设置
- Flash 按钮和文本的设置

技能目标

- 掌握图像属性面板的设置
- 掌握 Flash 及透明 Flash 效果的制作
- 掌握多媒体的插入方法

任务 5.1　图像的应用

在一个网页中除了文字之外，最重要的就是图像，它们是网页中非常重要的两种元素。图像是文本的说明和解释，它使文本清晰易读，也更具吸引力。在本任务中将学习如何插入图像、创建鼠标经过图像、设置图像的属性和创建导航条等操作。

知识 5.1.1　网页常用的图像格式

图像有很多种格式，网页制作中最常用的有三种，即 GIF 图像、JPEG 图像和 PNG 图像。

1. GIF 图像（图形交换格式）

文件最多使用 256 种颜色，适合显示色调不连续或具有大面积单一颜色的图像，如导航条、按钮、图标或其他具有统一色彩和色调的图像。它具有透明背景与动画显示的功能，所以在网页中应用非常广泛。

2. JPEG 图像（联合图像专家组标准）

文件格式是用于摄影或连续色调图像的高级格式，JPEG 文件可以包含数百万种颜色。随着 JPEG 文件品质的提高，文件的大小和下载时间也会随之增加，通常可以通过压缩 JPEG 文件在图像品质和文件大小之间达到良好的平衡。

3. PNG 图像（可移植网络图形）

文件格式是一种替代 GIF 格式的无专利权限制的格式，包括对索引色、灰度、真彩色图像以及 alpha 通道透明的支持。PNG 是 Macromedia Fireworks 固有的文件格式。PNG 文件可保留所有原始层、矢量、颜色和效果信息（例如阴影），并且在任何时候所有元素都是完全可编辑的。

知识 5.1.2　插入图像

1. 图像属性

选择“插入→图像”或“常用”面板中的插入图像按钮，均可在网页中插入图片。

图像与文本一样具有各种属性，以实现对图像的精确控制，其属性面板如图 5.1 所示。

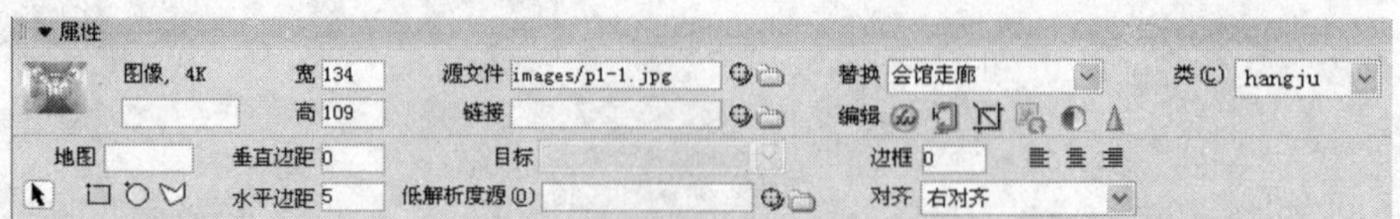

图 5.1　图像属性面板

其中："源文件"：用于设置图像文件的相对或绝对地址，单击其后的可以选择打开的图像。

"调整大小"：在"宽"和"高"中输入值，单位均为像素（px），调整过的大小加粗显示，并在旁边出现还原按钮，单击可恢复原来大小，如图 5.2 所示。

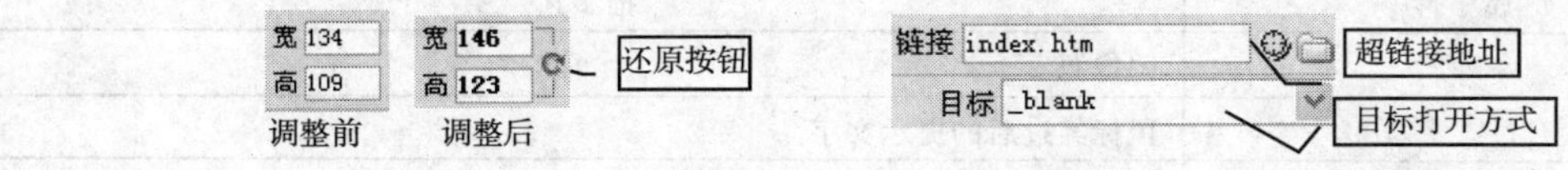

图 5.2　调整大小和链接

"设置超链接"：在"链接"中定义单击图像后的链接地址；在"目标"中定义目标的打开方式，如"_blank"为在新窗口中打开，详情请参考"超链接"一章。

"替换"：设置鼠标指向时显示的替换文本，如图 5.3 所示。

图 5.3　替换和边框

"边框"：设置图像边框大小，单位为像素，值为 0 时无边框，如图 5.3 所示。

"设置边距"：有"水平边距"和"垂直边距"，用于调整图像相对于周围元素的距离，当图片设置水平边距后，与周围元素的距离加大，如图 5.4 所示。

图 5.4　边距和裁剪

"编辑图像"：

1）重新取样：对已调整大小的图像重新取样，改变其物理文件大小。

2）亮度和对比度：用于调整图像的亮度和对比度设置。

3）锐度：用于调整图像的清晰度。

4）裁剪：从所选图像中删除不需要的区域，如图 5.4 所示。

2. 图像标记

图像的 HTML 标记为<img>，其有多个属性，如表 5.1 所示。下面是一个示例：

```
    <img src="5.1_files/p1.jpg" alt="会馆走廊" width="120" height="100"
vspace="20" hspace="10" align="right">
```

其含义为：图像文件源为"5.1_files/p1.jpg"，宽度为 120 像素，高度为 100 像素，与周围元素水平间距为 10，垂直间距为 20，提示文字为“会馆走廊”，右对齐，其效果和对应属性面板如图 5.5 所示。

表5.1 属性

属 性	描 述
src	图像源
alt	鼠标经过后的提示文字
width	图像宽度
height	图像高度
hspace	图像与周围元素的水平间距
vspace	垂直间距
align	对齐方式
border	边框

图 5.5 图像效果

知识 5.1.3 插入鼠标经过图像

在浏览网页时，经常看到一种特殊的效果：当鼠标移到一张图像上时，其内容、颜色或大小发生变化，当鼠标移出时，又恢复原状，这就是鼠标经过图像，很多情况下，它可以代替文字充当导航链接。图 5.6 中即是一个鼠标经过图像，它是由两张成对的图像，经鼠标触发而产生交换效果，图像是在网页制作前特地做好的，它们的文字内容一样，但在图像的颜色、文字的颜色上有所变化。

图 5.6 鼠标经过图像

选择菜单“插入→图像对象→图像经过图像”或单击“常用”面板的按钮 鼠标经过图像，均可插入“鼠标经过图像”，其设置如图 5.7 所示。

在该对话框的“原始图像”和“鼠标经过图像”中分别选择成对的交换图像，输入或选择点击图像时链接到的 URL 地址，根据需要输入鼠标经过时的“替换文本”。

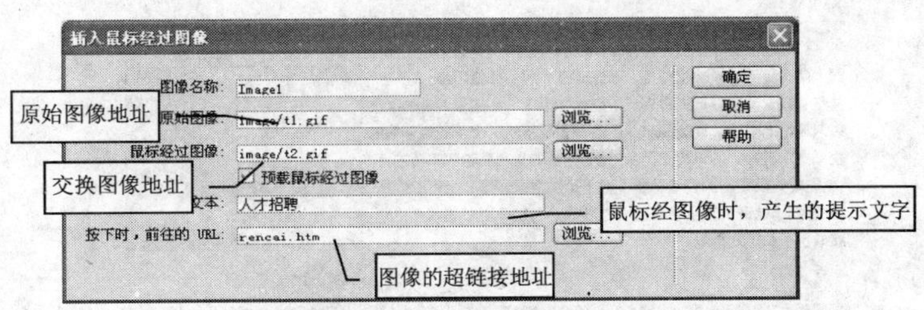

图 5.7　图像经过图像对话框

案例 5.1　制作图文混排的网页（瑜珈网）

本案例任务是对网页正文实现图文混排的效果，同时在导航栏中加入鼠标经过图像，实现动感导航，效果如图 5.8 所示。

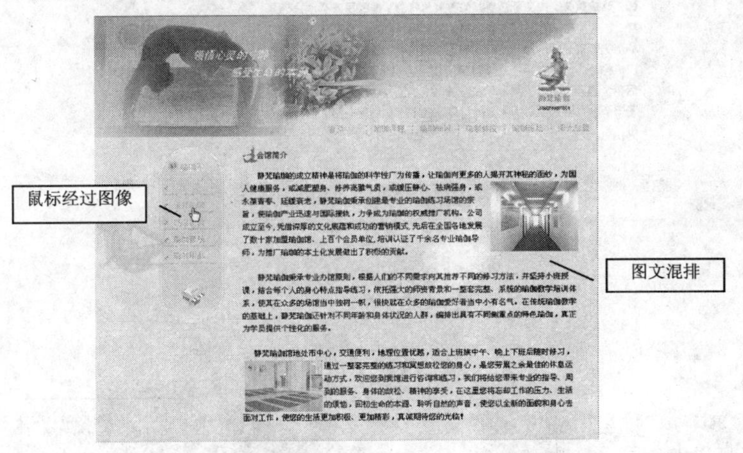

图 5.8　实例效果

操作步骤

（1）定义对齐方式和间距

① 将文件夹“5.1lx”建立为站点或将其拷贝到当前站点根目录下。打开“5.1lx.htm”，将光标放在第 1 行文字最后，选择菜单“插入→图像”或“常用”面板中的插入图像按钮，在打开的对话框中选择“p1.jpg”。

② 在图片选中的情况下，在其“属性”面板的“对齐”中选择“右对齐”，则图像靠右对齐，左边空出的地方被文字占据，设置“水平边距”为 10，使图片与文字产生一定距离，这样就实现了图文混排，效果如图 5.9 所示。

（2）改变图像大小、添加提示和重新取样

① 选中图片，在其“属性”面板的“宽”中输入“120”，“高”中输入“100”，“替换”中输入“会馆走廊”，预览，当鼠标经过图片时出现文字提示，如图 5.10 所示。

② 继续选中图片，在“属性”面板中单击“重新取样”按钮，进入“我的电脑”打开“5.1_files”文件夹，找到该图像，看到其大小已经发生了变化，如图 5.11 所示。

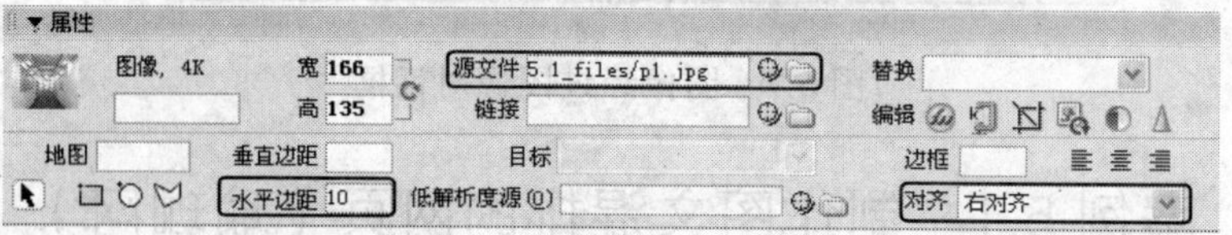

图 5.9　定义图片对齐方式

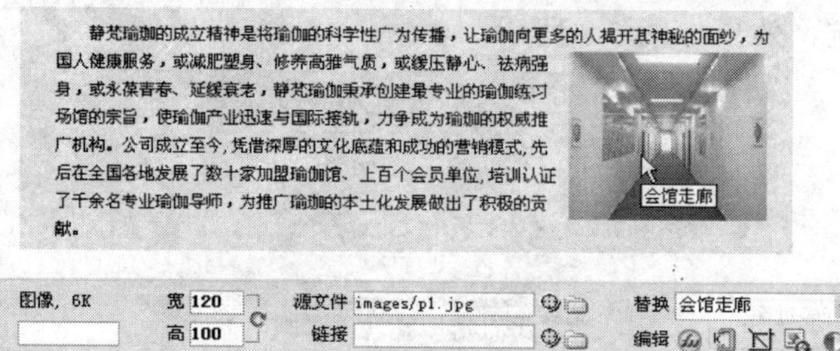

图 5.10　调整图片大小

图 5.11　重新取样

提　示　当调整了图像的显示大小后，通过"重新取样"可以使图像文件的实际大小与我们调整后的显示大小一致，即真正实现图像物理大小的改变。

（3）调整图像亮度和对比度

选中图片，在其"属性"面板中单击"亮度和对比度"按钮，如图 5.12 所示，在弹出的对话框中，不断参照图片的变化改变"亮度"和"对比度"的值，使图片中的射灯更亮。

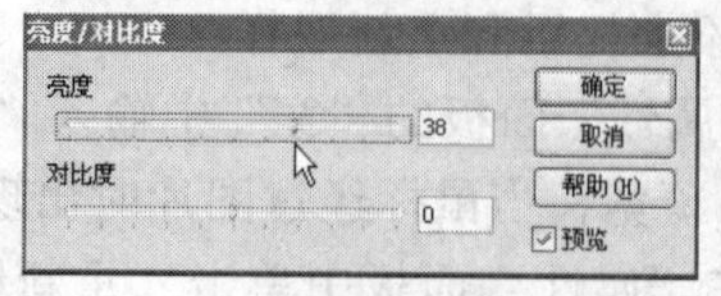

图 5.12　调整亮度和对比度

（4）裁剪图片

选中图片，在其“属性”面板中单击“裁剪”按钮，在弹出的提示框中单击“确定”，然后在图片上拖曳调节柄就可裁剪图像，最后按“回车”键确定裁剪大小，如图 5.13 所示。

图 5.13　裁剪图片

提　示　“裁剪”可以使图片的实际物理大小直接发生改变，按 Ctrl+Z 可撤销裁剪。

（5）插入图像占位符

网页布局时，有的时候一些图片还没有制作出来，但大小和位置设计者已心中有数，此时可以先插入图片占位符来代替图片的位置，待日后图片制作好后再替换即可。

① 将光标放在第 3 段的段首处，选择菜单“插入→图像对象→图像占位符”，在弹出的对话框中输入各项内容如图 5.14 所示，单击“确定”按钮插入占位符。

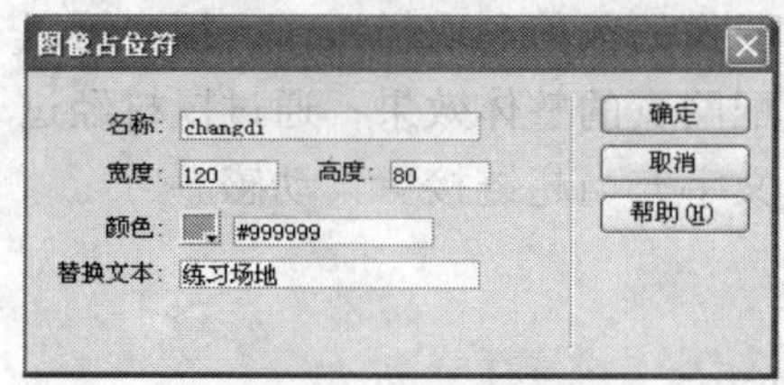

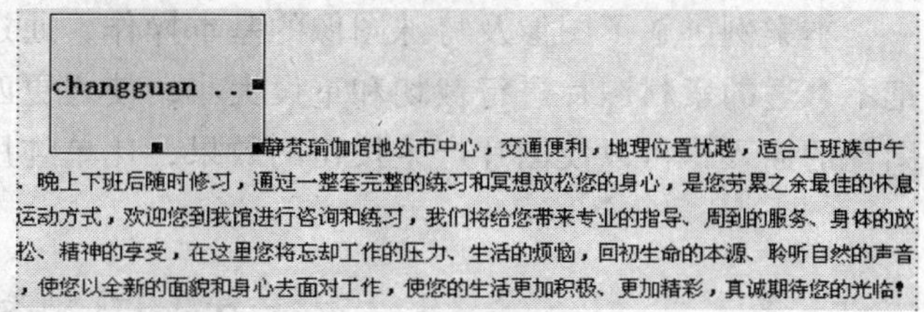

图 5.14　图像占位符

② 点击占位符，在其“属性”面板的“源文件”处单击旁边的，选择文件为“p2.jpg”，则该图片代替占位符，将其“对齐”设置为“左对齐”，“边框”设为 1，如图 5.15 所示。

③ 按 F12 键预览，看“会馆简介”的图文混排效果。

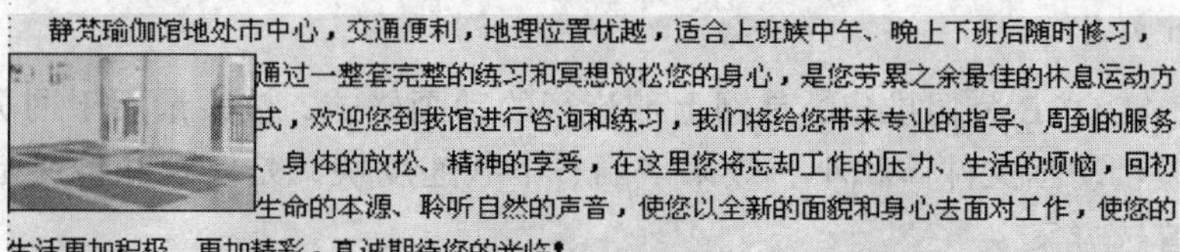

图 5.15　定义图片属性

（6）插入鼠标经过图像

① 将光标放在“瑜珈秀”下的第 1 个空白单元格内，如图 5.16 所示。

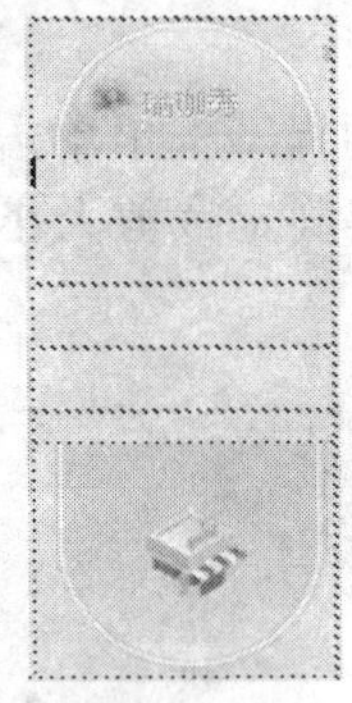
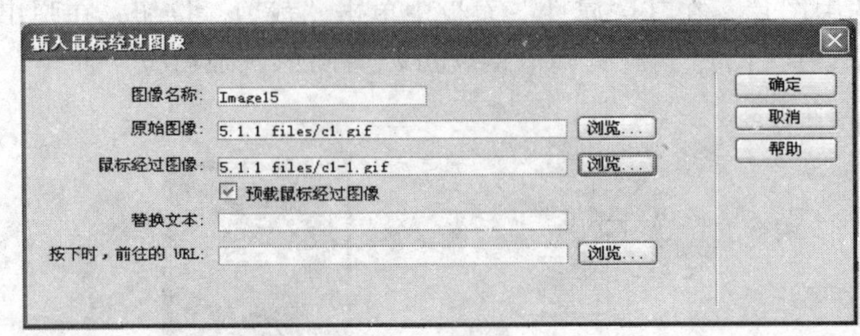

图 5.16 插入鼠标经过图像

② 选择菜单“插入→图像对象→鼠标经过图像”，在打开的对话框中分别选择“原始图像”为“c1.gif ”，“鼠标经过图像”为“c1-1.gif ”，如图 5.16 所示，单击“确定”退出对话框，效果需要预览观看，继续插入其他图像并查看效果。以后若想给图像添加超链接，可直接在其“属性”面板的“链接”中设置。

案例小结

本案例讲解了图像及特殊图像的基本操作，通过图像的裁剪和取样操作，用户可以把不合适的素材图片进行裁切和重设大小，使之更匹配网页的整体效果；通过鼠村经过图像的插入，可以使图片产生按钮的效果，比单纯用文字充当超链接更具动感。

任务 5.2 插入多媒体

在 Dreamweaver 中用户能够迅速方便地给网页添加声音、影片、视频、音频等多媒体内容，这些对象的插入可以使页面更生动，内容更丰富。

1. Flash 影片

Flash 由 ADOBE 公司推出，是网上最流行的动画格式，被大量用于网页页面，利用它制作出的矢量动画文件体积小、效果华丽、下载速度快，是实现和传递基于矢量的图形和动画的首选方案。

2. Flash 按钮

在上一任务中，介绍了利用鼠标经过图像制作导航图片的方法，其不足是原图和鼠标经过图必须提前准备好。相比之下，Dreamweaver 提供的一种称为“Flash 按钮”的对象，更加简单快捷。图 5.17 即是一个生成的 Flash 按钮，它的实质是具有按钮功能的 Flash 文件（扩展名为 swf），当鼠标经过按钮时，其外观会发生变化，点击时还可以链接到目标网页，其特点是快捷，不足是效果有限。

3. Flash 文本

当想在网页中使用特殊的字体却又担心用户的电脑不能正常显示时，Flash 文本是一个不错的选择，它可以将包含的文本矢量化，且具有颇具动感的转滚效果。图 5.18 即是生成的 Flash 文本，它的实质也是一个 Flash 影片，鼠标经过后文字颜色发生变化。

图 5.17 Flash 按钮　　　　图 5.18 Flash 文本

要特别强调的一点是：插入 Flash 按钮和 Flash 文本时，如果当前网页的绝对路径中含有中文，则单击“确定”后会报错，请改名后再尝试。

4. Flash 图像查看器

Dreamweaver 内建了一个称为图像查看器的 Flash 元素，其功能是像播放幻灯片一样一张张播放图片，同时有换页等效果，利用它可以生成一个动感的 Flash 相册，如图 5.19 所示。

5. Flash 视频

Flash 视频文件即 FLV 流媒体格式文件，全称为 Flash Video。之前的传统视频，存在播放时要求本地计算机中装有相应播放器，且文件容量过大，下载慢等不足，FLV 视频的出现很好地解决了这些问题，它文件体积小，可以边下载边观看，且内嵌到网页的 Flash 播放器得到大多数本地计算机的支持，目前很多网站都使用它作为视频播放的载体。可以利用 Flash 8 或视频转换软件将一个普通视频文件转换为 FLV 文件。

图 5.19 Flash 图像查看器

图 5.20 Flash 视频

Flash 视频插入后会生成两个播放器外观的支持文件（SWF），并保存在相同路径下，请注意一定不要删除这些文件，否则播放器将无法正常工作，如图 5.20 所示。

6. 音频和视频

HTML 网页文档支持多种音乐格式，如 MP3、WAV、RM 和多种视频格式，如 AVI、WMV、MOV 等，插入这些文件最常用的方法就是利用插入插件来完成。

以上是网页中可以插入的多媒体对象，选择“插入→媒体”或“常用”面板中多媒

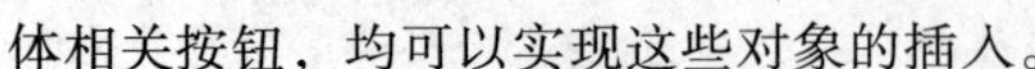

体相关按钮，均可以实现这些对象的插入。

案例 5.2　添加超炫 Flash 效果（珠宝网）

本案例任务是在一个网页中同时加入 Flash 影片、Flash 按钮和 Flash 文本，给页面带来动感效果，如图 5.21 所示。

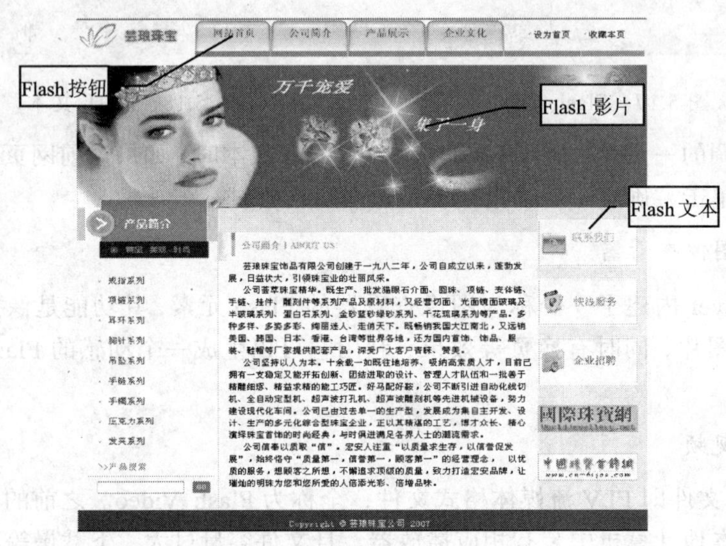

图 5.21　实例效果

操作步骤

（1）插入 Flash 影片

① 由于在后面制作 Flash 按钮时，要求网页的绝对路径中不能有中文，所以先将文件夹“5\5.2lx”拷贝到 C 或 D 盘上，再将其创建为站点。打开文件“5.2lx.htm”，将光标放在网页中间的空白单元格内。

② 选择“插入→媒体→flash”，插入影片“banner.swf”，在“属性”面板中单击“播放”按钮，如图 5.22 所示，就可以在文档窗口中播放影片。在浏览器中观看影片效果。

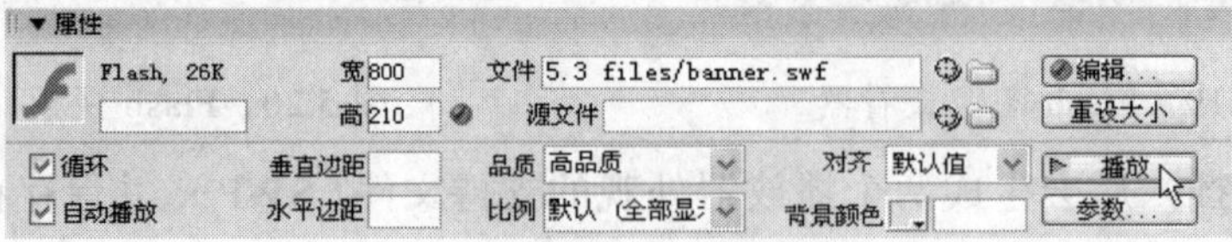

图 5.22　播放 Flash

“属性”面板其他按钮含义：

编辑... 按钮：单击此按钮，可以自动打开 Flash 软件对源文件进行处理。

重设大小 按钮：用于恢复 Flash 动画的原始尺寸。

参数... 按钮：用于打开一个对话框，在其中输入附加参数。

（2）插入 Flash 按钮

① 将光标插入到页面上端导航栏的第一个空白单元格内，选择“插入→媒体→Flash 按钮”，在打开的对话框中，选择“样式”为列表中最后一项“Translucent Tab”，“字体”为“宋体”，“大小”为“15”，“另存为”默认为“button1.swf”，如果想添加超链接，可在“链接”中选择要链接到的网页文件，如图 5.23 所示，单击“确定”退出。

提 示 “另存为”中的“button1.swf”，即是生成的 Flash 文件，存于当前目录下；如果当前网页的路径中含有中文，则不能生成 flash 按钮，可改名后再尝试。

② 插入后如果想改变按钮，可单击“属性”面板中的编辑...，再次打开对话框进行修改。继续插入其他 3 个按钮，共生成“button1.swf”～“button4.swf ”四个 Flash 文件。预览网页，当鼠标经过按钮时出现高亮效果，如图 5.24 所示。

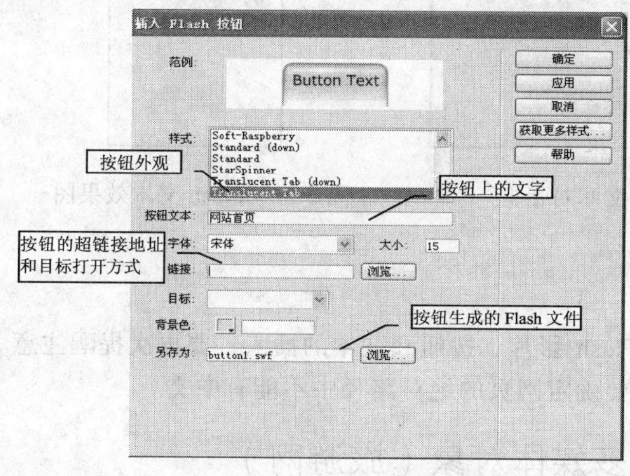

图 5.23 插入 Flash 按钮对象框

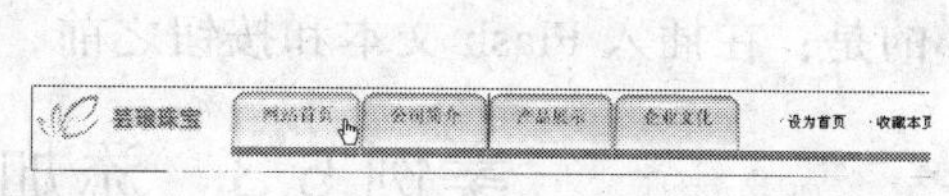

图 5.24 预览效果

（3）插入 Flash 文本

① 将鼠标放在如图 5.25 所示的空白的单元格内。

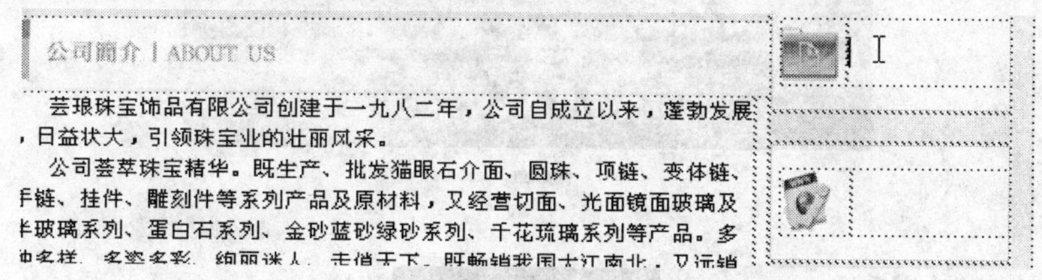

图 5.25 定位光标

② 选择“插入→媒体→Flash 文本”，打开对话框，在“文本”中输入文字“联系我们”，“字体”为“宋体”，“大小”为“15”，“颜色”为“#00ccff ”，“转滚颜色”为“#ffcc00”，“另存为”为“text1.swf ”，如图 5.26 所示，如果想添加超链接，可在“链接”中选择要链接到的网页文件。

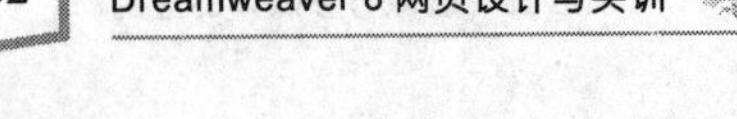

提　示　“颜色”为Flash文本原来的颜色，“转滚颜色”为鼠标经过后的颜色。“另存为”中的“text1.swf ”，即是生成的Flash文件。

③ 继续插入后面的3个Flash文本，预览网页，看鼠标经过后文字的转滚变化，如图5.27所示。

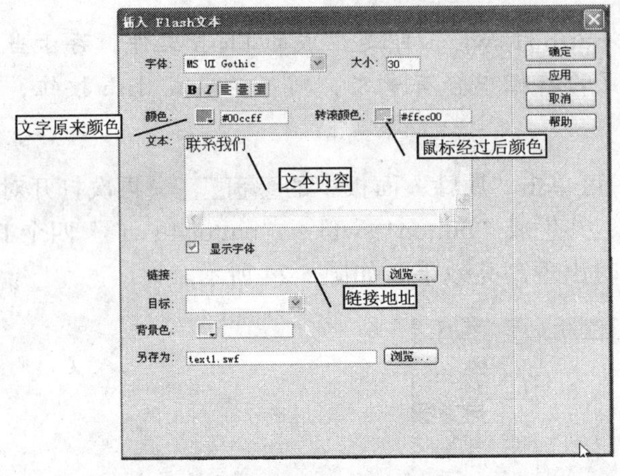

图5.26　插入Flash文本对话框

图5.27　Flash文本效果图

案例小结

在本任务中，用一个网页讲解了Flash影片、按钮和文本的插入，要再次提醒注意的是：在插入Flash文本和按钮之前，要确定网页的绝对路径中不能有中文。

案例5.3　添加多媒体对象（旅游网）

本案例的任务是在网页中插入Flash视频、Flash元素和和传统视频文件，如图5.28所示。

图5.28　实例效果

操作步骤

（1）插入 Flash 视频

① 将文件夹“5.3lx”创建为站点或拷贝到当前站点根目录下，打开文件“5.3.1lx.htm”，将鼠标放在页面中间的空白单元格内。

② 选择“插入→媒体→flash 视频”，如图 5.29 所示，在打开的对话框中选择“视频类型”为“累进式下载”，文件为“adly.flv”，外观为“Halo skin 3”，（这种外观含有播放进度控制条），“高度”为“300”，宽度为“200”，勾选“自动播放”，单击“确定”按钮，预览页面看效果。

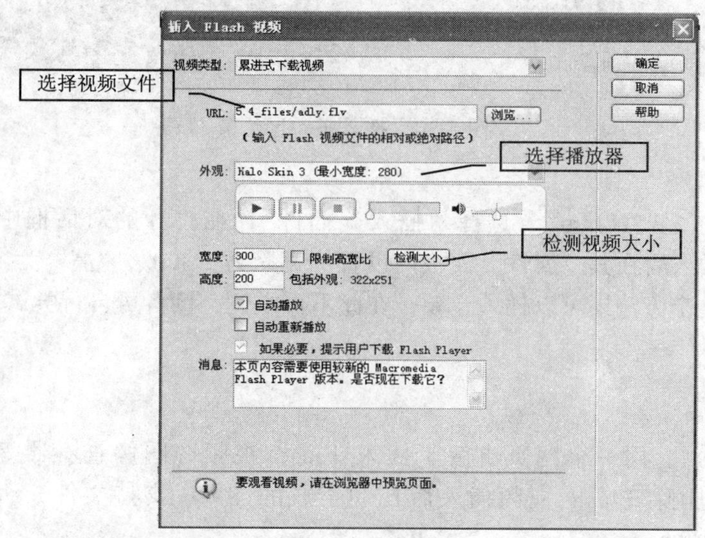

图 5.29　“插入 Flash 视频”对话框

提　示　可通过“检测大小”确定 FLV 文件的准确宽度和高度。如果检测不出，则需输入值。

（2）插入 Flash 元素

① 打开文件“5.3.2lx.htm”，将鼠标放在页面中间空白的单元格内。选择“插入→媒体→图像查看器”，在弹出的对话框中输入保存文件为“jing.swf ”，单击“确定”后看到一个 Flash 影片插入到页面内。

② 在窗口右侧的“Flash 元素”面板中单击“imageURLs”右侧的图标，在打开的对话框中设置每一张图像的源文件，单击“+”添加图像，如图 5.30 所示。

③ 继续在“Flash 元素”面板中单击“transitionType”，选择切换方式为“Random”（随机），预览看网页效果。

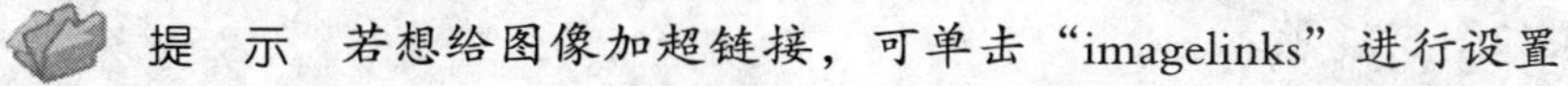

提　示　若想给图像加超链接，可单击“imagelinks”进行设置。

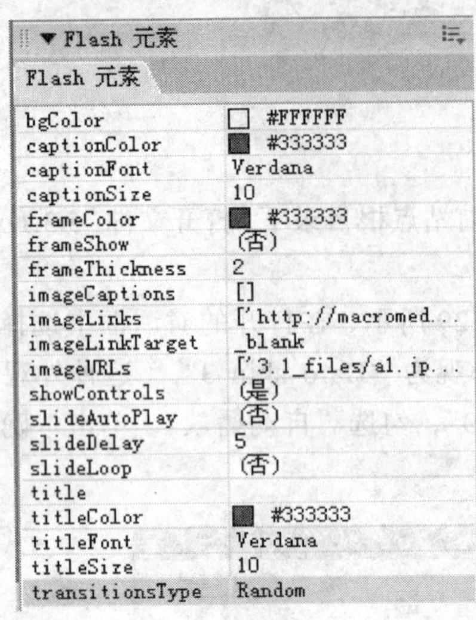

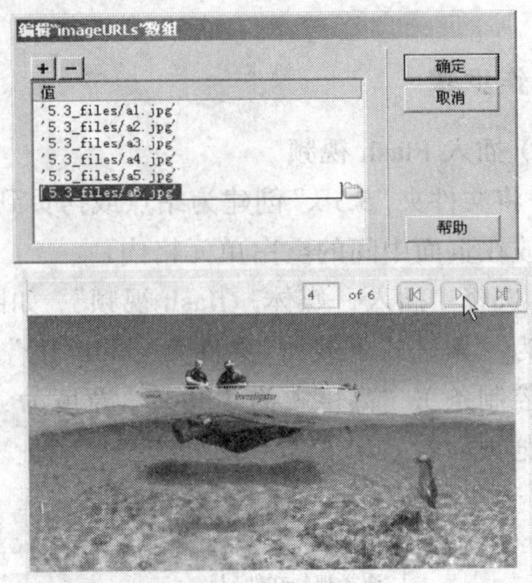

图 5.30　插入 Flash 元素

（3）插入视频

打开文件“5.3.3lx.htm”，选择“插入→插件”，在打开的对话框中选择视频文件“adly.wmv”，插入后在其“属性”面板内设置“宽”为“300”，“高”为“200”，预览，看效果。利用这个方法还可以插入音频，在此不再举例，读者可自行尝试。

案例小结

在本任务中，用一个网页讲解了插入 Flash 视频、图像查看器等操作，要提醒的是一定不要删除 Flash 视频插入后自动生成的 SWF 支持文件，否则播放器将无法正常工作。

知识拓展　制作透明 Flash 效果

在网页制作中，除了自己制作 Flash 影片外，还可以利用现成的 Flash 资源，直接将其设为透明背景，这样做既节省了时间，又添加了动态效果，特殊情况下，不失为一条捷径。下面就用这个方法，再次制作珠宝网的 banner。

操作步骤

① 打开文件“5.4lx.htm”，将鼠标放在页面中央的空白单元格内，在“属性”面板中设置其背景图片为“banner.jpg”，在单元格内插入影片 xin.swf，单击“属性”面板的“播放”按钮，效果如图 5.31 所示。

图 5.31　插入的透明 Flash 影片

提　示　由于后面要在单元格中插入 Flash 影片，所以单元格内就不能再插入图片了，为其设置背景图片的目的是作为透明 Flash 的底图。

② 由于影片较小，下面将其拉大，在“属性”面板中，将“宽”改为“800”，“高”改为“212”，使其铺满单元格，如图 5.32 所示。

③ 单击“属性”面板中“参数”按钮，在弹出的对话框中单击“+”号，在参数中输入“wmode”，值中输入“transparent”（就是将 Flash 背景设为“透明”的意思），如图 5.33 所示。

图 5.32　调整 Flash 的大小

图 5.33　设置透明属性

④ 设置后的效果在编辑状态看不到，按 F12 键预览，看到 Flash 影片变为透明，附加在原来的图片之上，效果和原案例中一样，如图 5.34 所示。在网上还有很多用于制作此效果的“透明 Flash 影片”，读者可以试着下载运用，可暂时弥补不会 Flash 的不足，给网页增加意想不到的动感效果。

图 5.34　预览效果

项目小结

本项目讲解了图像的处理、鼠标经过图像和导航条的插入，还学习了 Flash 影片、Flash 按钮、Flash 文本和其他多媒体的插入，给网页添加了动感效果。

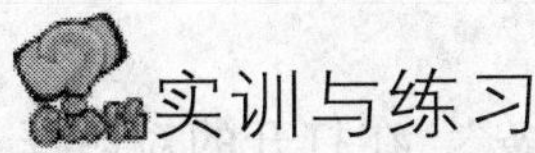

实训与练习

一、填空题

1. 在 Web 中，常用的图像有三种：__________、__________和__________。

2．插入 Flash 按钮和 Flash 文本后，会生成一个扩展名为____________的文件。

二、选择题

1．在设置图像超链接时，可以在替代文本框中填入注释的文字，下面不是其作用是（　　）。

A.当浏览器不支持图像时，使用文字替换图像

B.当鼠标移到图像并停留一段时间后，这些注释文字将显示出来

C.在浏览者关闭图像显示功能时，使用文字替换图像

D.每过段时间图像上都会定时显示注释的文字

2．（　　）图像格式是网页不支持的。

A. GIF　　B. BMP　　C. PNG　　D. JPG

三、简答题

1．简述 Flash 视频的优点？

2．如何制作透明 Flash 效果？

四、实训题

1．插入导航条（房产网）

【实训要求】　使用导航条可以一次加入多张鼠标经过图像，节省逐一加入的时间，在给定网页中分别利用鼠标经过图像和导航条两种方法，插入导航图像；然后在导航图像下插入 Flash 影片，效果如图 5.35 所示。

图 5.35　实训效果

【实训提示】

① 打开文件“5.5lx.htm”，选择菜单“插入→图像对象→导航条”，在打开的对话框中选择“状态图像”为“BT_BG01-1.jpg”，“鼠标经过图像”为“BT_BG01-2.jpg”，如图 5.36 所示，单击对话框上方的“+”按钮，再增加其他 6 个项目，单击“确定”退出。

② 预览，点取导航图片查看效果，以后如果需要给导航条添加链接，可逐一选择

导航图片，在其“属性”面板的“链接”中设置。

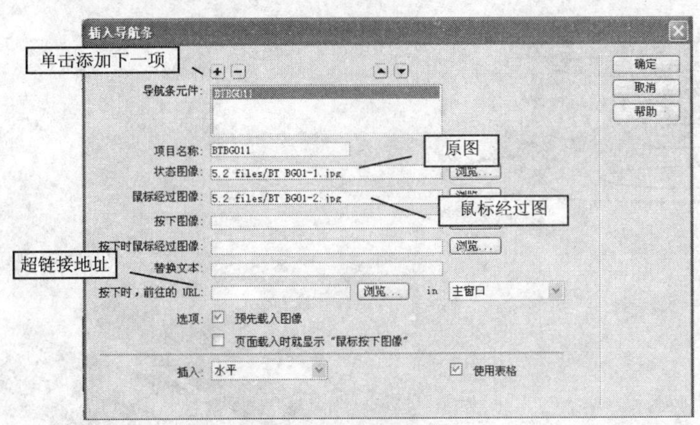

图 5.36　插入导航条

2．综合实训：图片属性和透明 banner 制作（鲜花网）

【实训要求】　如图 5.37 所示，给网页添加透明 Flash，效果为不断涌出的滚动水珠，在“精品推荐”中添加鲜花图片，对图片进行大小、边框、文字提示等设置，然后对图片按更改后的尺寸进行储存，最后查看设置后图像的源代码。

图 5.37　实训效果

【实训提示】

① 添加透明 Flash。

打开文件“5.6lx.htm”，光标放在 Banner 图片所在的单元格内，插入 Flash 影片 shuizhu.swf，然后设置其大小为“800*203”，再设置其“参数”，预览看透明效果。

② 设置图片属性。

在“精品推荐”下面的单元格内，分别插入 4 张鲜花图，更改其大小为均为 120×120，然后进行“重新取样”的操作，并给图片设置边框和提示文字。在“代码”视图中查看图像源代码，观察设置后其属性的值。

网站链接

知识目标

- 理解文档位置和路径
- 理解制作超链接的操作方法
- 理解打开文档的目标设置

技能目标

- 掌握路径的分类和作用
- 掌握超链接的定义、作用和分类
- 掌握热点、锚点链接的操作方法
- 掌握电子邮件链接的操作方法
- 掌握脚本链接的创建方法

任务 6.1　关于路径

超级链接是页面对象之间的链接关系，可以指向文档、图像、多媒体文件和可下载软件，它合理、协调地把网站中的每个页面通过链接构成一个有机整体，使浏览者能从一个页面跳转到另一个页面，从一个网站跳转到另一个网站。互联网正因为有了这无形的链接，才编织出了缤纷多彩的网络世界。

超级链接由源端点和目标端点两个部分组成，其中有链接的一端称为链接的源端点，跳转到的页面称为链接的目标端点。了解从作为源端点的文档到作为目标端点的文档之间的路径对于创建链接至关重要。

每个网页都有一个唯一的地址，称作统一资源定位器（URL），它包括了通信协议、主机名和要访问文件的路径和文件名，比如新浪网的 URL，就是 http：//www.sina.com。一般情况下，当创建内部链接时，不会指定被链接文档的完整 URL，而是指定一个相对于当前文档或站点根文件夹的相对路径。链接的路径可以有以下三种表达方式。

1. 绝对路径

如果在链接中使用完整的 URL 地址，这种链接路径称为绝对路径。绝对路径的特点是：路径与链接的源端点无关。一般情况下，对于其他网站而不是本地网站的链接，要使用绝对路径，这样只要网站地址不变，无论文档在站点中如何移动，都可以正常跳转而不会发生错误；而跳转到同一站点中的文档，使用绝对路径就会有弊端，因为在移动文件的时候，文件内所有的绝对路径链都会被打断，从而造成链接错误。

下面看一个绝对路径的例子，在页面中输入文字“dreamweaver”，然后在“属性”面板的“链接”中输入“http：//www.macromedia.com”，就是一个绝对路径，如图 6.1 所示。

图 6.1　绝对路径

2. 文档相对路径

文档相对路径对于大多数 Web 站点的本地链接来说，是最适用的路径。文档相对路径的基本思想是省略掉对于当前文档和所链接的文档都相同的绝对 URL 部分，而只提供不同的路径部分，要想创建文档相对路径，只需创建链接时，在“选择文件”对话框中“相对于”中选择“文档”即可，一般情况下，此为默认选项，如图 6.2 所示。

文档相对路径与源端点的位置密切相关，可以表述源端点和目标端点之间的相互位置，一般会有以下几种情况：

1）链接源端点与目标端点位于同一目录下，则链接路径中指明目标端点的文档名即可。

2）链接中源端点和目标端点不在同一目录下，则需将目录的相对关系表达出来，有两种情况：

① 要链接的文件位于当前文档所在文件夹的子文件夹中时，要提供子文件夹名，正斜杠（/）和文件名，其中每个正斜杠（/ ）表示在文件夹层次结构中下移一级。

② 要链接的文件位于当前文档所在文件夹的父文件夹中时，则在文件名前加“../”，其中每个../ 表示在文件夹层次结构中上移一级。

下面以一个站点的结构为例，在如图 6.3 中，以 intro.html 为源端点，创建从它到不同位置文件的链接。

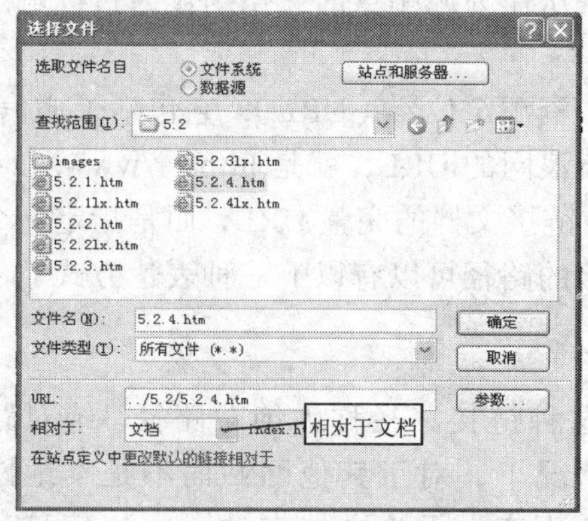

图 6.2 创建文档相对路径

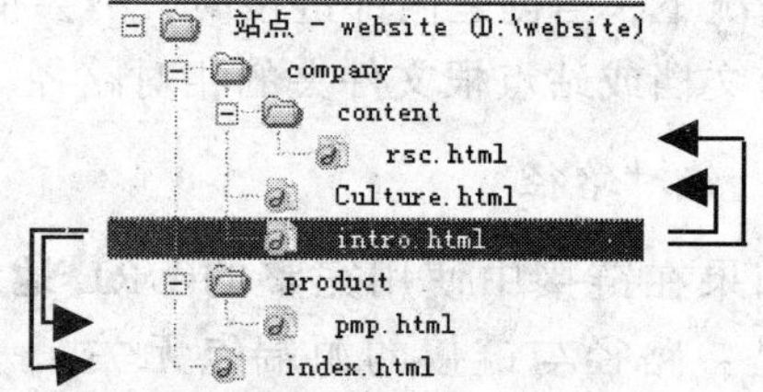

图 6.3 站点结构

从 intro.html 链接到 Culture.html，如图 6.3 所示，因为两个文件在同一文件夹中，所以相对路径中只需指出文件名即可，即 Culture.html，如图 6.4 所示。

从 intro.html 链接到 rsc.html（其在名为 content 的子文件夹中），如图 6.3 所示，可使用相对路径：content/rsc.html，如图 6.5 所示。

图 6.4 同级目录链接

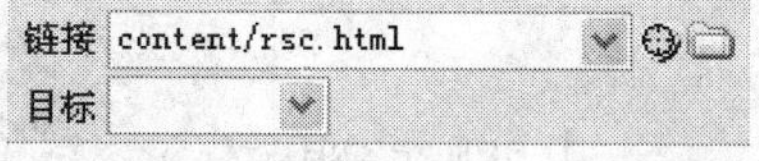

图 6.5 下一级目录链接

从 intro.html 链接到 index.html（在其父文件夹中，content 向上一级），如图 6.3 所示，可使用相对路径../index.html，如图 6.6 所示。

从 intro.html 链接到 pmp.html（在父文件夹的 product 文件夹中），如图 6.3 所示，可使用相对路径.. /product/pmp.html，如图 6.7 所示。

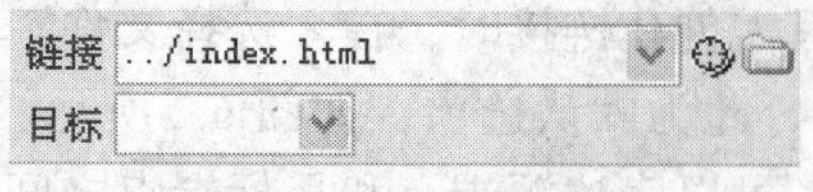

图 6.6 上一级目录链接

图 6.7 上一级目录的子目录链接

3. 站点根目录相对路径

站点根目录相对路径可以看成是绝对路径和相对路径之间的一种折中，在这种路径表达方式中，所有的路径都是从站点的根目录开始的，根目录通常用一个斜线(/)表示，它与源端点的位置无关。与绝对路径相比，基于根目录的路径只是省去了绝对路径中带有协议的地址部分。这种路径一般是一个使用多台服务器的大型 Web 站点或一台服务器作为多个站点的主机的情况下使用，建立方法如图 6.8 所示。

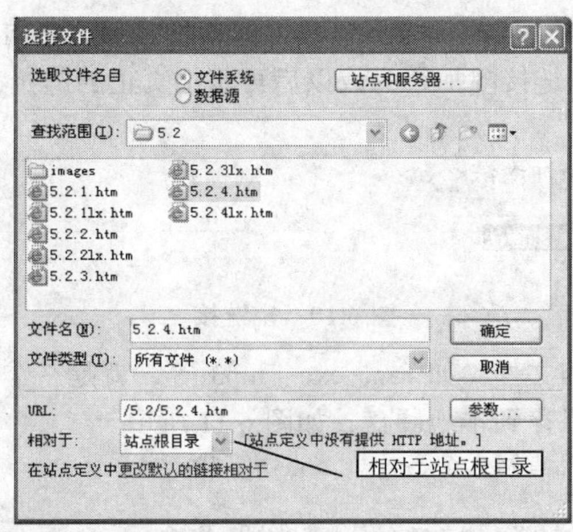

图 6.8　站点根目录相对路径

任务 6.2　制作链接

知识 6.2.1　超链接的分类

超链接标记为<a>，根据链接“源端点”和“目标端点”的不同，可分为以下几种。

1. 站内链接

在一个站点内部，建立页面之间的链接关系，明确哪个页面是当前页，哪个页面是目标页面，下面是一个超链接示例，其属性含义见表 6.1。例：

```
<a href="6.2.1.html" target="_blank" title="最大的女性网站-首页">首页</a>
```

表 6.1　属性

属　性	描　述
herf	超链接指向的目标地址
target	指定打开链接的目标窗口
title	鼠标悬停时的文字注释

其含义为：设置“首页”链接文件为“6.2.1.html”，文件在新窗口中打开，鼠标悬停后显示文字提示信息：“最大的女性网站—首页”，效果和“属性”面板如图 6.9 所示。

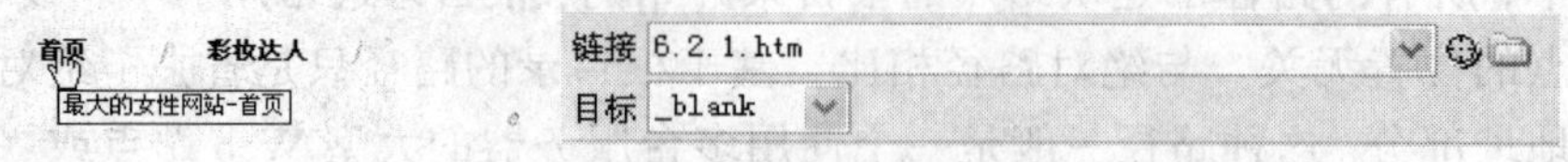

图 6.9　站内链接

如果链接目标为“#”，就是一个空链接，即不给其指派任何目标文件，但其外观呈现超链接的样式，可向空链接附加行为或以后再添加真正的链接，下面就是一个空链接，如图 6.10 所示。

```
<a href="#">精油魔法</a>
```

图 6.10　空链接

如果链接目标为压缩文件，如 rar、exe、mp3 等，就是一个下载链接，单击链接浏览者就可以将文件下载保存到本地硬盘，如图 6.11 所示。

```
<a href="化妆品官网大全.rar" >点击下载</a>
```

图 6.11　下载链接

2. 站外链接

通过建立站外链接，访问者可以跳转到站点之外的其他网站上。站外链接的地址采用绝对路径来表示，下面是一个示例：

```
<a href="http: //www.sina.com">新浪</a>
```

其含义为：设置“新浪”的链接路径为 http: //www.sina.com，链接到新浪网的首页。

3. 锚点链接

有些网页很长、内容丰富，需要使用滚动条进行浏览，不便于用户查看。锚点链接则能很好地解决这一问题。用户可以像在书里放书签一样定义锚记，然后再建立指向这些锚记的链接，就能快速达到指定的位置。可以在同一页面或不同页面中建立锚点链接，下面是一个示例：

```
<a href="#lc" >兰蔻</a>
```

其中“#lc”即为锚记，需要在建立锚点链接之前定义好，具体方法请见案例 6.1。

4. 电子邮件链接

每个网站都有自己专属的电子邮箱以和用户进行沟通。单击电子邮件链接时，会将浏览者的本地电子邮件管理软件打开，如 Outlook Express 等，用户可以在其中输入邮件内容。下面是一个示例：属性“href ”中“mailto:”后面的即为邮箱地址。点击后弹出的发送邮件对话框如图 6.12 所示。

```
<a  href="mailto: @yiren.126.com">联系我们</a>
```

图 6.12　电子邮件链接效果

知识 6.2.2　制作超链接的方法

创建超链接的方法有很多，最常用的是以下两种。

1．利用“属性”面板

新建一空白网页，输入任意文字并选中，点击“属性”面板中的“链接”文本框右侧的“浏览文件”图标，通过浏览选择一个文件，如图 6.13 所示。

2．利用“指向文件”图标

选中要链接的文字，拖动“属性”面板中“链接”右侧的“指向文件”图标，指向“文件”面板中链接到的目标文档。“链接”文本框会更新，以显示该链接，如图 6.14 所示。

图 6.13　使用“浏览文件”制作链接

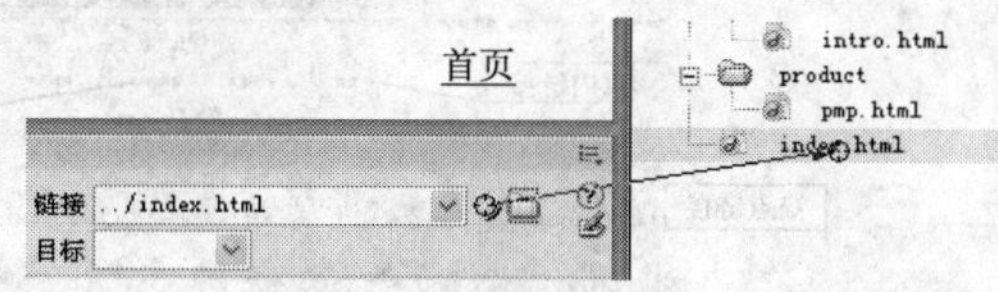

图 6.14　使用“指向文件”制作链接

也可以在页面中直接选中文字，按 Shift 键，把“指向文件”图标直接拖向目标文件，就会建立链接。

知识 6.2.3　打开超链接的目标设置

若要使所链接的文档出现在当前窗口或框架以外的其他位置，可从“属性”面板的“目标”弹出菜单中选择一个选项，如图 6.15 所示。

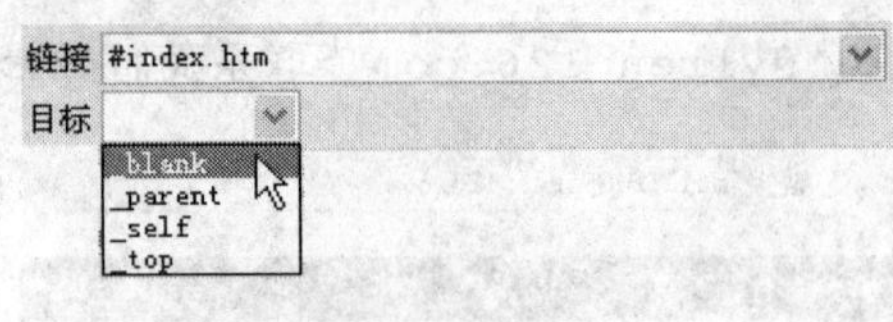

图 6.15 超链接目标

_blank ：在新的浏览器窗口中打开链接文档。

_parent：在上一级的浏览器窗口中打开链接文档。

_self：在当前的浏览器窗口中打开链接文档，此为默认值。

_top ：回到最顶端的浏览器窗口打开链接文档。

案例　编织网站链接（化妆品网）

本案例通过讲解三个网页之间各种类型的链接，详细地介绍了常用超链接的制作方法。

操作步骤

（1）创建文本链接

① 将“本书实例”中文件夹“6.1”创建为站点，或拷贝到当前站点根文件夹下，打开“彩妆达人”页面“6.1.2lx.htm”，如图 6.16 所示，选取文字“首页”，在“属性”面板的“链接”中单击，选择文件“6.1.1lx.htm”给其添加链接，“目标”一项不设置，如图 6.17 所示，预览，单击文字“首页”后，在当前的浏览器窗口中打开首页。

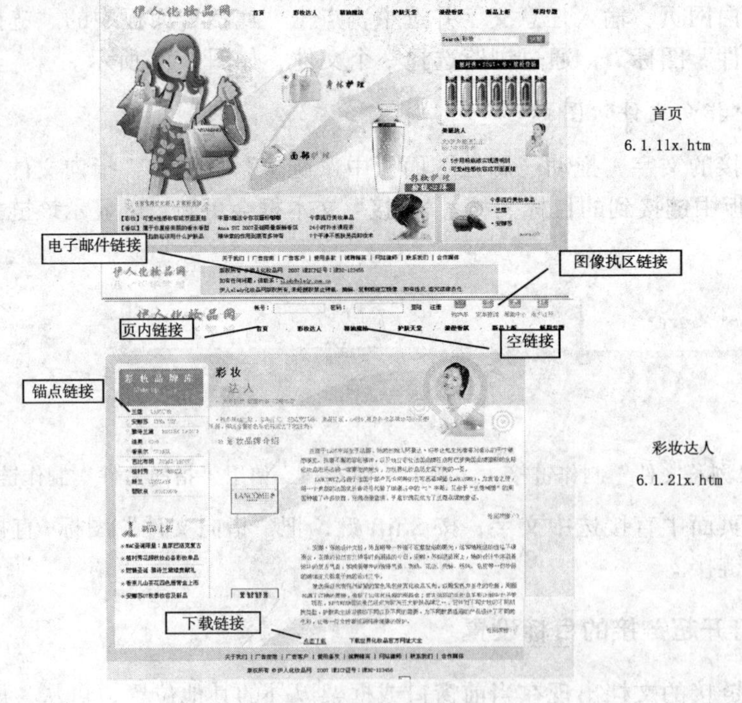

图 6.16 实例效果

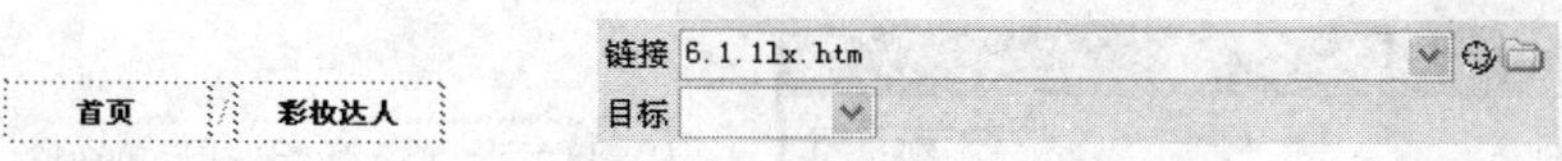

图 6.17 创建链接 1

② 将“目标”改为“_blank”，再次预览单击“首页”，看到首页在一个新弹出的浏览器窗口中打开。

提 示 “_blank”表示在新的浏览器窗口中打开链接文档。“_self”表示在当前浏览器窗口中打开链接文档。不设置默认为“_self”。

（2）创建空链接

选中页面顶端的“精油魔法”字样，在“属性”面板的“链接”框中输入：#，如图 6.18 所示，则空链接建立。为其他栏目建立空链接，预览，看到它们的外观呈现超链接的样式。

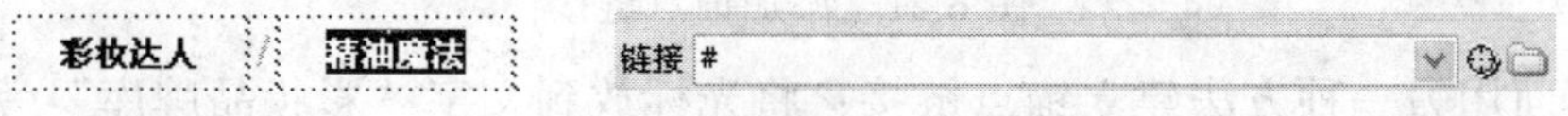

图 6.18 建立空链接

（3）创建热区链接

图像热区链接可使一张图像的各个部分链接到不同的网页。

① 点取“用户注册”所在图片，如图 6.19 所示，在“属性”面板中单击“矩形热点工具”按钮，拖动鼠标，在图片中绘制一个矩形热区，绘制后该区域变成透明蓝色，移动热区每个角的结点，调整好热区的形状和位置。

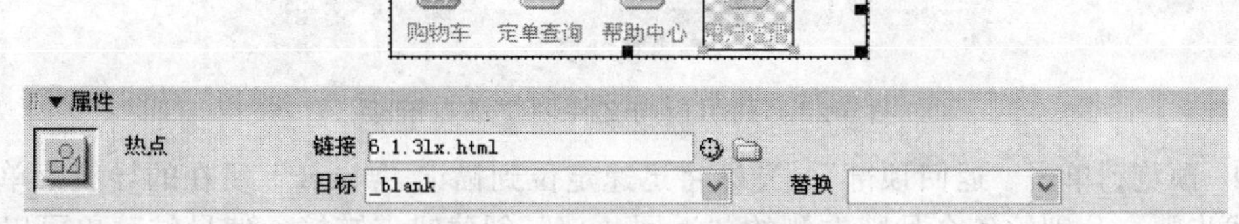

图 6.19 给热区添加链接

② 下面添加链接：单击“属性”面板中“链接”后的浏览按钮，选择 6.1.3lx.htm，如图 6.19，选择“目标”为“_blank”，定义页面在新窗口中打开，预览，试试链接能否成功。

（4）创建锚点链接

一般情况下，锚点链接用于给同一页面的不同位置做链接，其步骤为先定义锚点，再建立锚点链接。

① 首先插入锚记：光标放在文字“兰蔻于 1935 年诞生于法国….”前，选择“插入→命名锚记”，在弹出对话框中给锚记起名为“lc”，单击“确定”后在光标处插入了一个锚记如图 6.20 所示。

图 6.20 创建锚记

② 下面添加锚点链接：选中“兰寇”，在链接中输入“#lc”，锚点链接即建立成功。预览网页，单击“兰寇”，页面迅速定位到“#lc”所在的行，如图 6.21 所示。

图 6.21 添加锚点链接

③ 下面用另一种方法建立锚点链接：将光标放到文字“彩妆品牌库”旁，插入锚记并命名为“back”，选中“返回顶部”，使用“指向文件”图标，直接拖动到锚记“back”处，如图 6.22 所示。

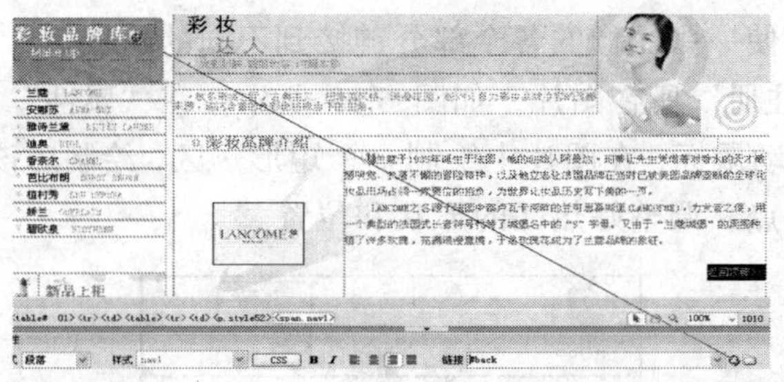

图 6.22 利用指向文件创建锚点链接

④ 预览，单击“返回顶部”，光标将迅速定位到锚记“#back”所在的导航菜单。依据上述步骤，分别给各个品牌右侧的“返回顶部”创建锚点链接，使导航菜单可以正常运行。

（5）创建下载链接

在网页底部选中“点击下载”，在“属性”面板中单击“链接”框右侧的“浏览文件”按钮，在弹出的对话框中，选择压缩文件“化妆品网址大全.rar”，如图 6.23 所示，预览网页，当单击“点击下载”后，弹出“文件下载”对话框，询问是打开文件还是保存到电脑中。

（6）创建电子邮件链接

利用电子邮件链接，可向网站的邮箱发送邮件。

① 打开文件“6.1.1lx.htm”，鼠标放在页面底部文字“如有任何问题，请联系”前，选择“插入→电子邮件链接”命令，在弹出的对话框中，输入在网页中显示的文本和该文本链接到的 Email 地址，如图 6.24 所示，单击“确定”退出。

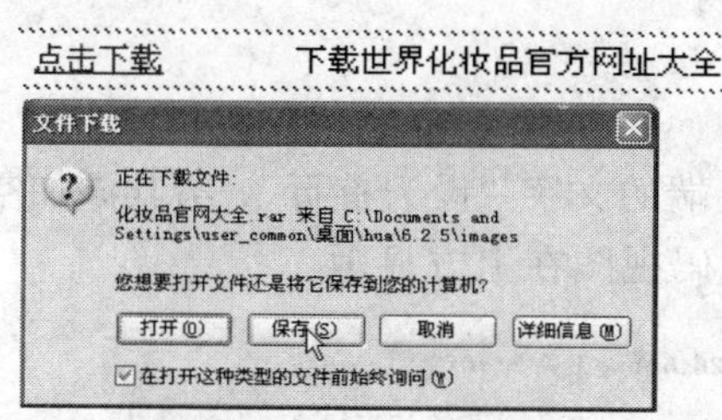

图 6.23 下载链接

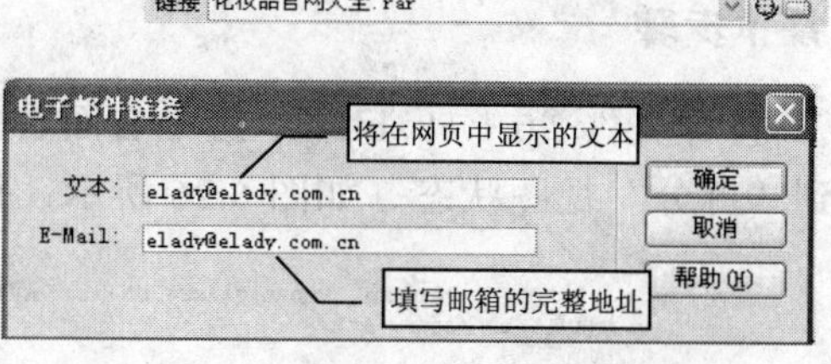

图 6.24 “电子邮件链接”对话框

② 查看其“属性”面板，“链接”为“mailto：elady@elady.com.cn”，当然，也可以在其中直接输入地址，格式为“maito：邮箱地址”。预览，在浏览器中查看电子邮件链接的效果，如图 6.25 所示。

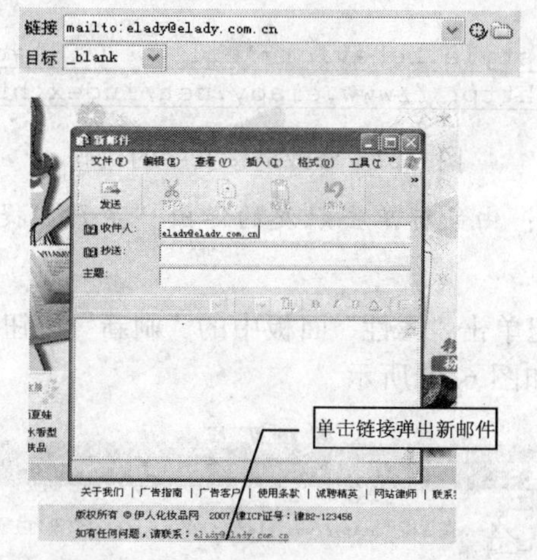

图 6.25 “电子邮件链接”效果

案例小结

本案例讲解了几种常用的链接，其中锚点链接常用于较长的网页内部，创建时首先要命名锚记，然后再以“#”开头，创建到锚记的链接；电子邮件链接用于用户和网站管理者之间进行邮件沟通，下载链接可提供文件的下载，在实际应用中，可根据情况建立需要的链接；此外，通过“插入”菜单（如“插入→链接→命名锚记→电子邮件链接”）或“常用”面板的相关按钮、等，也可以快速创建这些链接。

知识拓展

创建脚本链接

脚本链接执行JavaScript代码或调用JavaScript函数，能够在不离开当前网页的情况下为访问者提供有关某项的附加信息。脚本链接还可用于在访问者单击特定项时，执行设为首页、加入收藏、表单验证和其他处理任务。

操作步骤

① 打开文件“6.1.1lx.htm”，选中右面右上端的文字“设为首页”，给其添加空链接，切换到“拆分”视图状态，如图 6.26 所示，代码视图在上方显示。

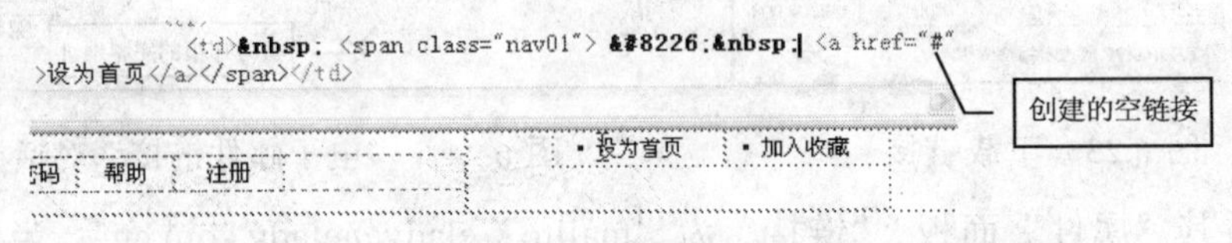

图 6.26 查看代码

② 在代码里，做如下修改，带下划线的是要添加的部分，如图 6.27 所示。

```
<a href="#"
onClick="this.style.behavior='url   (   #default#homepage   )
';this.setHomePage（'http: //www.elady.net/index.html'）">设为首页</a>。
```

图 6.27 修改链接文字的代码

提 示 代码的功能：由鼠标单击触发的弹出“主页”提示框，询问是否将此网页设置为首页。

③ 修改好后，别忘记单击“属性”面板中的“刷新”按钮 刷新 ，刷新一下代码，在 IE 中测试一下效果，如图 6.28 所示。

图 6.28 “主页”对话框

项目小结

本项目讲解了绝对路径和相对路径的概念及建立超链接的方法，并通过一个网站的完整练习，详细讲解了页面链接、锚点链接、电子邮件链接、空链接、脚本链接和下载链接的建立方法，较全面地将网站编织技术做了介绍。

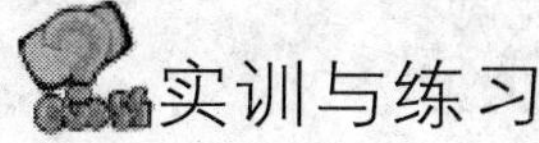

实训与练习

一、填空题

1．网页中的接按照链接路径的不同，可以分为________和________两种类型。

2．Dreamweaver 8.0 所提供的超链接类型有________、________、________、________、________、________、和________7 种。

二、选择题

1．如果要创建锚点链接，制作方法有（　　）种。

A. 3　　B. 4　　C. 5　　D. 6

2．若要使所链接的页面出现在新的的浏览器窗口中，则应在“目标”项中选择（　　）。

A. _blank　　B. _parent　　C. _self　　D. _top

三、简答题

1．什么是绝对路径和相对路径？

2．电子邮件链接如何表示？

四、实训题

1．到另一个页面的锚点链接（化妆品网）

【实训要求】　给案例中化妆品网的三个页面建立相互的跳转链接；建立添加到另一个页面的锚点链接。

【实训提示】

（1）建立多个页面之间的链接

将首页、彩妆页和注册页三个页面，即“6.1.1lx.html”、“6.1.2lx.html”和“6.1.3lx.html”，编辑成一个小网站，使每个页面之间都能互相链接。

（2）建立到另一个页面的锚点链接

制作单击“迪奥”跳转到另一个页面的锚点超链接，如图 6.29 所示。

① 打开“6.1.2lx.htm”，光标放在“迪奥”的文字介绍旁，创建名称如“dior”的锚记。

② 打开“6.1.1lx.htm”，给文字“迪奥”添加超链接为“6.1.2lx #dior”。

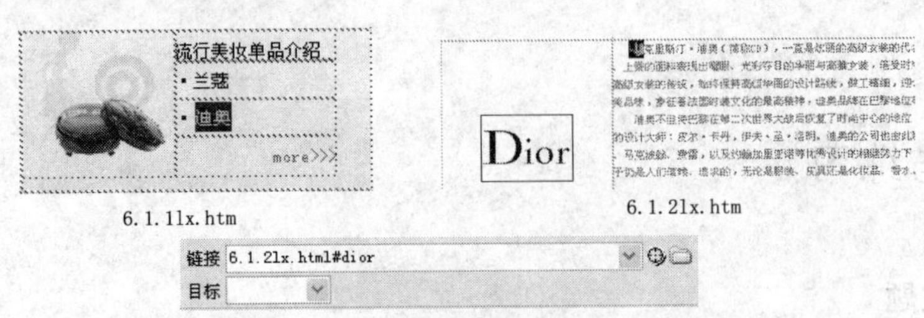

图 6.29 跳转到其他页面的锚点链接

2．综合实训：收藏本站链接（鲜花网）

图 6.30 实训效果

【实训要求】 给页面顶部右端的图片“收藏本站”和“联系我们”添加链接。鼠标经过图片出现相应提示文字，单击实现相应效果，效果如图 6.30 所示。

【实训提示】

（1）创建脚本链接“收藏本站”

① 打开文件“6.2lx.htm”，选中顶部右端的图片，在“属性”面板的“替换”中添加提示文字“收藏本站”，“链接”中添加空链接“#”，如图 6.31 所示。

② 选中图片，在代码 a href="#" 后添加下面划线部分的代码，预览看效果。

<a href="#" onclick="javascript：window.external.addFavorite（'http：//www.nqflower.com.cn','浓情小屋鲜花网'）；" ><img src="images/f_03.jpg" alt="收藏本站" width="31" height="33" border="0"></a>

（2）创建邮件链接

选中图片，给其添加提示文字“联系我们”，在“属性”面版中的“链接”中输入“mailto：邮箱地址”，如图 6.32 所示。

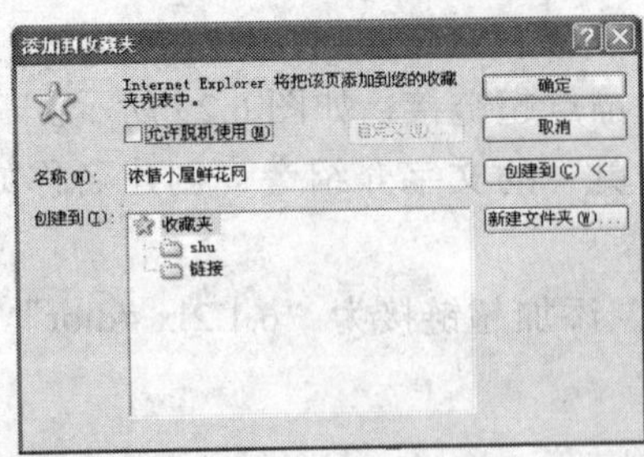

图 6.31 收藏到本地机器上

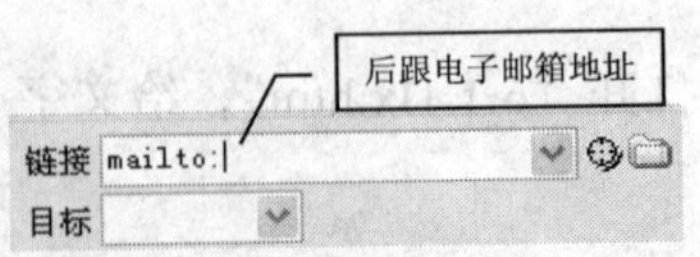

图 6.32 创建电子邮件链接

表格和布局

知识目标

- 掌握表格的设置方法
- 掌握单元格属性的设置方法
- 理解表格和布局表格的区别
- 理解表格的布局方法

技能目标

- 掌握表格和单元格的属性设置
- 掌握利用表格制作网页的技巧
- 掌握布局表格的概念及使用
- 掌握利用布局表格制作网页的技巧

页面布局在制作网页时至关重要，通过布局可以实现对页面元素的准确定位。在 Dreamweaver 8 中最常用的布局工具就是表格，虽然现在已有许多利用 Web 2.0 技术构建网页的事例，但表格作为传统的布局方法，仍被许多设计人员所采用。

用于布局的表格在预览时无需显示，只起到定位元素的作用；如果在网页中有需要显示的“表”，如“产品列表”、“性能列表”等，那么可使这些表格的行列线在预览时显示，在这种情况下，其外观更像一个“表”。

除此之外，Dreamweaver 8 还提供两种方式来查看和操作表格：标准视图和布局视图。在标准视图中，表格显示为行和列的网格，而布局视图则允许用户在网页上绘制、移动、调整布局表格和单元格，本项目将对这些技术作出讲解，经过本项目的学习后，读者就可以基本搭建一个网页了。

任务 7.1 表格的应用

知识 7.1.1 建立表格

通过 Dreamweaver 8 创建的表格有两种宽度设置：固定宽度或者相对浏览器宽度。创建出的表格由行和列组成，在行和列中又包含一个个的单元格，编辑页面就是将页面中的元素放置到一个个的单元格中，有两种方法可以插入表格。

跟我操作

① 新建一空白网页，选择“插入→表格”或在“常用”面板中单击“表格”按钮，打开如图 7.1 的对话框。

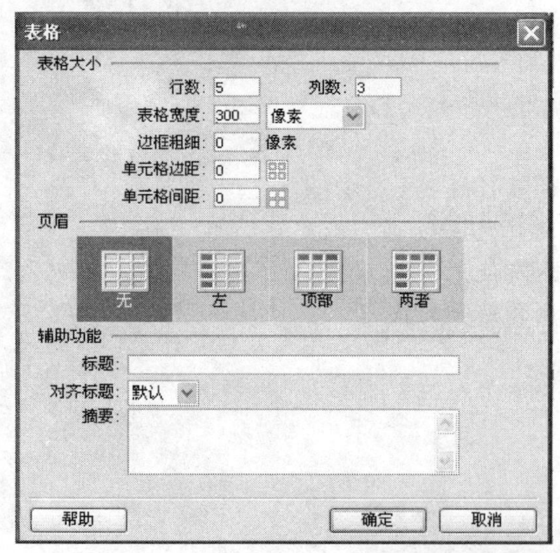

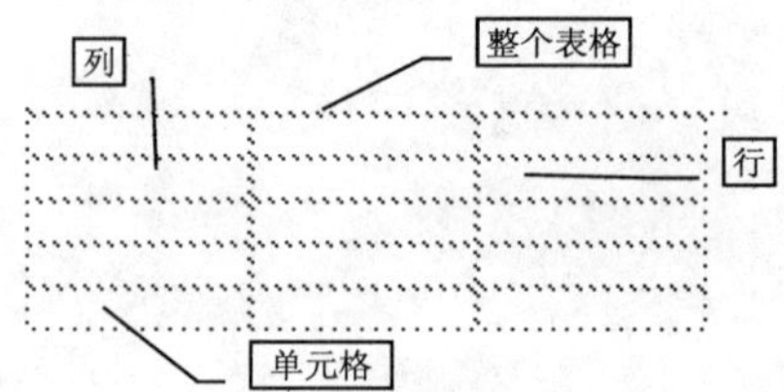

图 7.1 插入表格

② 在对话框中输入表格行数为“5”、列数为“3”、表格宽度为“300”像素，其余均为 0：

“单元格间距”：用于设置表格内各单元格间的距离，为“0”表示单元格间是紧密相挨的，详见知识 7.1.4“间距”。

“边框粗细”：用于设置表格边线的宽度，为“0”表示在编辑状态下以虚线显示边线，而在预览时不显示边线，详见知识 7.1.4。

“单元格边距”：用于设置单元格内的元素与单元格边框线间的距离，详见知识 7.1.4“填充”。

知识 7.1.2　表格基本操作

1. 选择表格

（1）选择整个表格

表格的相关设置都要在其“属性”面板中完成，而“属性”面板只有在选中表格的情况下才出现，所以要想对表格进行操作，必须学习如何“选择”表格。在 DreamWeaver 8 中选中表格的方法有多种，下面讲述几种比较常用的。

跟我操作

① 将鼠标移至刚插入表格的边框线上，鼠标变为水平或垂直的双向箭头时，单击鼠标左键，可将表格选中，此时表格四边出现控点，如图 7.2 所示。

图 7.2　选择表格 1

② 将鼠标移至某一个单元格内，右键单击鼠标，在弹出的快捷菜单中选择“表格→选择表格”即可将表格选中，如图 7.2 所示。

③ 通过标签选择器选择表格。将光标放入表格的任一个单元格内，则当前单元格的标记<td>处于选中的“高亮”状态，如图 7.3 所示。

图 7.3　选择表格 2

单击距它最近的左侧的<table>标记，表格即被选中，如图 7.3 所示，对于代码较熟的用户，利用标记选择表格更加方便。其中：

<table>:　　代表整个表格

<tr>:　　代表表格内光标所在的一行。

<td>:　　代表表格内光标所在的单元格。

（2）如何判断表格被选中

执行选择表格的操作后，判断是否正确选择了表格也很重要，因为在很多情况下，表格是嵌套的，边框线也是重叠的。可以通过以下几种方法来判断：

① 表格四边出现黑色的控点，如图 7.2 所示。

② 状态栏中的<table>标记呈高亮，如图 7.3 所示。

③ 下面的“属性”面板变成关于“表格”的。

（3）选择表格的行与列

可以通过拖动鼠标选择表格的一行一列或多行多列。

跟我操作

将鼠标放在任一行行首或任一列列首，鼠标变成黑色箭头时，单击鼠标可选择当前行或列，按住鼠标左键向上或下拖动，可选择多行或多列，如图 7.4 所示。

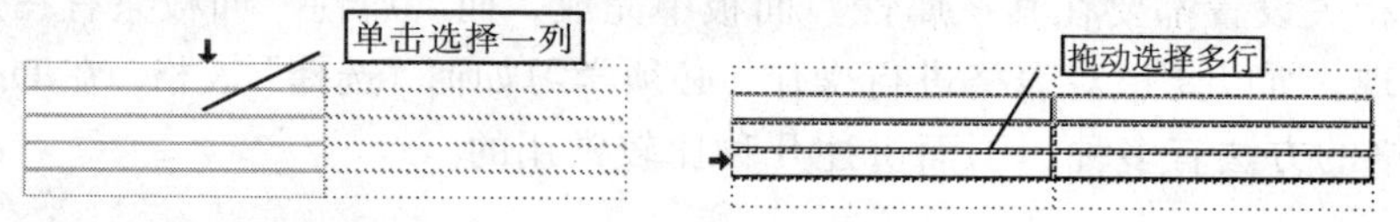

图 7.4　选择表格行或列

2. 缩放表格

通过直接拖放或在表格的“属性”面板中改变表格尺寸都可以完成表格的缩放。

跟我操作

① 选择表格，拖动表格四边的缩放手柄，可以快速改变表格大小，如图 7.5 所示，这种方法的缺点是不够准确。

② 选择表格，在其属性面板中直接输入宽和高的值，可以精确设定表格大小。

图 7.5　缩放表格

知识 7.1.3　预格式化表格

Dreamweaver 提供了一种称为“格式化表格”的功能，利用它可以快速地对表格进行修饰，这项功能适用于网页中需要显示的“表”。

选中表格，选择“命令→格式化表格”，打开“格式化表格”对话框，如图 7.6 所示，可选择一种外观或在下面自己设置外观，单击“确定”后即可看到表格按照设置被美化。

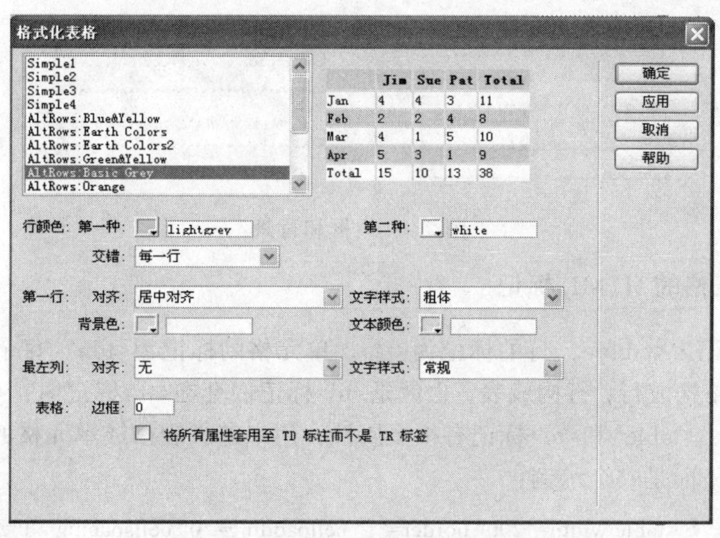

图 7.6　“格式化表格”对话框

知识 7.1.4　表格属性面板

插入表格后，“属性”面板中将出现表格的相关属性，如图 7.7 所示，各参数含义如下。

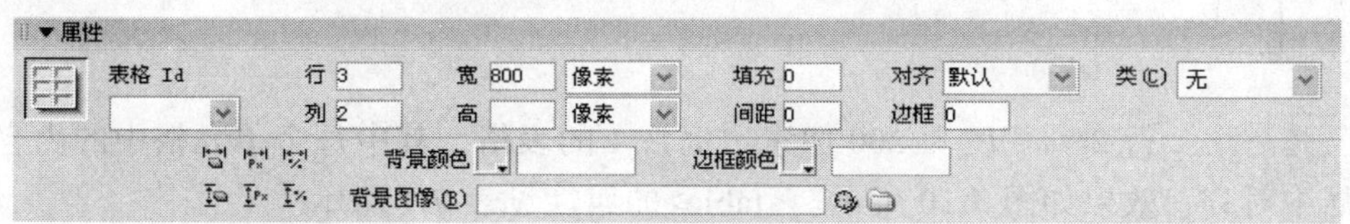

图 7.7　表格属性面板

“宽度”：用于设置表格宽度。

“填充”：用于设置表格中单元格的内容与单元格四边的距离，如图 7.8 所示。

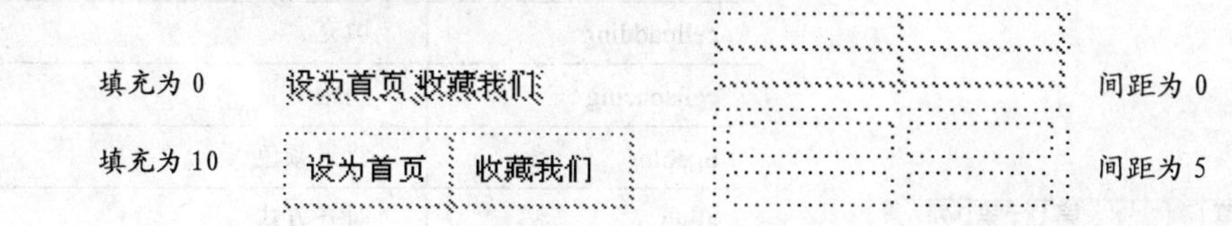

图 7.8　填充和间距

“间距”：用于设置单元格与单元格间的间隔距离，如图 7.8 所示。

“边框”：设置表格边框宽度。

“边框颜色”：设置边框颜色，只有在边框宽度非 0 时才显示。

“背景颜色”：设置表格背景色，如图 7.9 所示。

“背景图像”：设置表格背景图像，如图 7.9 所示。

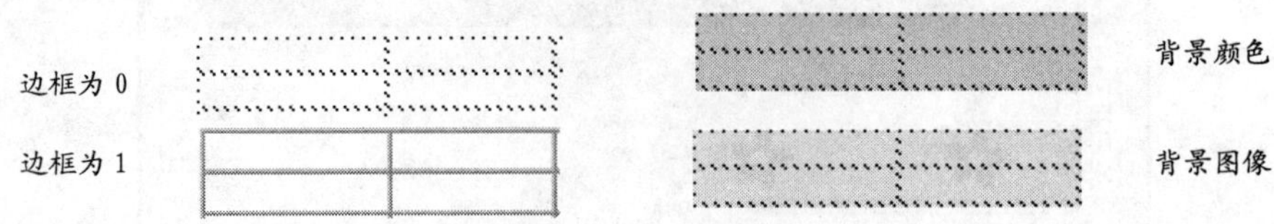

图 7.9 边框和背景

知识 7.1.5 表格的 HTML 标记

表格的标记为<table>，行的标记为<tr>，单元格的标记为<td>，每个标记均成对使用，其中单元格构成行，行构成表，也就是<td>标记嵌套在<tr>标记内，<tr>标记嵌套在<table>标记内，<table>和<td>标记有很多属性，用来定义表格或单元格的宽度、高度、对齐方式等，下面是一个示例：

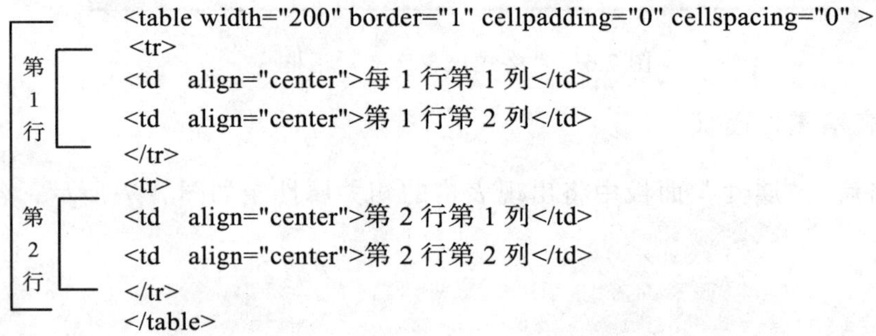


```
<table width="200" border="1" cellpadding="0" cellspacing="0" >
<tr>
<td   align="center">每 1 行第 1 列</td>
<td   align="center">第 1 行第 2 列</td>
</tr>
<tr>
<td   align="center">第 2 行第 1 列</td>
<td   align="center">第 2 行第 2 列</td>
</tr>
</table>
```

其含义是一个 2 行 2 列宽度为 200 像素边框为 1 的表格，其中每个单元格中的内容均为水平居中对齐，效果如图 7.10 所示。<table>的属性见表 7.1 所示。

第1行第1列	第1行第2列
第2行第1列	第2行第2列

图 7.10 两行两列表格

表7.1 属性

属 性	描 述
border	边框线粗细
cellpadding	填充
cellspacing	间距
bgcolor	背景颜色
align	对齐方式
width	宽度
bordercolor	边框颜色

案例 7.1 设置表格属性（公司网）

本案例先抛开表格的布局作用，以两个可显示的“表”为例，讲解表格“属性”的设置方法和“格式化表格”的使用方法，效果如图 7.11 所示。

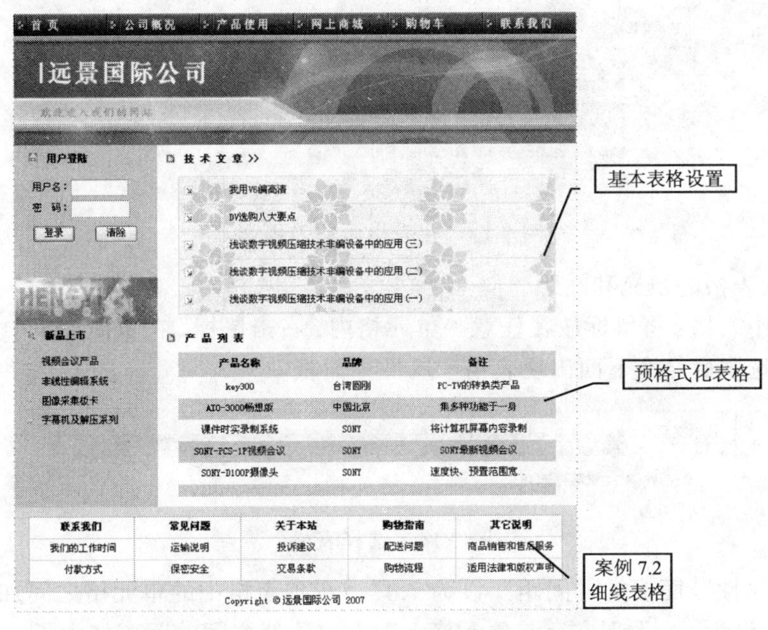

图 7.11　实例效果

操作步骤

（1）插入内嵌表格

① 将“本书实例”中文件夹“7.1”创建为站点，或拷贝到当前站点根文件夹下。

② 打开文件“7.1lx.htm”，将光标放在“技术文章”下面的单元格内，选择“插入 → 表格”，在打开的对话框中输入相应选项，插入一个 5 行 2 列，宽度为“100%”，“边框粗细”、“单元格边距、间距”均为“0”的表格，如图 7.12 所示。

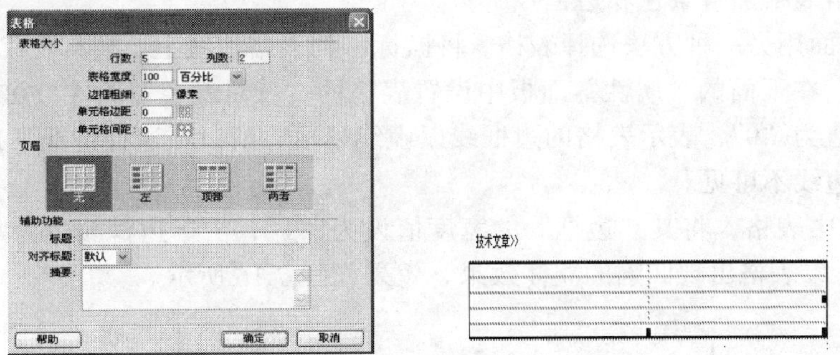

图 7.12　插入表格

提　示　在表格的一个单元格内插入另一个表格，实际上就是表格的嵌套，宽度 100%是指嵌套表格占所插入外单元格的 100%，即充满该单元格。

③ 将两列中间的竖线向左拖动，在第 1 列的每个单元格内，分别插入图片“arrow_6.gif”，第 2 列单元格内分别输入以下文字，效果如图 7.13 所示。

技术文章>>

我用V6编高清
DV选购八大要点
浅谈数字视频压缩技术非编设备中的应用(三)
浅谈数字视频压缩技术非编设备中的应用(二)
浅谈数字视频压缩技术非编设备中的应用(一)

图 7.13　在表格内输入内容

(2)改变表格的填充和间距

① 先选中表格:将鼠标放在任意一单元格内,右击鼠标,在快捷菜单中选“表格 → 选择表格”,选中后会在下面出现表格“属性”面板。

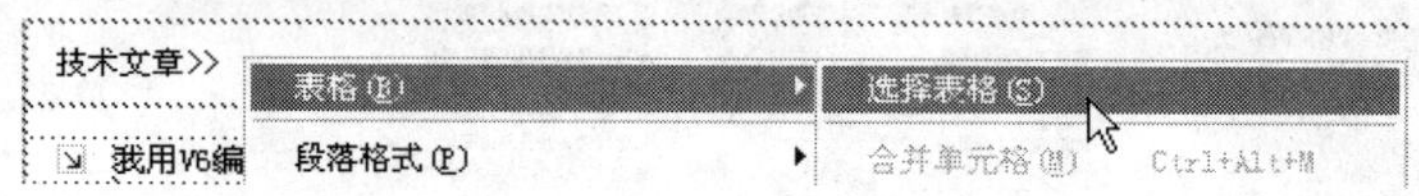

图 7.14　选择表格

② 将“属性”面板的“间距”设为“4”,看到表格中的单元格之间加大了距离,再将“填充”设为 6,发现文字与单元格上下左右边线之间的距离加大了,如图 7.15 所示,这就是“间距”和“填充”的作用。

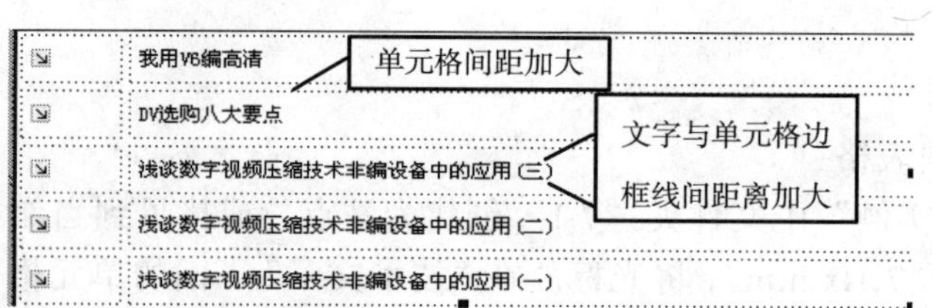

图 7.15　设置表格填充

(3)给表格加背景色和边框线

① 下面用另一种方法选择表格,将鼠标移到表格边线上,当其变成⇹时,单击左键选中表格,在下面的“属性”面板中设置表格的“背景颜色”为“#F0F0F0”(灰色),由于边框值为“0”,表示表格的边框线以虚线显示,所以在这种情况下预览网页,表格为灰色且边线不可见。

② 选中表格,将其“边框”的宽度值设为“1”,由于边框颜色为默认色,且间距不为 0,所以表格出现凹陷的立体效果,效果如图 7.16 所示。

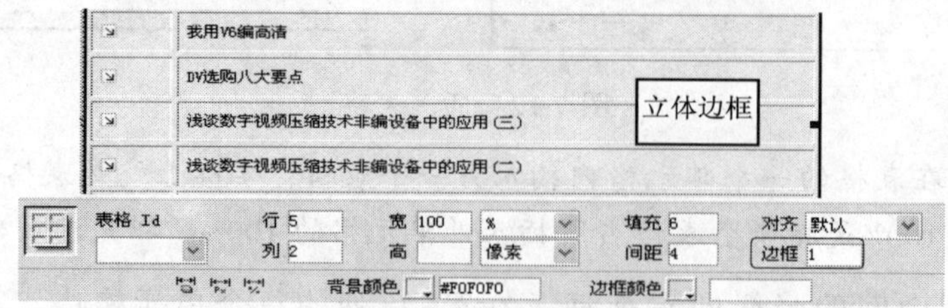

图 7.16　设置表格边框宽度

③ 设置边框颜色：如“#CCE6E6”，看到立体效果消失了，将“间距”设为 0，看到表格呈画线效果，如图 7.17 所示。

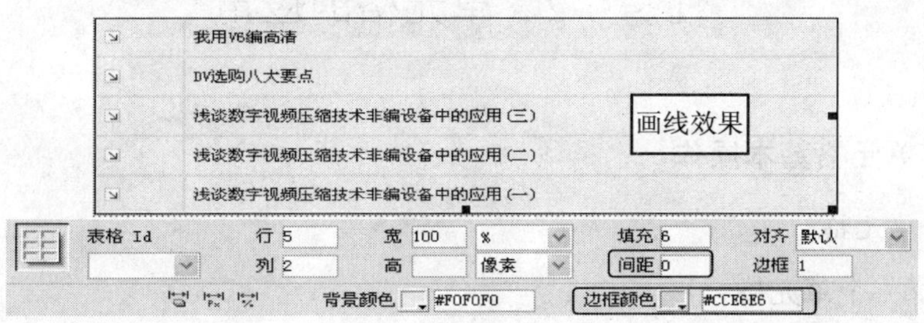

图 7.17　设置表格边框 2

（4）设置表格背景图片、宽度和对齐方式

选中表格，在“属性”面板的“背景图像”中选择背景文件为“SD.jpg”，“宽”设为“90%”，“对齐”设为“居中对齐”，看到图片在表格中作为背景平铺，而背景色已不起作用，表格宽度占所在外单元格的 90%且居中对齐，左右共有 10%空余，如图 7.18 所示。

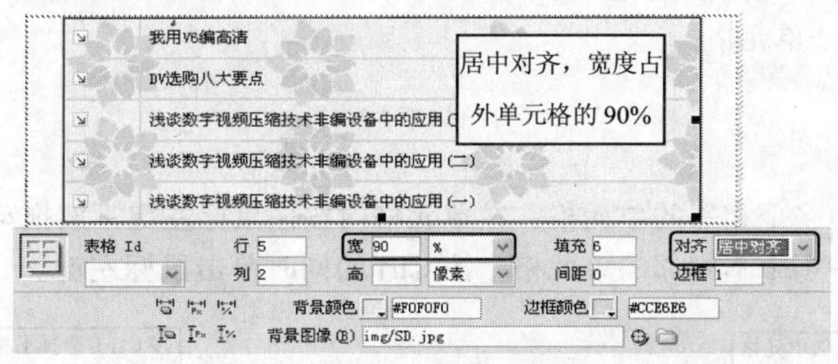

图 7.18　设置表格对齐方式

（5）格式化表格

选中“产品列表”下面的表格，选择“命令→格式化表格”，打开“格式化表格”对话框，在左边的样式中选择“AltRows:Basic Grey”或其他样式，在下面可改变所选样式的具体设置，最后效果如图 7.19 所示。

产 品 列 表

产品名称	品牌	备注
key300	台湾圆刚	PC-TV的转换类产品
AIO-3000畅想版	中国北京	集多种功能于一身
课件时实录制系统	SONY	将计算机屏幕内容录制
SONY-PCS-1P视频会议	SONY	SONY最新视频会议
SONY-D100P摄像头	SONY	速度快、预置范围宽..

格式化前

产 品 列 表

产品名称	品牌	备注
key300	台湾圆刚	PC-TV的转换类产品
AIO-3000畅想版	中国北京	集多种功能于一身
课件时实录制系统	SONY	将计算机屏幕内容录制
SONY-PCS-1P视频会议	SONY	SONY最新视频会议
SONY-D100P摄像头	SONY	速度快、预置范围宽..

格式化后

图 7.19　格式化效果

任务 7.2　单元格的应用

知识 7.2.1　单元格基本操作

1. 选择单元格

（1）选择一个单元格

可以通过两种方法选择一个单元格，首先插入一个表格。

跟我操作

① 将光标直接放在单元格中单击鼠标。

② 按住 Ctrl 键，再单击单元格。

单元格被选中后，标签选择器中的<td>呈高亮状态，且窗口下面出现单元格的“属性”面板，表示单元格被选中。

（2）选择多个单元格

跟我操作

① 同时选中多个相邻的单元格：在单元格内按住鼠标左键不放拖动。

② 同时选中多个不相邻的单元格：按 Ctrl 的同时单击鼠标左键。

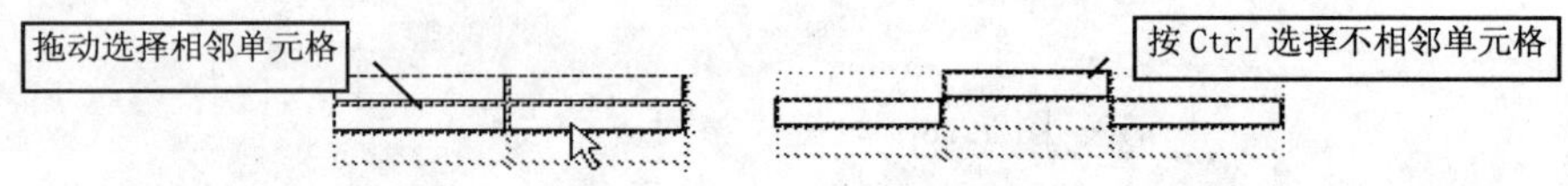

图 7.20　选择多个单元格

同时选择多个单元格的好处：可对它们的共有属性一次性进行设置，大大节省时间。

2. 拆分合并单元格

（1）合并单元格

合并单元格是指将多个连续的单元格合并为一个单元格，不连续的单元格不能合并。

拖动鼠标选中多个单元格后，单击单元格“属性”面板中的“合并单元格”按钮即可，效果如图 7.21 所示。

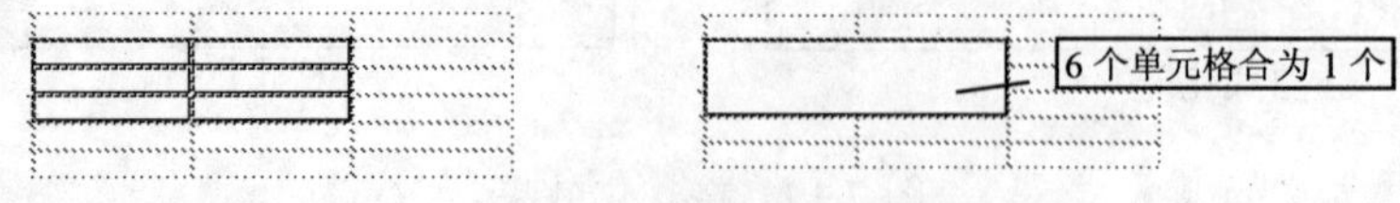

图 7.21　合并单元格

（2）拆分单元格

与合并单元格相反，此项操作是将一个单元拆分为多个单元格，拆分时可选择拆分为“行”还是“列”。

鼠标放在要拆分的单元格内，单击其“属性”面板中的“拆分单元格”按钮，在弹出的对话框中选择拆分方式即可，如图 7.22 所示。

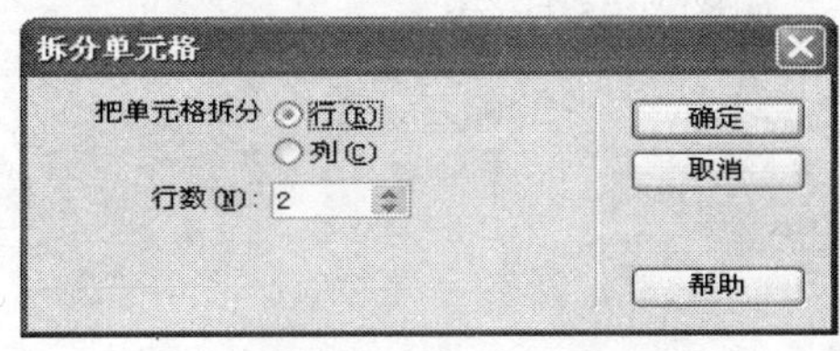

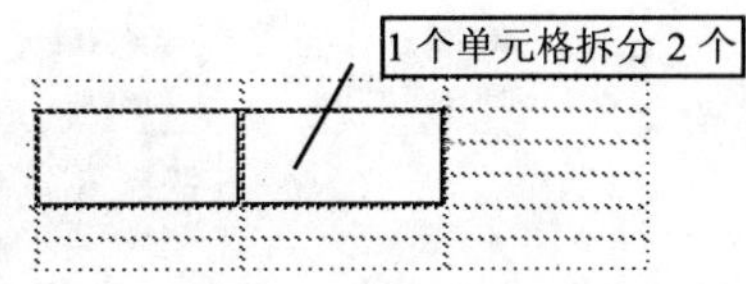

图 7.22　拆分单元格

知识 7.2.2　单元格属性面板

表格是由一个个由行列分割而成的单元格组成，当选中一个单元格后，下面“属性”面板就会变成关于单元格的，如图 7.23 所示。

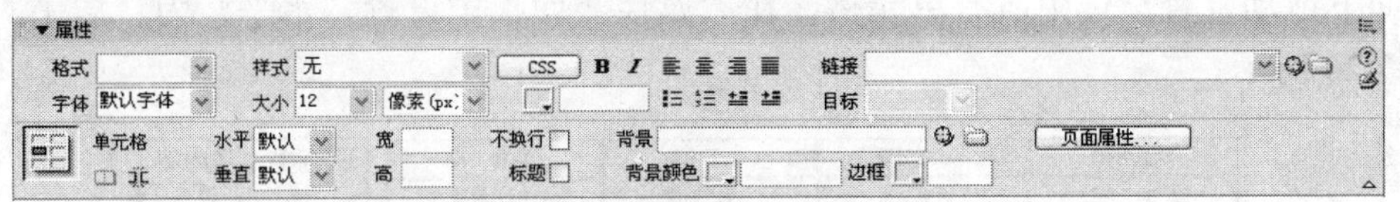

图 7.23　单元格属性面板

“水平”：设置元素在单元格中水平方向的对齐方式，默认“左对齐”。

“垂直”：设置元素垂直方向的对齐方式，默认“居中对齐”。

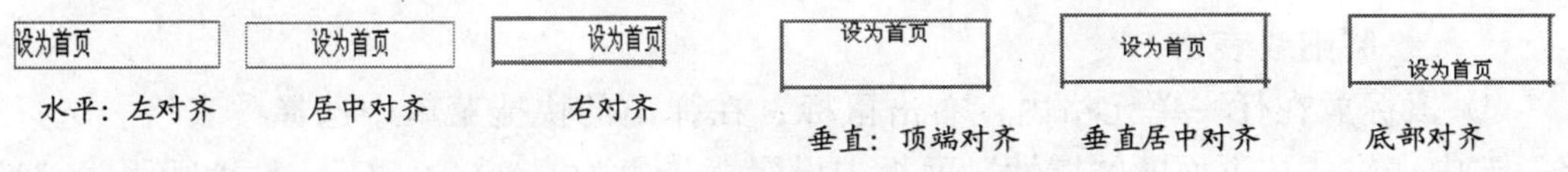

图 7.24 水平和垂直对齐

“宽、高”：设置单元格宽度和高度，默认单位为“像素”，也可输入带%的百分比值。

“背景”：设置单元格的背景图像。

“背景颜色”：设置单元格的背景颜色。

合并单元格按钮：将选择的连续多个单元格合并为一个单元格。

拆分单元格按钮：将单元格拆分成几行或者几列。

案例 7.2　绘制细线表格（公司网）

本案例任务为设置单元格属性，从而初步掌握单元格的使用。

操作步骤

（1）设置单元格高度

① 打开文件“7.2lx.htm”，将鼠标放在最下面表格的第 1 个单元格“联系我们”内，在下面的“属性”面板内设置该单元格的“高”为“25”像素，由于同一行中所有单元格的高度一致，所以整行单元格“变”高了，如图 7.25 所示。

图 7.25 设置单元格高度

② 同样的，在下面两行中分别各选 1 个单元格并设置其“高”为“25”像素，这样 3 行单元格就都“变”为高 25 像素了。

（2）设置单元格对齐方式

下面一次为所有单元格内容设置为居中对齐，光标放在第 1 个单元格内，按住鼠标左键向下拖动，直至选中所有单元格，在“属性”面板中设置“水平”为“居中对齐”，如图 7.26 所示。

图 7.26 设置单元格对齐方式 2

（3）绘制细线表格

① 鼠标放在任一单元格内，右击鼠标，在弹出的快捷菜单中选择“表格→选择表格”选中表格，在下面的“属性”面板中设置背景色为“#66CCCC”，设置间距为“1”，为画线效果做准备，如图 7.27 所示，经过此项设置，表格内所有内容（包括所有单元格和间距）的背景就都为深蓝色了。

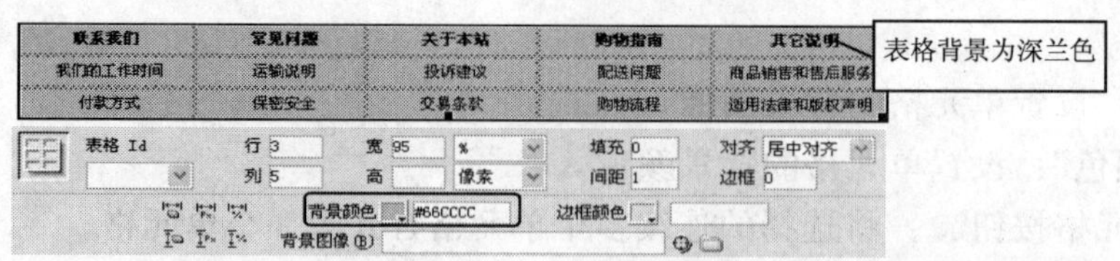

图 7.27 设置背景色和间距

② 下面为所有单元格设置白色背景：光标放在第 1 个单元格内并按住鼠标左键拖动，直至选中所有单元格，在下面的单元格“属性”面板中，设置背景色为“#FFFFFF”，如图 7.28 所示。

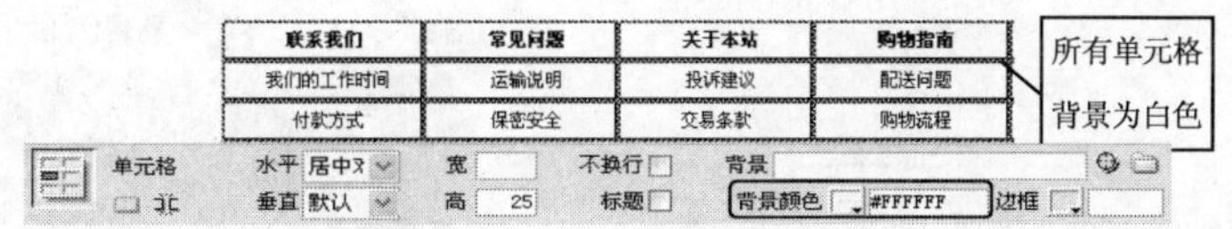

图 7.28　设置单元格背景色

③ 预览，看到间距保留的深蓝色呈现出画线效果，而且线条比设置边框为“1”绘制的表格要精细，如图 7.29 所示。

联系我们	常见问题	关于本站	购物指南	其它说明
我们的工作时间	运输说明	投诉建议	配送问题	商品销售和售后服务
付款方式	保密安全	交易条款	购物流程	适用法律和版权声明

图 7.29　预览效果

案例小结

在前两个任务中通过一个网页，讲解了三种设置表格的方法，第一个表格讲解了边框、背景、间距、填充等属性的设置；第二个表格讲解了“预格式化表格”的设置；最后一个表格讲解了单元格属性的设置和细线表格的制作方法，希望读者通过练习能初步掌握表格和单元格的设置技巧，为下一任务的“利用表格布局”打好基础，因为布局才是表格最重要的用途。

任务 7.3　利用表格布局网页

在前两个任务中讲解了表格和单元格的设置方法，而实际上表格最突出的作用并不是显示出一个“表”的效果，而是用于网页结构的搭建和布局，以此来定位网页上的诸多元素，在本任务中将以一个实例，讲解利用表格制作网页的技巧，其中表格的嵌套以及表格和单元格属性的设置至关重要。

一个表格的布局是规则的，其行、列线从上到下从左至右贯穿，而网页结构常常是不规则的，图 7.30 就是一个例子，表格的左边为均分的 3 行，右边为均分的 5 行，之间行线并不贯穿，这样的效果实际上是通过在外表格内再嵌套两个内表格来实现的。而折分单元格得到的效果是行列线贯穿的，读者可进行尝试，来体会区别。嵌套表格常用来达到构建复杂表格的目的。

当选择“查看→表格模式→扩展表格模式”，或单击插入栏中的“扩展视图”按钮进入扩展模式后，可以看到更清楚的效果，如图 7.31 所示，在这种模板下表格被扩大地显示，层次也更加清楚，且用户在选择表格时不易选错。而在图 7.30 的正常模式下，由于多个表格的行列线是重合的，所以察看表格的结构和选择表格就需要更加娴熟的技巧。初学者可以采用扩展模式制作嵌套部分的网页，需要注意的是，移动、调整大小等操作最好不要在该模式下进行。当做出正确选择或放置插入点之后，可以回到“标准”模式继续进行编辑。

图 7.30　嵌套表格　　　　图 7.31　扩展表格模式

一般情况下嵌套表格的宽度以百分比为单位，100%表示充满嵌套它的外在单元格，不足 100%则会在外单元格中留有空余，如图 7.32 为宽为 90%的情况。

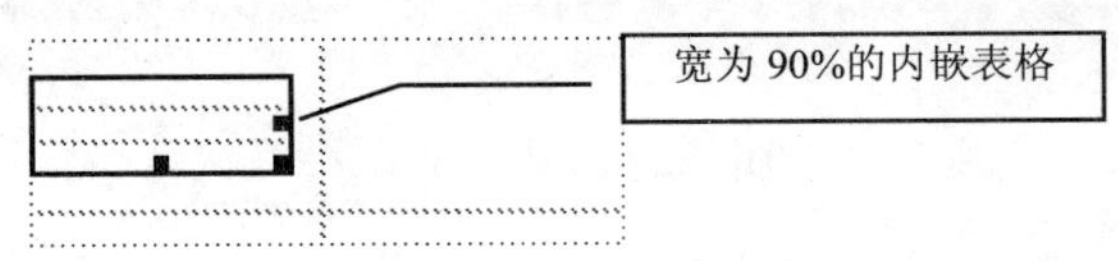

图 7.32　90%嵌套表格

案例 7.3　嵌套表格（酒店网站）

本案例任务为利用表格布局一个网页，并讲解嵌套表格的制作技巧，效果如图 7.33 所示。

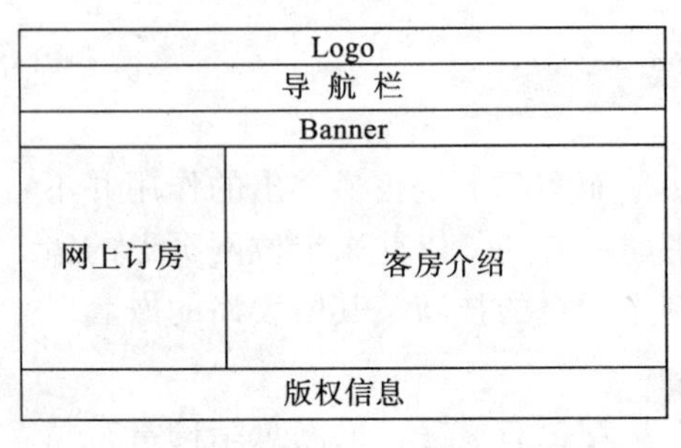

图 7.33　网页效果

操作步骤

（1）制作 Logo、导航栏和 banner 条

① 打开文件“7.3lx.htm”，选择“修改→页面属性”，在打开的对话框中设置背景图像为“bg.gif ”，页面文字默认大小为“12”像素，如图 7.34 所示，设置完成后看到页面背景图像为灰色斜纹。

② 单击“常用”工具栏的“表格”按钮，在弹出的“表格”对话框中输入相应选项，插入一个“3”行“1”列，宽度为“680”像素的表格，如图 7.35 所示。

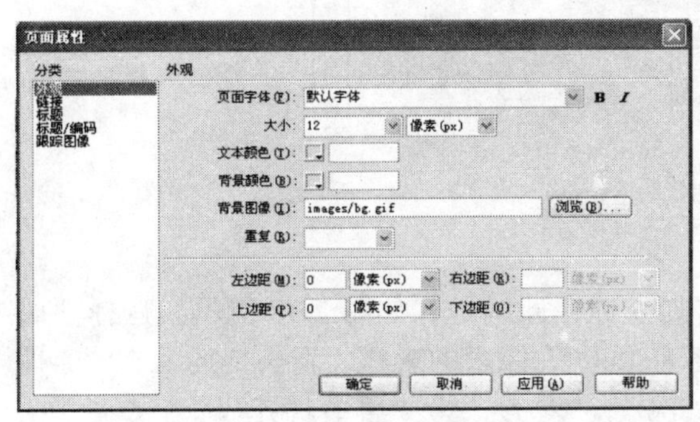

图 7.34　设置页面属性

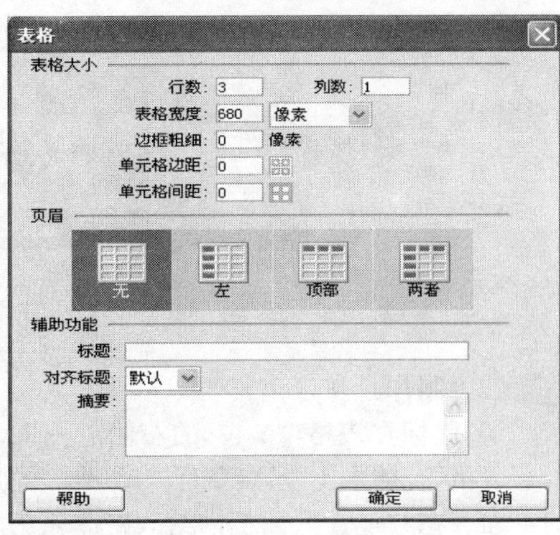

图 7.35　插入表格

提　示　一般情况下最外层表格用“像素”定义宽度，由于显示器的分辨率普遍为 800×600，所以表格的宽度以不超过 800 像素为宜，这样可避免浏览网页时水平方向出现滚动条。“边框粗细”、“单元格边距、间距”均设为“0”，如图 7.29 所示，在利用表格布局时最好这样设置，因为不需要显示表格的边框线。

③ 选择插入的表格，在其下的属性面板内给表格起名为“T-1”，设置其“对齐”为“居中对齐”，则表格在页面中间，如图 7.36 所示。

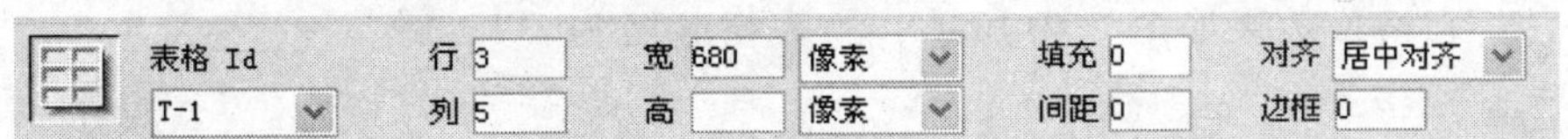

图 7.36　设置表格属性

④ 在表格的第 1 行单元格内，插入 logo 图像“ding.jpg”，插入后，该行被拓高。

⑤ 光标放在第 2 行单元格内，单击“属性”面板的“拆分单元格”按钮 ，在弹出的对话框选择“列”，“列数”为 5，如图 7.37 所示，将该单元格分为 5 列。

⑥ 在拆分后的单元格内，选择“插入→图像对象→鼠标经过图像”，逐一插入鼠标经过图像“m1.gif，m1-1.gif ”～“m5.gif，m5-5.gif ”，出现导航栏效果，光标放在第 3 行单元格内，插入图像“banner.jpg”，如图 7.38 所示，至此上部制作完毕。

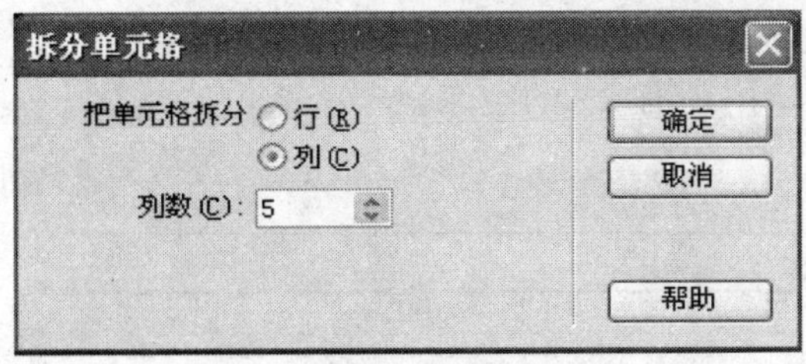

图 7.37　拆分单元格

图 7.38　插入 banner

（2）制作正文区

① 鼠标在表格“T-1”的右侧点一下，则光标在此闪烁，如图 7.38 所示，选择“插入→表格”，插入 1 个“1”行“2”列，宽度为“680”像素的表格，新表格插入在“T-1”的下面，在“属性”面板内给表格起名为“T-2”，“对齐”为“居中对齐”。

② 将光标放在“T-2”的第 1 个单元格内，设置其垂直为“顶端”，宽度为“399”，背景色为“FFFFFF”（白色），放在第 2 个单元格内，设置背景色为“#F4EFD2”，使设置后的表格和上面的 banner 融为一体，效果如图 7.39 所示。

图 7.39　设置单元格背景色

③ 将光标再次放入“T-2”的第 1 个单元格内，在其内插入 1 个 5 行 1 列，宽度为 100%的嵌套表格，效果如图 7.40 所示，给表格起名为“T2-1”。

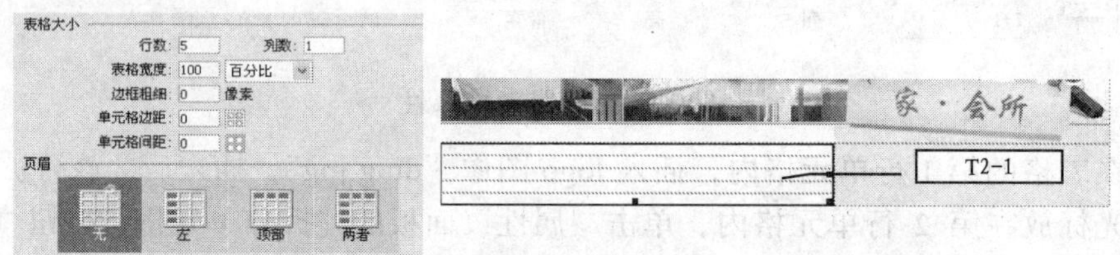

图 7.40　插入嵌套表格

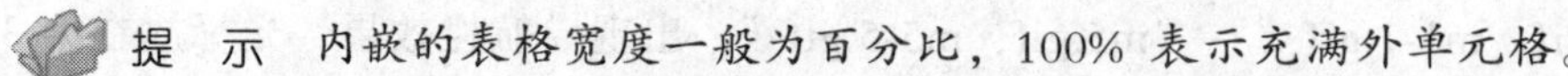

提　示　内嵌的表格宽度一般为百分比，100% 表示充满外单元格。

④ 将光标放到“T2-1”第 1 个单元格内，插入图像“new_2.gif”，在第 2 个单元格内插入 1 个 3 行 2 列，宽度为 98%的内嵌表格，起名为“T2-1-1”，效果如图 7.41 所示，我们看到在外嵌的单元格内还有 2%的空余。

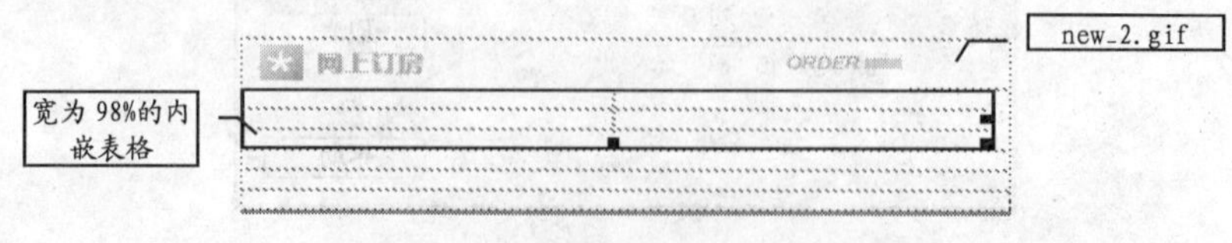

图 7.41　再插入嵌套表格

⑤ 为了方便操作，下面切换到“扩展表格模式”，选择“查看→表格模式→扩展表格模式”，弹出提示对话框如图 7.42 所示，单击“确定”按钮，看到扩展模式效果如图 7.43 所示。

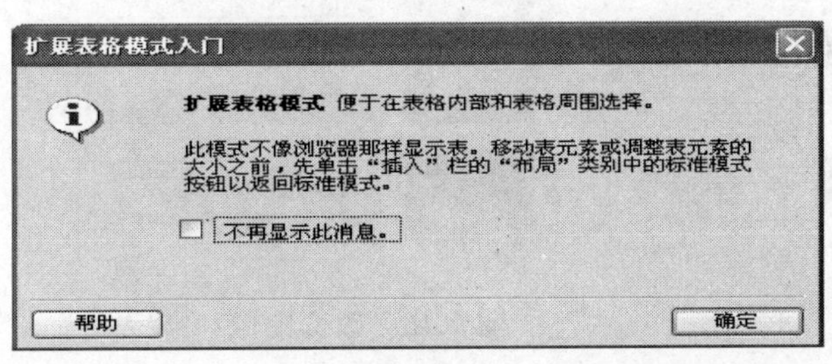

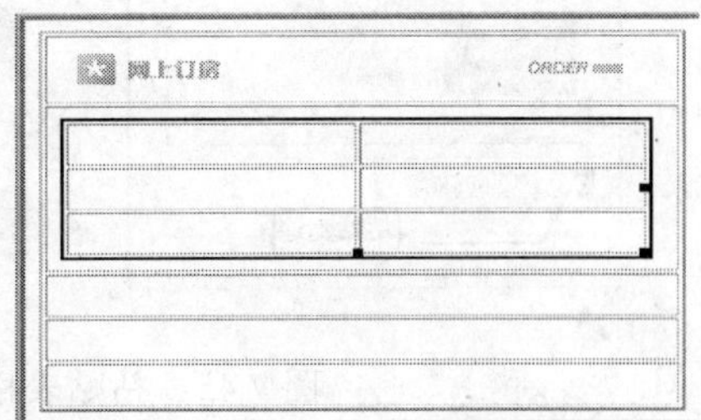

图 7.42 切换到扩展模式

提 示 扩展模式下并不是正常显示状态下的表格，只为方便表格的选择。

⑥ 将左侧的 3 个单元格合并，在其中插入图片“product_1.jpg”，在右侧的 2 个单元格内插入图片“4_more2.gif ”并输入文字，给标题文字设置加粗、改变颜色，效果如图 7.43 所示。

⑦ 单击页面上端的“退出”按钮，回到正常的编辑状态，效果如图 7.44 所示，通过对比读者可以发现“扩展表格模式”下表格的嵌套层次更明晰，更方便用户的选择。

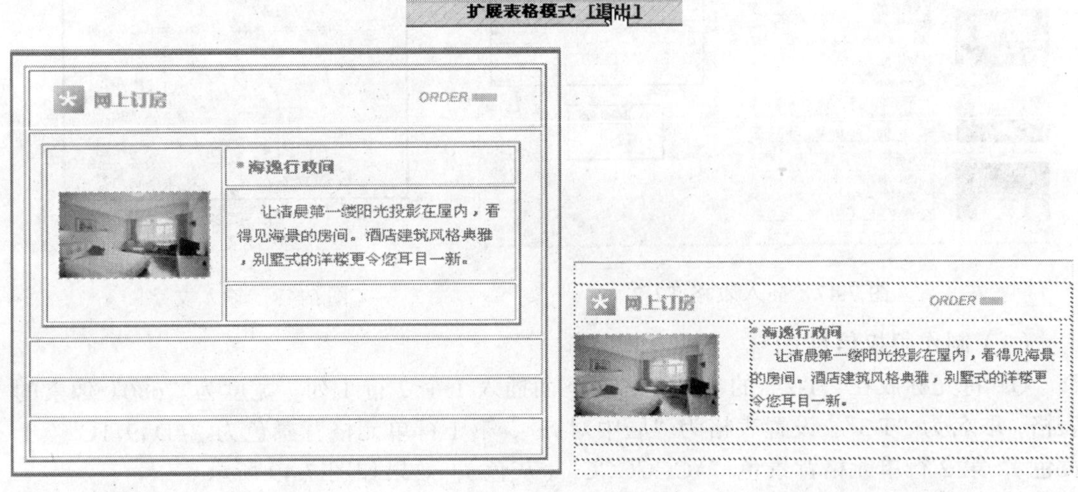

图 7.43 插入内容

图 7.44 回到正常编辑状态

⑧ 再次进入扩展模式，选中刚才的表格，按 Ctrl+C 键进行复制，将光标放在“T2-1”的第 2 个单元格内，如图 7.45 所示，按 Ctrl+V 键将表格粘贴，第 3 个单元格也依此方法进行粘贴。

⑨ 依次将粘贴后表格的图像和文字改变，回到正常编辑状态，效果如图 7.46 所示。

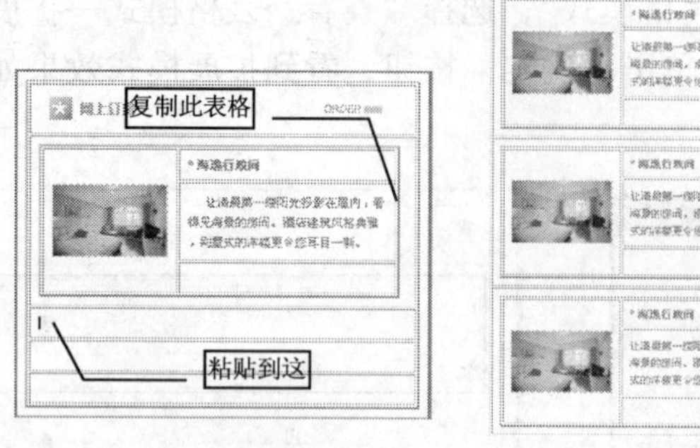

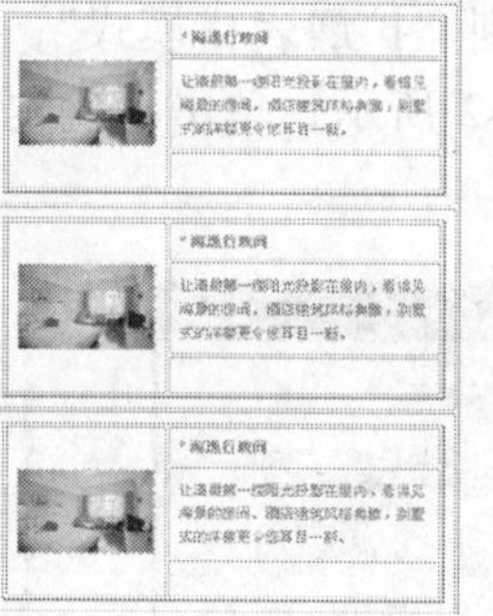

图 7.45　粘贴表格

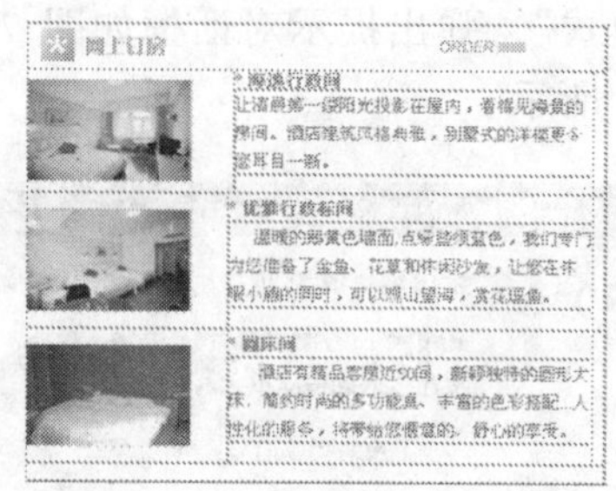

图 7.46　改变图像和文字

⑩ 将光标放在“T-2”第 2 个单元格内，如图 7.47 所示，设置其水平为“居中”，垂直为“顶端”，插入 1 个 10 行 2 列，宽度为 90%的内嵌表格，给表格命名为“T2-2”，插入后看到它的位置正如所设：在外单元格的“水平居中”和“垂直顶端”。

⑪ 拖动鼠标一次选中其全部单元格，设置所有单元格的对齐为“居中”，在其中输入如 7.48 所示文字，看到结果正如所设：文字在单元格中间显示。给第 1 行标题文字加粗并改变颜色以示区分。

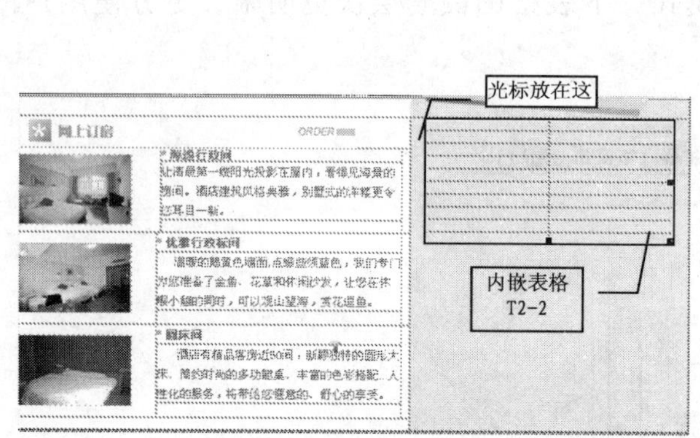

图 7.47　插入表格 T2-2

客房分类	价格
海逸行政间	880元
优雅行政标间	280元
商务间	280元
圆床间	380元
豪华间	380元
豪华套间	480元
情侣套间	580元
双标间	260元
怡和商务标间	380元

图 7.48　输入文字

（3）制作版权信息

① 将光标放在“T-2”的右外侧，在下面插入 1 个 2 行 1 列，宽度为“680”像素的表格，取名为“T-3”，设置表格为“居中对齐”，第 1 行单元格背景色为“#D4911C”（土黄色），第 2 行单元格背景色“#CCCCCC”（灰色），效果如图 7.49 所示。

图 7.49　插入底部表格

② 将光标放在第 1 行单元格内，在“属性”面板内设置其高度为“2”像素，进入“代码”视图，光标闪烁之处即是该单元格的代码，如图 7.50 所示。

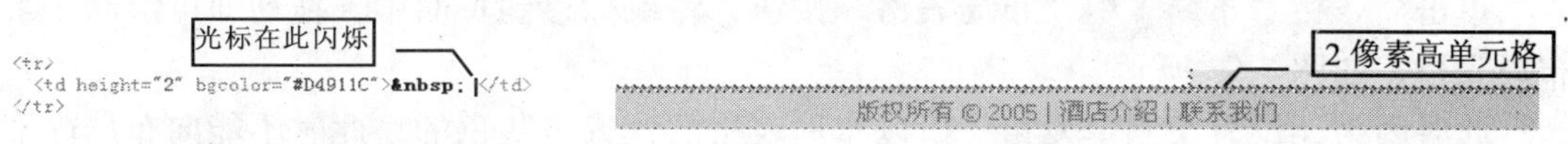

图 7.50 单元格代码　　　　图 7.51 2 像素细线效果

③ 删除光标所在处的“ ”，它表示一个空格，回到“设计”视图，看到单元格的高度真正呈现了 2 像素的效果，是一条细线，如图 7.51 所示。

④ 将第 2 行高设为“30”，水平为“居中”，输入版权文字，预览看效果。

案例小结

本案例利用表格布局了一个网页，共用到了 3 层嵌套，对于初学者来说，有一定难度，表格的嵌套没有一定之规，在需要的情况下即可进行，但一般情况下嵌套层数不要太多，以免影响整个网页的下载速度；如果在页面布局过程中出现表格布局的混乱，不要慌，将鼠标在其他地方点一下，表格即可恢复原形。

任务 7.4 布局表格

除了用表格布局外，Dreamweaver 8 还提供了专门的布局视图，以使用户更方便地进行网页的布局，它的出现使表格在布局排版中的弹性大大加强，其实质还是一个由<table>标记构成的表格，只不过它是用绘制的方式生成。

1. 创建布局表格和布局单元格

（1）切换到“布局”模式

在绘制布局表格或布局单元格之前，必须从标准模式切换到布局模式：

跟我操作

单击插入栏“布局”中的“布局视图”按钮，进入布局模式，如图 7.52 所示。

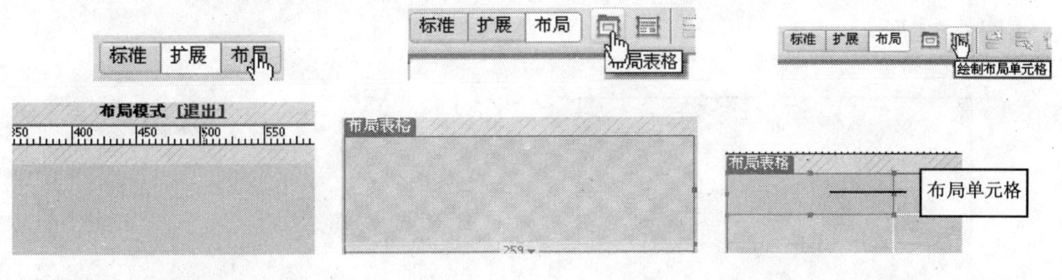

图 7.52 布局模式　　图 7.53 绘制布局表格　　图 7.54 绘制布局单元格

（2）绘制布局表格

在布局模式下，可以通过鼠标用绘制的方式来插入一个布局表格：

单击插入栏“布局”中“布局表格”按钮，将鼠标移到页面中，拖动即可绘制一个布局表格，如图 7.53 所示。

此时因为还没有绘制单元格，所以布局表格的背景是灰色的，此时不能向布局内部输入任何的文本和插入图像。

（3）绘制布局单元格

当向布局表格内添加了布局单元格后，才能放置和定位页面元素：

单击插入栏“布局”中“布局单元格”按钮，将鼠标移到“布局表格”中，拖动鼠标绘制一个布局单元格，如图 7.54 所示，按住 Ctrl 键可以同绘制多个布局单元格。

2. 编辑布局表格和布局单元格

在布局视图中，创建的布局表格和布局单元格的大小是可以调整大小和移动的。

（1）选择布局表格或布局单元格

有两种方法可以完成：

① 单击该布局表格或布局单元格的边缘即可选中，选中后该对象出现控点。

② 按住 Ctrl 键的同时单击单元格或表格的任何位置也可。

（2）调整布局表格或布局单元格大小

通过上面的方法选择对象后，拖动其控点即可改变大小，如图 7.55 所示。

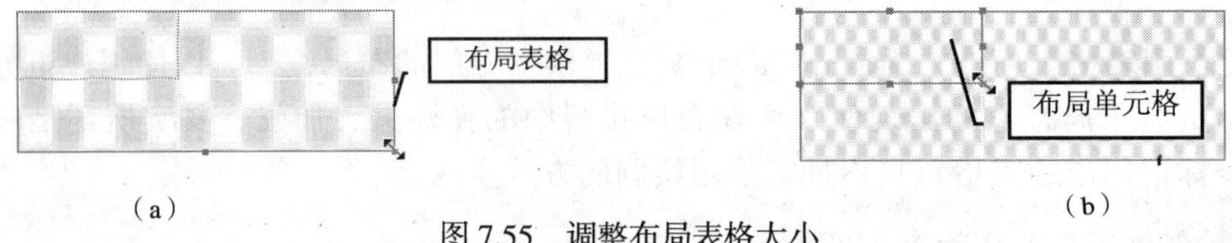

（a）　　（b）

图 7.55　调整布局表格大小

（3）移动布局表格或单元格

在布局视图中，最外面的布局表格可以改变大小，但不能移动，只有布局单元格和嵌套的布局表格才可以移动。按住 Ctrl 键选中对象后，直接拖动到目的地即可，如图 7.56 所示。

3. 嵌套布局表格

在一个布局表格中可以再嵌套另一个布局表格，但布局单元格内不可以嵌套布局表格，如图 7.57 所示。

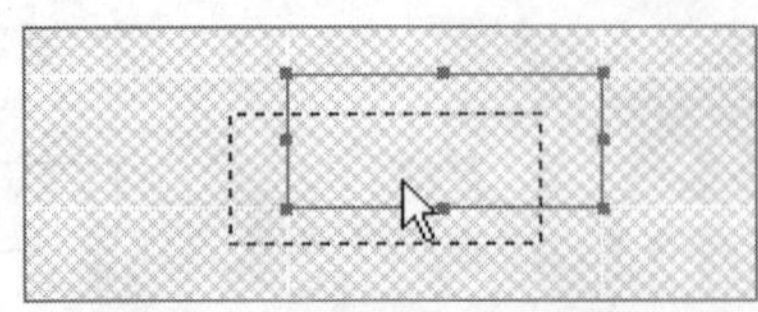

图 7.56　调整布局单元格大小

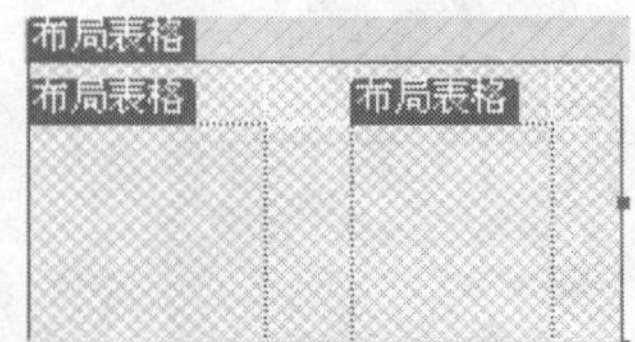

图 7.57　嵌套布局表格

案例 7.4　制作布局表格（个人首页）

本案例任务为利用布局表格制作一个简单个人首页，如图 7.58 所示。

<table>
<tr><td>Logo</td><td>Banner</td></tr>
<tr><td>导航栏</td><td rowspan="2">正　文</td></tr>
<tr><td>个人图片</td></tr>
<tr><td colspan="2">版权信息</td></tr>
</table>

图 7.58　网页效果

操作步骤

① 打开文件“7.4lx.htm”，选择“修改→页面属性”，在打开的“页面属性”对话框中设置背景图像为“bg.gif ”，页面文字默认大小为“12”像素，设置完成后看到页面背景图像为墨绿色圆点。

② 单击插入栏“布局”中的“布局视图”按钮[布局]，进入布局模式，单击“布局表格”按钮，拖动鼠标绘制一个表格，在属性面板中设置其宽为 688px，高为 54px，如图 7.59 所示。

布局表格　宽 ⊙固定 688　高 454　填充 0
○自动伸展　背景颜色　间距 0

图 7.59　绘制布局表格

③ 单击“布局单元格”按钮，拖动鼠标在刚才的布局表格内绘制一个单元格，绘制后按 Ctrl 键同时点击选中单元格，在下面的属性面板内设置其宽为 114px，如图 7.60 所示。

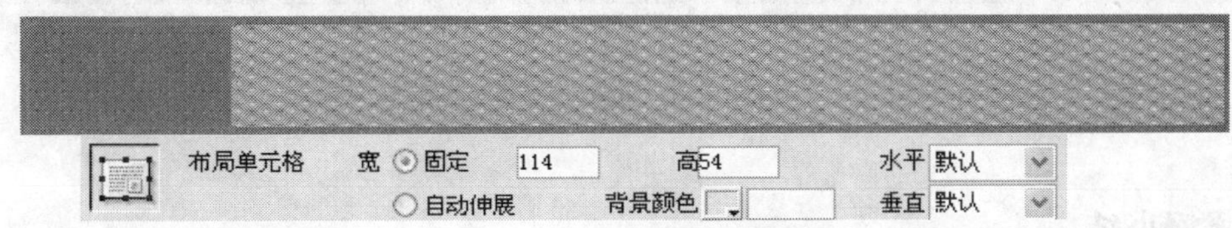

图 7.60　绘制布局单元格

④ 在旁边继续绘制一个单元格，宽度充满剩余的空间，在两个单元格分别插入 Logo 图“logo.gif ”和 Banner 条“banner.swf ”，播放影片效果如图 7.61 所示。

图 7.61 插入内容

⑤ 在下一行再绘制一个宽度为 688 px，高度为 400px 的布局表格。

⑥ 在它的内部左侧绘制一个宽为 114px，高为 400px 的嵌套布局表格，设置表格背景色为“#669933”，在其内绘制 6 个单元格，其中前 5 个高为 25px，在其内输入导航栏文字，最后一个单元格插入图片“draw1.gif ”，

⑦ 在右侧绘制一个大单元格，设置单元格水平为“居中”，垂直为“居中”，背景色为“#264D00”，在里面输入文字，如图 7.62 所示。

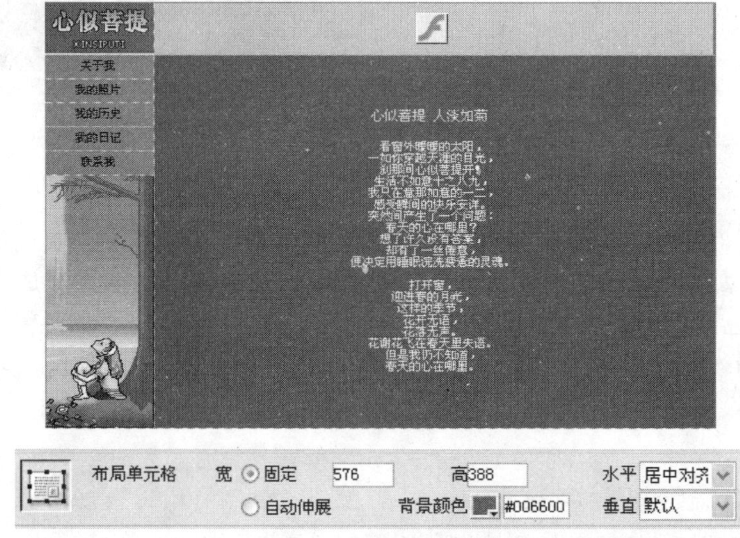

图 7.62 插入正文

⑧ 在最下面绘制一个宽为 688 px，高度为 12px 的布局表格，里面只绘制一个大单元格，设置其背景色为“#374320”，输入版权信息，将导航栏所在文字居中，如图 7. 63 所示。退出“布局模式”，预览看网页效果。

版权所有：心似菩提2008

图 7.63 版权信息

案例小结

本案例中用布局表格制作了一个简单网页，要再次提醒的是：布局表格中可以再嵌套布局表格，而布局单元格中不可以再嵌套“布局表格”。建议读者将网页再用插入表格的方式制作一遍，体会一下二者的区别。

知识拓展　　圆角表格的制作

在网页中有很多圆角效果的表格，即表格四边的形状是圆角或不规则的形状，如图 7.64 所示，这种表格的制作难度在于:当向表格内填入内容时，其长度和宽度要能自动扩展。

操作步骤

① 打开“7.5lx.htm”文件，光标放在“茶具欣赏”下面的单元格内，插入一个 3 行 3 列，宽为 100%的表格，用鼠标把表格行列宽度调整大概如图 7.65 所示的样子。

② 在四个角的单元格内分别插入图片“shi01.gif～shi04.gif ”。

③ 在中间四个边的单元格内分别设置背景图片为“bian01.gif～bian04.gif ”，这样做的目的是当表格的宽度和高度改变时，因为其为背景，所以能自动平铺，从而边线达到自动扩展的目地。

④ 将中间的单元格拆分为 3 列，分别插入图像，最后效果如图 7.66 所示，试着改变表格的高度，验证一下效果。

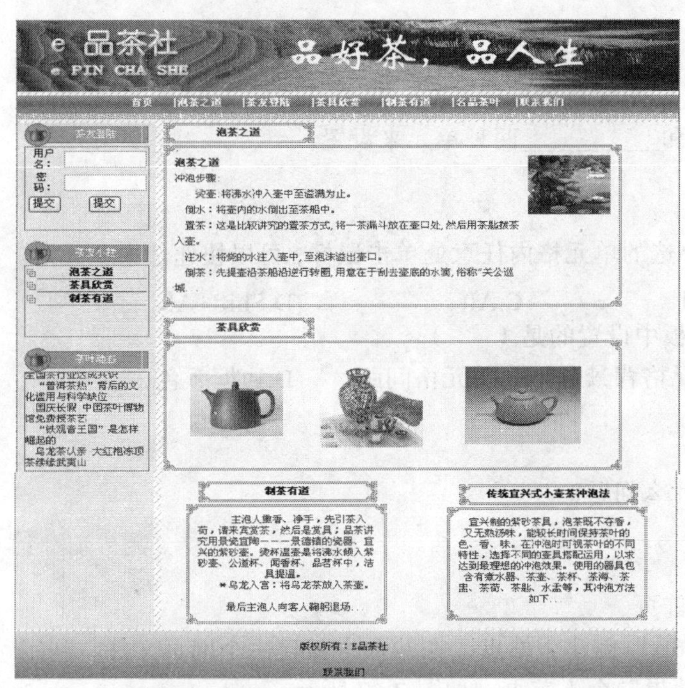

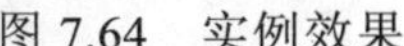
图 7.64　实例效果

图 7.65　调整表格

图 7.66 表格效果

项目小结

本项目着重讲解了表格和布局表格的基本功能及其操作方法，这些操作包含很多的技巧，读者要在表格布局的过程中不断增加经验，熟练相关技能。

实训与练习

一、填空题

1. 表格的标记是____________，单元格的标记是____________。
2. 表格的宽度可以用百分比和__________两种单元来设置。

二、选择题

1. 按住(　　)键，同时在要选的单元格内任意处单击鼠标，可以快速选中单元格。

   A.Shift　　B.Ctrl　　C.Alt　　D.Shift+Alt

2. 不能在单元格“属性”面板中设置的是(　　)。

   A.水平居中　　B.单元格背景色　　C.单元格间距　　D.边框颜色

三、简答题

在制作嵌套表格时要注意些什么问题?

四、实训题

1. 用表格布局页面制作个人首页

【实训要求】　将文件夹“7.6lx”创建为站点，在站点中新建一个网页文件，利用插入表格的方法再次制作“心似菩提”个人首页，如图 7.67 所示。

图 7.67 个人首页

2. 制作卫浴网

【实训要求】 先在一张纸上画出网页的布局图，再将文件夹“7.7lx”创建为站点并制作网页。

【实训提示】 如图 7.68 所示，该网页用到两层嵌套表格，分别在左、中、右侧的栏目部分中。在导航栏和左、右侧的栏目中，还用到了背景图片，目的是让图片在单元格中垂直或水平平铺，起到装饰作用，导航栏背景图片为“top_menu.gif”，左、右侧背景图片为 bg01.gif。

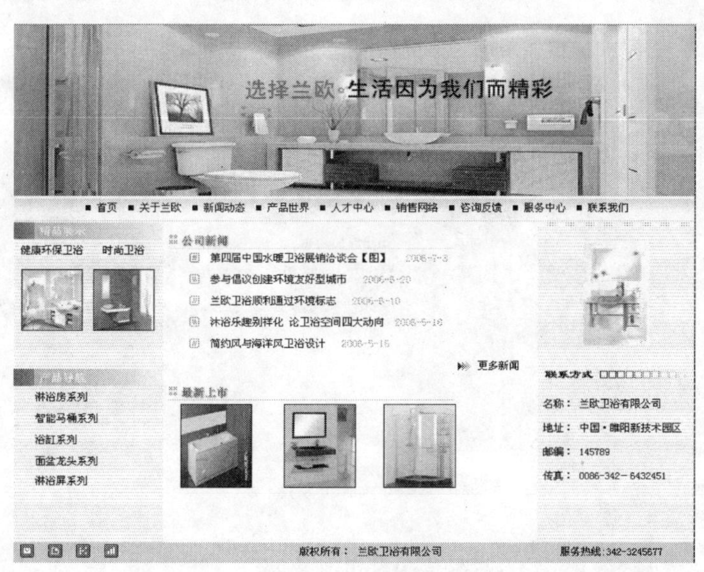

图 7.68 卫浴网

3. 综合实训：制作网站首页（鲜花网）

【实训要求】 利用表格制作“浓情小屋”鲜花网首页，如图 7.69 所示。

【实训提示】 将文件夹“7.8lx”创建为站点，在站点中新建一个网页文件开始制作，此网页是由切片生成的，所以在制作时有一定难度，可先进行尝试。其中表单部分可选择“插入→表单”，先插入一个表单域，然后在其中再插入文本域和按钮即可。讲解完项目十四 “网页切片”后，还会再进行该网页的制作，那时再举一反三，效果更好。

图 7.69 实训效果

框　　架

知识目标

- 理解框架的概念
- 理解框架、框架集的建立方法
- 理解框架的链接及目标设置

技能目标

- 掌握框架、框架集的建立及保存
- 掌握框架属性面板各选项的功能
- 掌握框架的链接
- 掌握内联式框架的建立方法

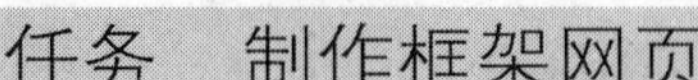

任务　制作框架网页

框架是网页中经常使用的一种页面布局方式，其作用是把浏览器窗口分割成多个不同的区域，实现在一个浏览器窗口中显示多个 HTML 页面的目的。在该结构中用户可以把不需要更新的内容，如网页标题、导航栏部分放在一个框架内，其内容不变，其他经常更新的内容放在主框架内，其内容根据链接改变，这样框架之间既通过链接的关系组合了起来，又不会存在任何干扰的问题。

可以这样简单地理解：框架将显示窗口划分成许多子窗口，每个窗口内显示独立的网页文档，浏览网页时，网页标题、导航栏等所在的网页内容不发生改变，而主要内容所在的网页在不断的更新。

1. 框架基本操作

（1）框架与框架集

一个框架结构的网页文件由两部分构成：框架集和单个框架。

框架集（Frameset）：是一个网页文件，它的作用是定义框架的结构，包括网页的框架数、载入框架的网页源和其他可定义的属性等。

框架（Frame）：是浏览器窗口中的一个区域，每个区域可显示不同的网页文件。

如图 8.1 是“框架”面板中显示的一个框架结构，它由上部、左侧、右侧框架 3 部分组成，共对应 4 个文件，即一个框架集文件和 3 个框架源文件。

图 8.1　“布局”类别中的框架按钮

（2）框架集的 HTML 代码

在框架集中只定义框架的结构，下面是一个上下结构框架集的代码，其中<frameset>表示框架集，<frame>表示框架，可以看出该框架集中有两个框架，分别显示文件 x.htm 和 y.htm，其结果如图 8.2 所示。

```
<frameset rows="20%,*" >
  <frame src="x.htm"   scrolling="no">
  <frame src="y.htm"   scrolling="yes">
</frameset>
```

其中框架集属性“rows”用来定义框架集内框架的高度，"20%,*"表示上面的框架占 20%，余下的给下面的框架。

框架属性“src”用来定义框架的文件源，“scrolling”表示是否显示滚动条，图中下方的框架有滚动条，是因为其“scrolling”值为“yes”。

（3）创建框架集和框架

Dreamweaver 为用户预定了 13 种框架集，以便用户能够轻松地建立框架结构，可以通过两种方法建立框架集。

跟我操作

① 选择菜单“文件→新建”，在弹出的对话框中的“常规”选项卡下选择“框架集”类别，并从右侧中选择一种框架样式，如图 8.3 所示，框架和框架集即建立。

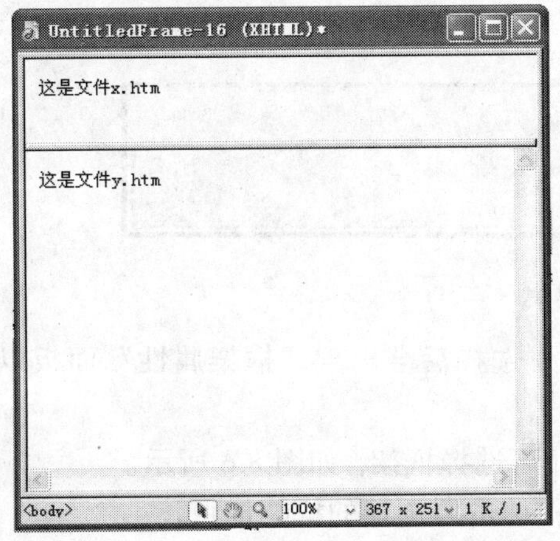

图 8.2　框架效果

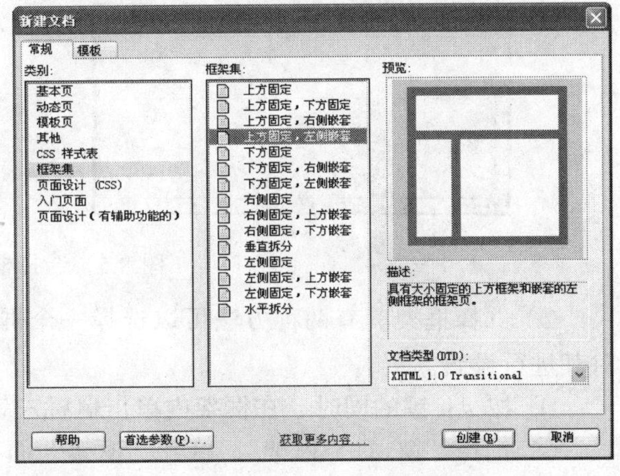

图 8.3　“新建文档”对话框

② 新建一个 HTML 文件，然后在快捷工具栏选择“布局”，单击“框架”按钮，在弹出的下拉菜单中选择任意一种框架样式，如“顶部和嵌套的左侧框架”，如图 8.4 所示，框架和框架集即建立。

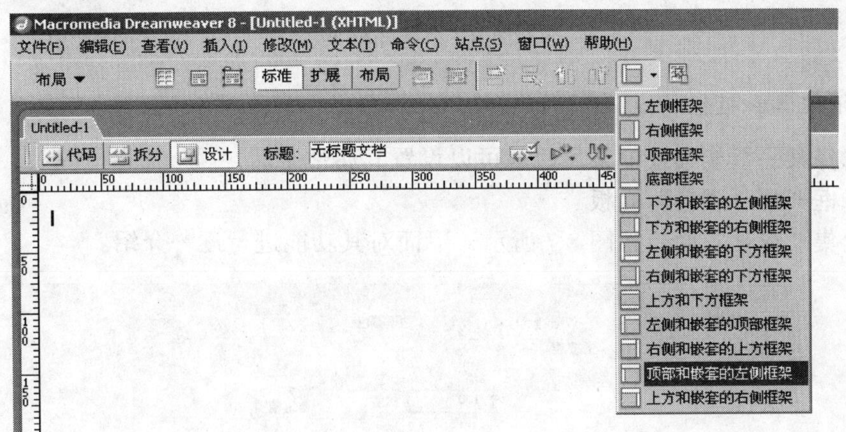

图 8.4　“布局”类别中的框架按钮

（4）选择框架集和框架

框架结构的特殊性，使得在编辑窗口中同时有多个网页显示，要对某一框架或框架集的属性进行设置，首先要学会选择它们。

1）选择框架集。有两种方法可以选择一个框架集，选择后，会出现“框架集属性”面板以对其进行设置。

跟我操作

① 直接单击任何一个框架的边框，如图 8.5 所示。

② 选择“窗口→框架”打开“框架”面板，在其中直接单击框架集边框。

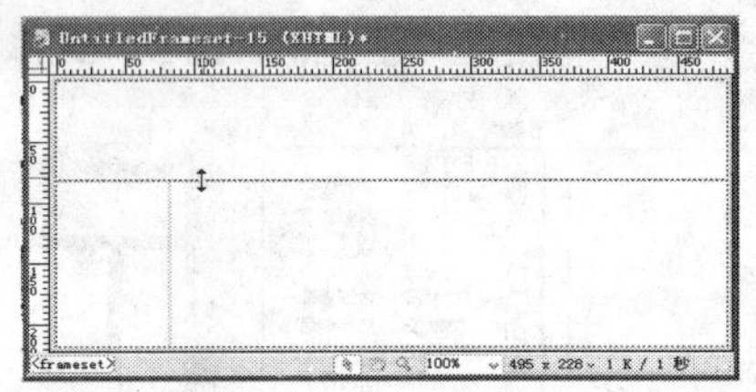

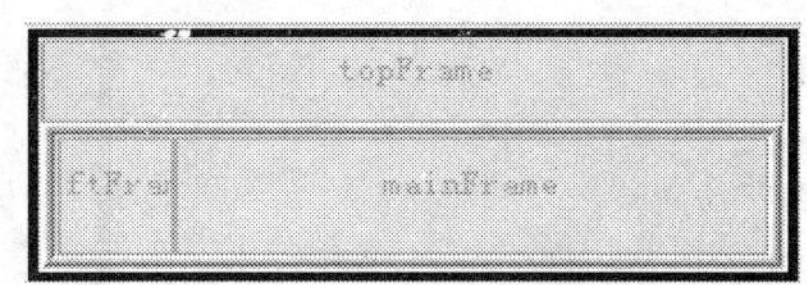

图 8.5 选择框架集

2）选择框架。有两种方法可以选择一个框架，选择后会出现“框架属性”面板以对其进行设置。

① 按 Alt 键的同时，在框架内单击鼠标左键即可选择框架，如图 8.6 所示。

② 选择“窗口→ 框架”，打开“框架”面板，单击要选择的框架即可。

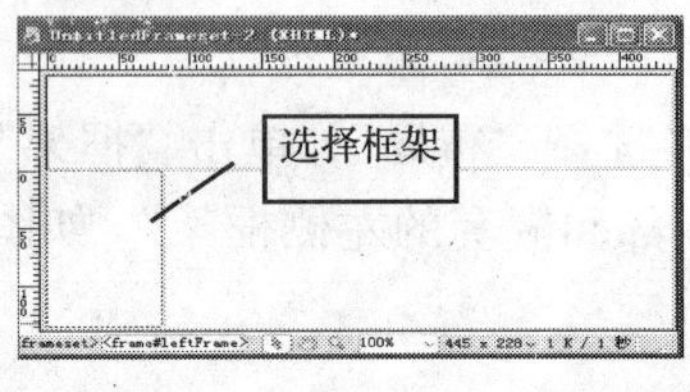

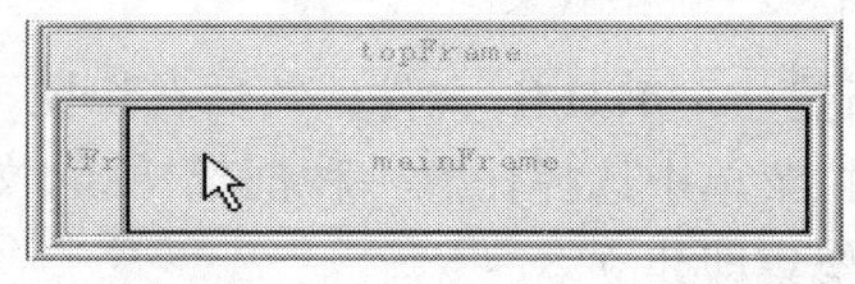

图 8.6 选择框架

2. 框架集和框架属性

当选择某一框架集或框架后，就可以设置其属性了。

（1）框架集“属性”面板

框架集“属性”面板如图 8.7 所示，下面对其功能进行逐一介绍。

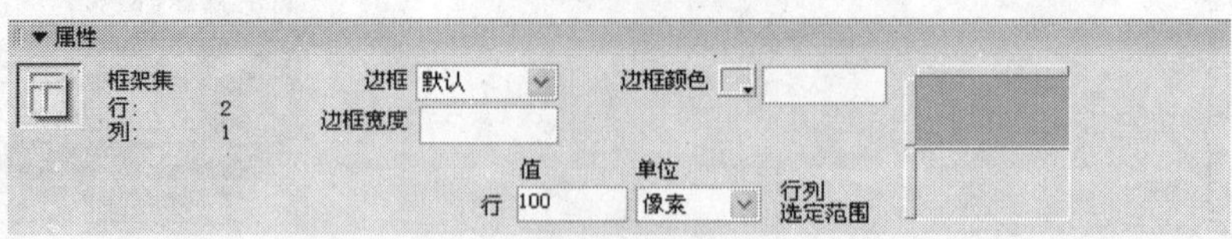

图 8.7 框架集属性面板

“边框”：用于确定在浏览器中查看文档时在框架周围是否应显示边框。

要显示边框，则选择“是”；要使浏览器不显示边框，则选择“否”。要允许浏览器确定如何显示边框，则选择“默认值”。

“边框宽度”：指定框架集中所有边框的宽度。

“边框颜色”：用于为框架集的边框设置颜色。

“行列选定范围”：用于指定浏览器分配给每个框架的空间大小。

（2）框架属性面板

框架“属性”面板如图 8.8 所示，下面对其功能进行逐一介绍。

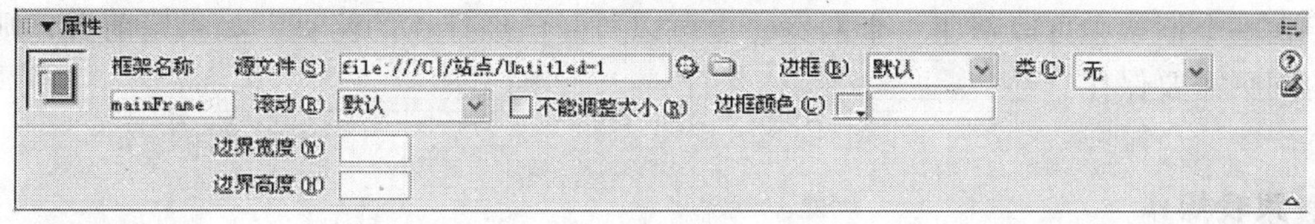

图 8.8 框架属性面板

“框架名称”：该名称由网页创建者自己定义，它是链接 target 属性或脚本在引用该框架时所用的名称。

“源文件”：指定在框架中显示的源文档。单击文件夹图标可以浏览并选择一个文件。

“边框宽度”：指定框架集中所有边框的宽度。

“边框颜色”：用于为框架集的边框设置颜色。

“边框”：在浏览器中查看框架时显示或隐藏当前框架的边框。

 提 示 若要显示边框，则选择“是”；若不需要显示边框，则选择“否”；若是否显示边框取决于浏览器，则选择“默认”。

“滚动”：指定在框架中是否显示滚动条。

 提 示 无论框架中内容的多少，要永远显示滚动条，则选择“是”；永远不显示滚动条，选择“否”；根据框架中内容的多少来决定是否显示滚动条，选择“自动”；按浏览器设置来决定是否显示滚动条，则选择“默认”。

“不能调整大小”：设置网页浏览者无法通过拖动框架边框在浏览器中调整框架大小。

“边界宽度”：以像素为单位设置左边距和右边距的宽度。

“边界高度”：以像素为单位设置上边距和下边距的高度。

3. 保存框架集和框架文档

创建框架集后，只有将它们正确保存，才能在浏览器中正常显示浏览。框架文件的保存方法与普通页面的保存方法一样，只是普通页面在保存时只对应一个文件。而对于一个框架结构的页面来说，如果它其中包含了 N 个框架，在保存后会产生 N+1 个页面。即每个框架会存为一个独立的页面文件，并且框架集也会单独存成一个独立的页面文件。所以保存框架结构包含保存框架集文件和框架文件两大部分。

（1）保存框架集

跟我操作

① 利用前面讲解的方法新建并选择框架集。

② 选择“文件→框架集另存为”，打开“另存为”对话框，设置文件的保存路径和名称即可。框架集文件为框架结构的首页，通常将其按首页文件命名如“index.htm”，保存后观察“文档”窗口的文件名发生了改变，如图 8.9 所示。

（2）保存框架

在一个框架中可以新建一个网页，也可以打开已经存在的网页，如果是前者，则新建的网页需要保存。

跟我操作

① 将光标放在要保存的框架中。

② 选择“文件→保存框架”，打开“另存为”对话框，设置文件的保存路径和名称即可。一般情况下名称中通常体现框架的位置，如“top.htm”，表示上部框架，“left.htm”，表示左部框架，保存后观察“文档”窗口的文件名发生了改变，如图 8.10 所示。

图 8.9 保存框架集

left.htm
框架文件
代码
拆分
设计

图 8.10 保存框架

③ 将所有框架文件和框架集文件保存后，在“编辑窗口”将光标放在不同的框架中，看到“文档”窗口的文件名发生改变，表示目前编辑的是哪个框架文件。

（3）同时保存框架集和框架

在 Dreamweaver 中也可以同时保存框架集和框架，保存时会依次出现多个“另存为”对话框，此时你需要一个一个的进行保存。框架页面中哪个框架外面有虚线框，则此时出现的“另存为”对话框就是保存哪个框架的。

跟我操作

① 选择“文件→保存全部”，打开“另存为”对话框，观察编辑窗口，看到框架集周围出现黑色斜线，表示首先保存的是框架集，设置路径和文件名，单击“确定”按钮。

② 然后继续弹出“另存为”对话框，观察编辑窗口，看到某一框架周围出现黑色斜线，表示现在保存的是某一框架，如图 8.11 所示，根据其位置给其命名，单击“确定”按钮后继续为其他框架命名即可。

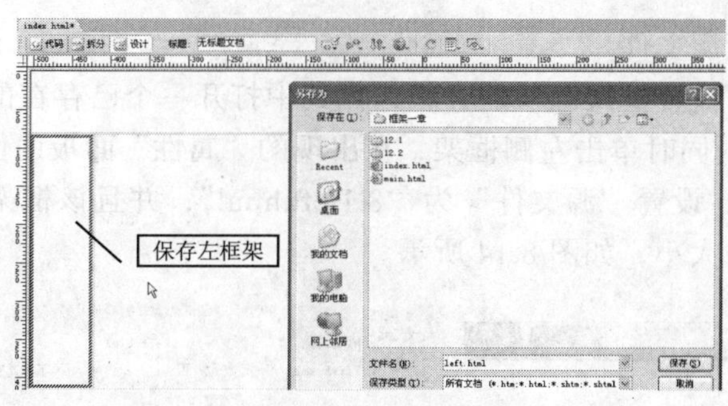

图 8.11 同时保存框架集和框架

案例 利用框架制作网页（服装网）

本案例任务为利用框架结构创建页面，将通过两种方法来完成：直接在框架中添加内容和在框架内打开已存在的文档。

操作步骤

（1）创建框架集

将文件夹“8\8.11x”创建为站点，或拷贝到当前站点根文件夹下，选择菜单“文件→新建”，在弹出的对话框中的“常规”选项卡下选择“框架集”，右侧选择“上方固定、左侧嵌套”样式的框架结构，如图 8.12 所示。

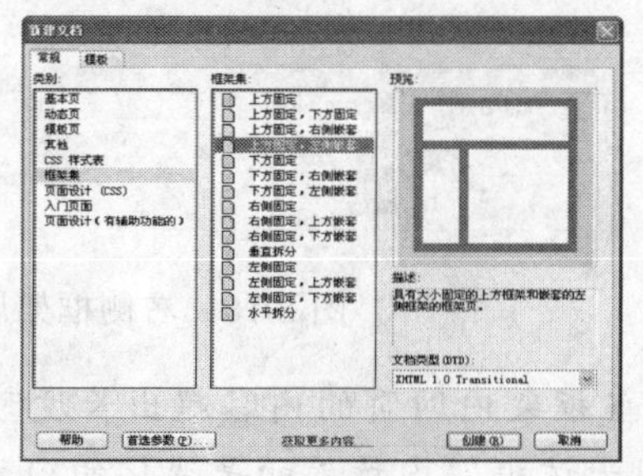

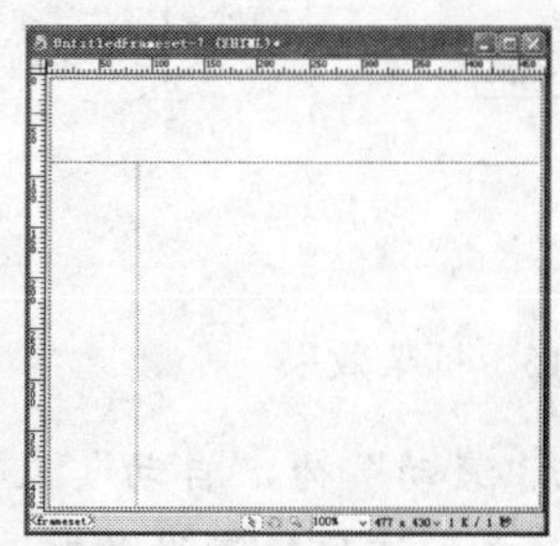

图 8.12 “顶部和嵌套的左侧框架”样式页面

（2）制作框架页

顶部框架采取“直接制作”的方法，在其中制作一个新的网页。

① 将光标放到顶端框架内，制作顶部框架页。选择“修改→页面属性”，设置“背景颜色”为黑色，左边距为“0”，单击“确定”按钮退出，看到顶部框架页背景变为黑色，而其余框架不受影响。

② 选择“插入→表格”，插入一个 1 行 2 列宽度为 774 像素的表格。在第 1 个单元格内插入图像“8.1_files/1.gif ”，第 2 个单元格设置背景图像“8.1_files/topright.gif ”，输入文字并调整大小如图 8.13 所示。

③ 拖动框架下边框，使其高度和表格高度一致，至此顶部框架制作完毕。

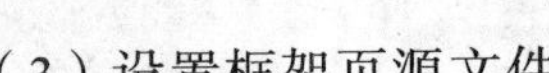

（3）设置框架页源文件

左侧框架采取“设置框架源”的方法，在其中打开一个已存在的网页。

① 按住 Alt 键的同时单击左侧框架，在出现的“属性”面板内保持“框架名称”不变，为“leftFrame”，设置“源文件”为“8.1left.html”；并且该框架不显示滚动条，浏览者不可改变框架的大小，如图 8.14 所示。

图 8.13 制作顶部框架　　图 8.14 左侧框架的属性

② 此时看到左侧框架已打开设置的网页，选择“修改→页面属性”，设置“左、上边距”为“0”，拖动其右边框到适当宽度，使网页全部显示，如图 8.15 所示。

③ 下面用另一种方法设置右侧框架（图 8.16）：将光标放在右侧框架内，选择“文件→在框架中打开”，选择打开文件为“8.1right.html”，此网页中显示的是所有的服装品牌。选择框架，看到其属性面板如下，名称为“mainFrame”，源文件为“8.1right.html”，“滚动”为“自动”，至此框架页面的设置和制作已完毕。

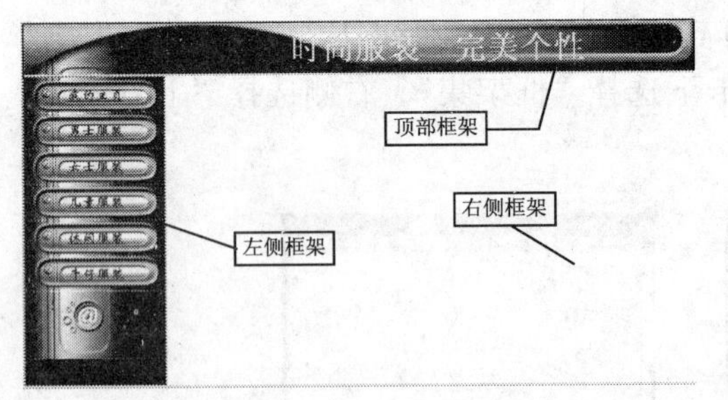

图 8.15 框架效果

图 8.16 右侧框架属性

提 示　“滚动”为“自动”表示当框架内网页的内容超出长度时，将显示滚动条。这项设置很必要，因为该框架内放置的是变化的内容，显示滚动条可使其内容较多时用户也能看到。

（4）保存框架集和框架

建立完框架结构后要进行保存，在此采取同时保存框架集文件和框架文件的方法。由于本案例只有顶部框架网页是新建立的，所以会提示保存框架集文件和顶部框架文件。

① 选择菜单“文件→保存全部”，首先弹出的是对话框是提示保存框架集的，将其保存在文件夹“8.1lx”下，并起名为“8.1.htm”或“index.htm”。

② 单击“确定”后弹出的对话框是保存顶部框架的，给其命名保存如“top.htm”。由于其他的框架页中所打开的网页是已经建立好的，所以系统就不提示另外命名了，而是直接将原文档及所做的修改保存。

（5）设置框架链接

刚才建立的三个框架文件虽然在一个框架集中，但它们之间是相互独立的，通过链接可以将它们组织起来，方法与以前所学的文本的链接方法一样，唯一不同之处在于，由于一个框架集中包含多个框架，链接后的新页面将放在哪个框架中是需要特别设置的。

① 选定左侧框架中的文字“男士服装”，在“属性”面板中设置链接页面为“8.1man.html”，如图 8.17 所示。

图 8.17　设置超链接

② 接下来是最关键的一步，即确定链接后的页面显示在哪一个框架中。在“目标”下拉列表框中选择“mainFrame”，即链接后的页面显示在右侧框架中，如图 8.17 所示。

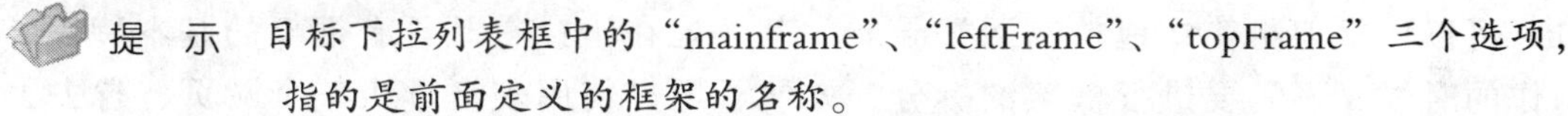

提　示　目标下拉列表框中的“mainframe”、“leftFrame”、“topFrame”三个选项，指的是前面定义的框架的名称。

③ 重复前三步，分别使文字“我的主页”链接到“8.1right.html”文件；文字“女士服装”链接到“8.1woman.html”文件；文字“儿童服装”链接到“8.1child.html”文件；文字“休闲服装”链接到“8.1arder.html”文件；文字“牛仔服装”链接到“8.1cowboy.html”文件。将它们的链接目标均确定为“mainFrame”。

④ 按 F12 键预览网页，单击左边的链接，看到右侧框架的内容在不断的更新，而顶部和左侧的框架内容不改变，其中点击“女士服装”时，看到在右侧框架中打开的网页较长，浏览窗口右侧自动出现滚动条，以使用户能完全浏览，如图 8.18 所示。

图 8.18　浏览效果

提　示　选择“文件→打开”命令，打开任何一个网页文件如“8.1child.html”，看到它们均是一个单独的网页，只不过在框架结构中它们被分配在不同的框架区域中显示。

案例小结

本案例讲解了利用框架制作网页，再次提醒读者的是，保存时一定要注意存的是框架集文件还是框架文件，链接时要注意“目标”一项的设置。

知识拓展

制作内联式框架

内联式框架是一种特殊的框架技术，制作方法是将其标记<iframe>直接插入到文档中，该标记在文档中定义了一个矩形区域，在这个区域中，浏览器会显示一个单独的文档，并包括滚动条和边框。利用内联式框架可以在浏览器窗口中嵌套子窗口，可以比框架更简单地控制网站导航，其好处在于：它既具有框架的基本特性，制作的时候又不需要进行框架的拆分，方便了用户使用表格排版整个网页，省去了设置框架样式的麻烦，下面就利用内联框架再次制作服装网，读者可以从中体会两者的区别。

操作步骤

① 将文件夹“8\8.2lx”创建为站点，或拷贝到当前站点根文件夹下，打开文件8.2lx.htm，该网页中用表格制作了基本效果，如图 8.19 所示，将光标放在右侧的空白单元格内，单击“文档”中的“代码”按钮，切换到代码视图。

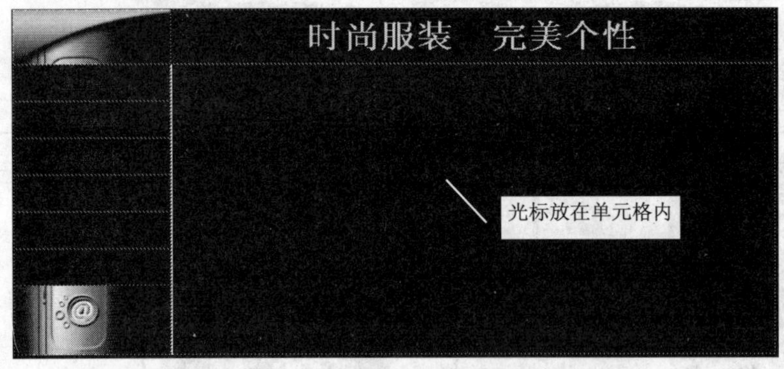

图 8.19　定位光标

② 此时光标在<td width="612"> </td>中闪烁，在光标处插入以下代码：

```
<iframe name= "myframe"src= "8.2right.html"align="top" frameborder
="no" height="400" scrolling="auto" width="640"></iframe>
```

其中"myframe"即是内联架的文件名，预览，看到 8.2right.html 被加入到当前网页中，且自动出现滚动条，如图 8.20 所示。

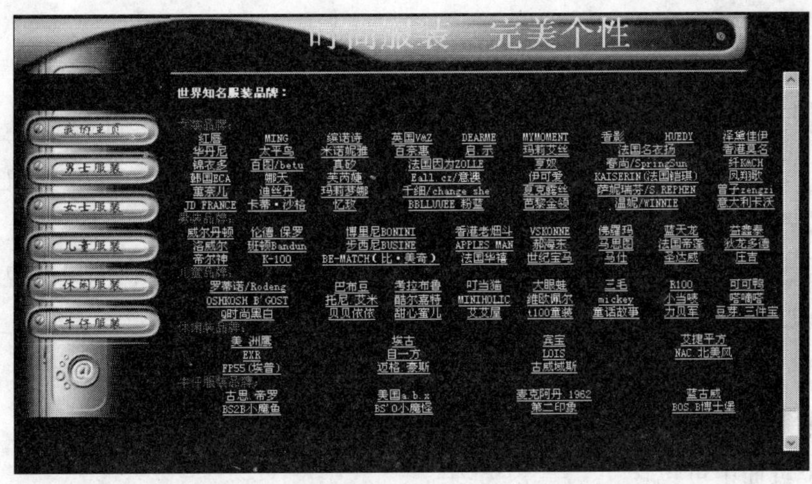

图 8.20 网页效果

③ 选中左侧文字“女士服装”,在“属性”面板中设置其链接文件为“8.2woman.html”,最关键的是在“目标”中输入内联框架名“myframe”，注意其“大小写”一定要与定义的内联框架名称相一致，如图 8.21 所示。

④ 预览网页，点击链接看到“女士服装”的页面在内联框架中打开，且出现滚动条，依次为导航加链接并查看效果。表 8.1 是<iframe>标记的属性含义。

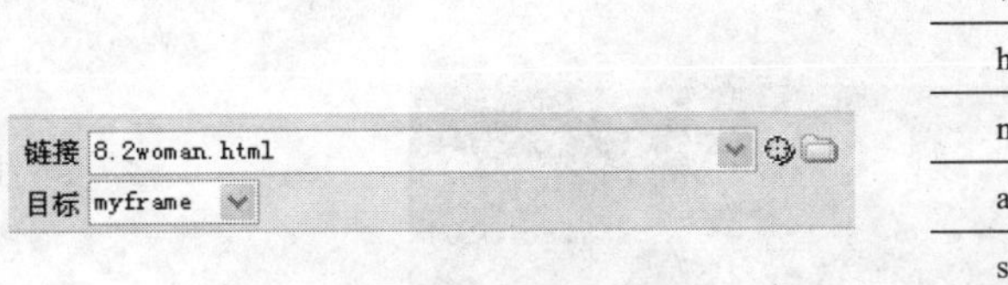

图 8.21 定义链接及目标

表8.1 属性

属 性	描 述
src	内联框架中显示的网页源文件的路径
width	内联框架宽度
height	内联框架高度
name	内联框架的名称
align	内联框架的排列方式
scrolling	滚动显示属性，no 为不显示
frameborder	内联框架边框显示属性， no 为不显示
border	边框

项目小结

本项目主要介绍框架的使用，包括创建框架、命名框架、设置框架属性以及保存框架等操作。在使用框架的过程中一定要明白框架的基本结构，理解框架集与框架的关系。

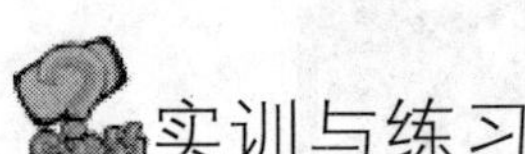

实训与练习

一、填空题

1. 选择菜单________________菜单，可使框架边框在文档窗口的设计视图中可见。

2. 在框架集属性面板中，行列选定范围的单位可以是____________、____________、__________。

二、选择题

1. 一个页面中可包含(　　)个框架。

A. 2　　B. 3　　C. 4　　D. 多

2. 选择框架集中的某个框架最快捷的方法是，按住键盘(　　)键的同时单击该框架。

A. Shift　　B. Alt　　C. Ctrl　　D. Enter

三、简答题

1. 框架与框架集的区别。

2. 框架属性面板中“滚动”下拉列表框中包含哪些选项，各有什么作用？

四、实训题

【实训要求】　建立框架页面，如图 8.22 所示，制作框架页面，其中包含顶部、左侧及右侧三个框架。单击左侧框架中的栏目，在右侧框架显示相应内容，且右侧框架带滚动条。

图 8.22　实训效果

【实训提示】

① 将文件夹“8\8.3lx”创建为站点，或拷贝到当前站点根文件夹下，在站点中建立名为 8.3.html 的框架文件，

② 插入的框架集为：顶部和嵌套的左侧框架。

③ 顶部框架页：在“页面属性”中设置左边距为“0”，在页面中插入 1 行 1 列表格，在表格中插入 Flash 影片。

④ 左侧框架页：在“页面属性”中设置左边距为“0”，上边距为“0”，插入 8 行 1 列表格，在表格中插入相应内容。

⑤ 右侧框架页：设置链接页为“chonglang.htm”。

⑥ 框架内的链接：给左侧框架页内的“网站首页”建立链接文件为“chonglang.htm”，在右侧框架中显示；“体育明星”设置链接文件为“mingxing.htm”，在右侧框架中显示。

项目九

表　单

知识目标

- 了解表单的含义
- 掌握表单元素的使用方法
- 掌握表单元素属性的设置
- 掌握添加表单行为的操作方法

技能目标

- 掌握表单的插入方法
- 掌握插入文本域和密码域操作方法
- 掌握单选按钮和复选框的操作方法
- 掌握列表和跳转菜单的操作方法
- 掌握文件域和按钮的操作方法
- 掌握表单行为的设置方法

任务　表单制作

几乎每一个网站都会用到表单，表单的作用是从访问的 Web 站点的用户那里获得信息，比如会员注册、商品订单、登录网站等。访问者可以使用诸如文本域、下拉列表、复选框以及单选按钮之类的表单对象输入信息，然后单击按钮提交这些信息。使用表单必须具备两个条件：一是建立含有表单元素的网页文档，二是具备服务器端的表单处理应用程序或客户端的脚本程序，能够处理用户输入到表单的信息。

知识 9.1.1　插入表单

表单是表单对象的容器，通过在表单中插入诸如文本框、单选框等表单对象，用户可以输入数据，然后再将整个表单的内容提交给服务器。插入一个表单的方法为：

跟我操作

新建一个网页文档，然后选择“插入→表单”或单击“表单”面板中的□按钮，插入的表单以红色虚线方框显示，并自动生成一对<form></form>标签，选择表单，在属性面板中可以进行如图 9.1 所示的设置。

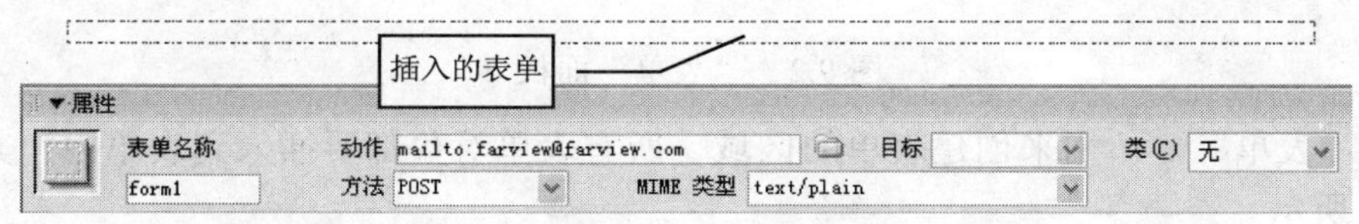

图 9.1　“表单”属性

“表单名称”：键入唯一名称以标识表单。

“动作”：指定处理该表单的动态页或脚本的路径。比如：”mailto:xxx@xxx.net”表示以电子邮件的形式传送表单内容。

“方法”：选择表单数据传输到服务器端的方法，其下拉列表中包括 3 个选项：

①“默认”：用浏览器默认的传送方式，一般默认为“GET”。

②“GET”：将表单内的数据附加到 URL 后面传送给服务器，因为 URL 的长度有一定限制，所以长表单不能用此传送方式。又由于用此方式传送信息安全性较差，所以一些秘密信息不适宜用此方式传送。

③“POST”：用标准输入方式将表单数据传送给服务器，此种方式适合长表单的传送。

“目标”：用于设置表单被处理后，反馈页面打开的方式。

“MIME 类型”：用于设置发送数据的 MIME 编码类型，其中设置“application/x-www-form-urlencoded”通常与 POST 方法协同使用。如果值为“text/plain”，表示表单内容以纯文本的形式传送信息。

下面是一个表单的 HTML 代码：

```
<form
name="form1" action=mailto:farview@farview.com" method="post" enct
ype="text/plain" >
</form>
```

其中<form>标记的属性含义如表 9.1 所示。

表9.1 属 性

属 性	描 述
name	表单名称，对应属性面板中“表单名称”
method	定义表单结果从客户端传送到服务器的方法，对应属性面板中“方法”
action	定义表单处理程序的位置，对应属性面板中“动作”
enctype	设置表单数据的编码方式，对应属性面板中“ MIME 类型”

表单的名称为“form1”，表单内容以电子邮件的形式进行传送，并使用 post 的传输方式，以纯文本的形式传送信息。

知识 9.1.2 添加表单对象

插入表单后，就可以添加表单对象了，在表单中可以添加 14 种表单对象，通过“表单”面板可快速完成表单对象的插入，如图 9.2 所示，添加的对象均会插入到<form></form>中。

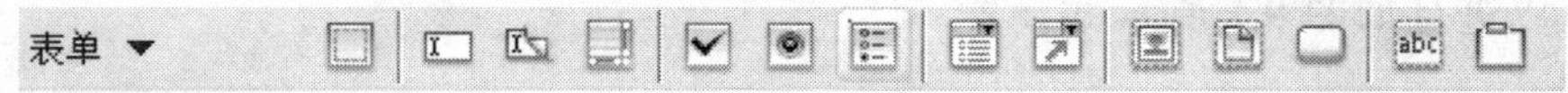

图 9.2 “表单”面板

① “表单”：用来创建表单的区域，所有表单对象都要插入到表单内，其标签如图 9.3 所示。

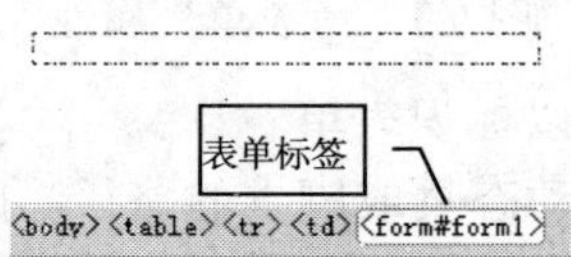

图 9.3 插入的“表单”

② “文本域”：最常用的表单对象就是文本域，其作用是接受用户的文本信息，如用户名，邮箱等，其“属性”面板如图 9.4 所示。

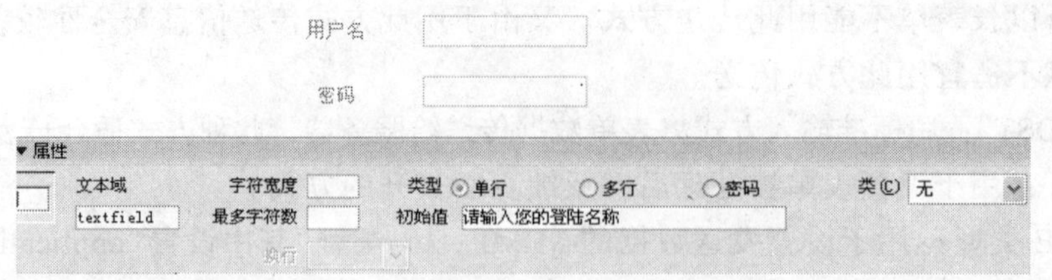

图 9.4 文本域“属性”面板

当将类型设置为“密码”时，即为密码文本域，预览时输入的内容以“*”显示，设置为“多行”时，文本域变为文本区域，和单击的效果是一样的。

③ 单选按钮：一般以两个或以上的形式出现，其作用是让用户在多个选项中只选择一项，如图 9.5 所示。

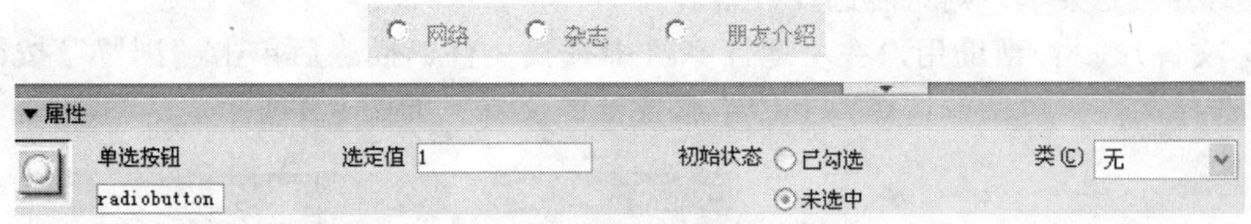

图 9.5　单选按钮“属性”面板

“单选按钮”：用来定义单选按钮的名称，同一组的单选按钮名称必须一致。

“选定值”：用来判断单选按钮是否被选定，同一组单选按钮应设置不同的值。

“初始状态”：用于设置单选按钮的初始状态是勾选还是不勾选，同一组内的单选按钮只能有一个初始状态被选定。

在给同一组单选按钮命名时要注意，多个单选按钮的“名称”应相同，但“选定值”不同，如“性别”一组有两个按钮，“选定值”分别为 1 和 0，1 表示“男”，0 表示“女”。

④ 复选框：一般都不单独出现，而是多个同时使用，可以一次选择多个选项，如图 9.6 所示。

图 9.6　复选框“属性”面板

“复选框名称”：给复选框定义名称。

“选定值”：用于判断复选框是否被选定。

“初始状态”：用于设置复选框的初始状态是勾选还是不勾选。

⑤ 列表/菜单：可以包含较多的选项，呈现下拉列表和列表两种不同的表现形式，如图 9.7 所示。

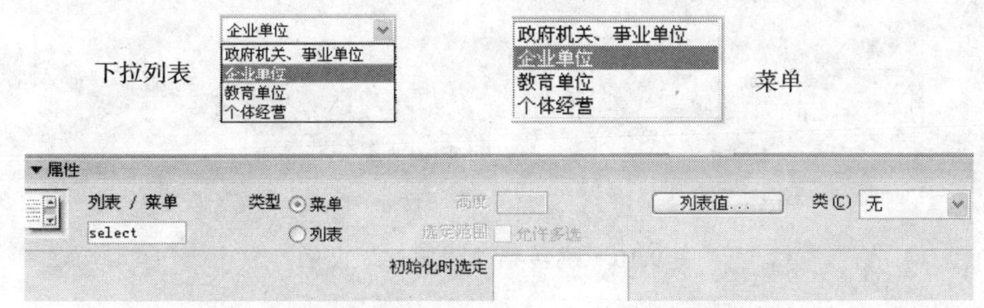

图 9.7　列表/菜单“属性”面板

“列表/菜单”：用于定义列表/菜单的名称。

“类型”：当前对象是下拉菜单还是滚动列表。

“列表值”：单击按钮弹出“列表值”对话框，在其中设置相应的参数。

“初始化时选定”：显示列表/菜单的内容，如果“类型”为列表，可以选择多个选项；如果“类型”为菜单，则只能选择一个。

⑥ 文件域：帮助用户在本地计算机中查找文件，插入后单击“浏览”按钮，可打开“选择文件”对话框选择要上传给服务器的文件，如图 9.8 所示。

图 9.8　文件域“属性”面板

“文件域名称”：给文件区域定义名称，每个文件区域必须有一个唯一的名字。

“字符宽度”：文件区域的宽度，定义最多向文件域输入的字符数。

“最多字符数”：用于定义文件域最多显示的字符数。

⑦ 按钮：作用为发送信息，执行脚本程序和重置表单，进行表单页收尾的工作，如图 9.9 所示。

图 9.9　按钮“属性”面板

“按钮名称”：定义按钮的名称，一般是“Submit”。

“值”：定义按钮上显示的文字，一般是“确定”、“提交”、“注册”、“重置”等。

“动作”：指定单击按钮后执行的程序，分为“提交表单”、“重设表单”和“无”3 种。

当“动作”设置为“提交表单”时，单击该按钮，表单中的数据将提交给表单处理应用程序。设置为“重设表单”时，单击该按钮，表单中的数据将恢复到初始值。

⑧ “跳转菜单”：制作用于选择要跳转网站的弹出菜单，如图 9.10 所示。

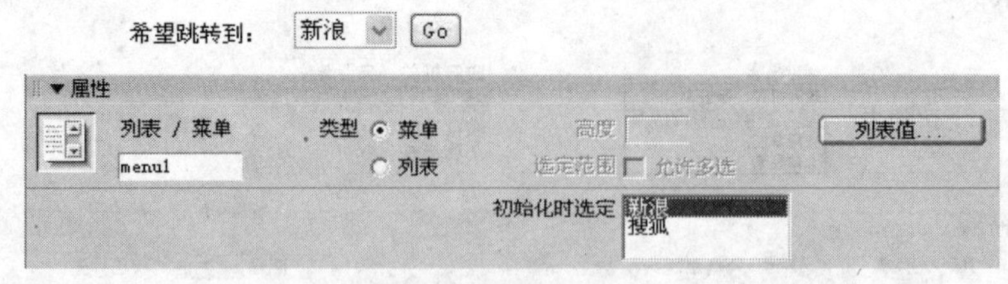

图 9.10　跳转菜单“属性”面板

“列表/菜单”：用于定义跳转菜单的名称。

“类型”：当前对象是菜单还是列表。

"列表值"：单击按钮弹出"列表值"对话框，设置项目标签和值。

"初始化时选定"：定义跳转菜单的初始显示内容。

案例 9.1 制作表单（公司网）

本实例制作了一个注册网页，用到了常用的表单对象，如图 9.11 所示。

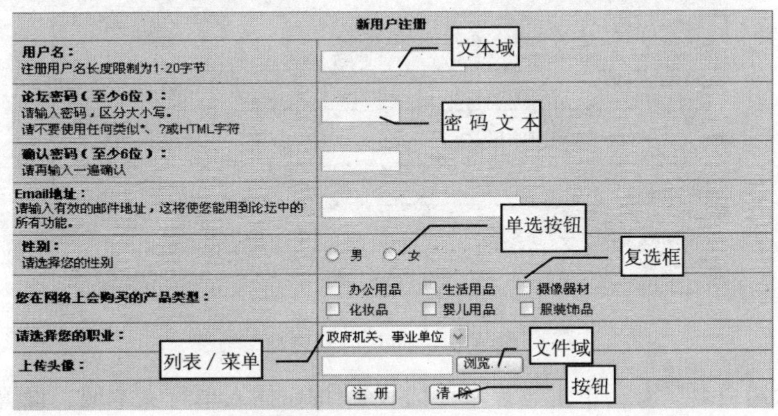

图 9.11 实例效果

操作步骤

① 将"本书实例"中文件夹"9"创建为站点，或拷贝到当前站点根文件夹下，打开练习文件"9.1lx.htm"，将光标放在最后一行单元格中，插入表单，如图 9.12 所示。

图 9.12 创建表单

② 设定表单动作为"mailto:farview@farview.com"，如图 9.13 所示，在"MIME 类型"中选择"application/x-www-form-urlencoded"，表示提交后表单的内容以附加的形式发给公司，如果想在邮件中直接显示表单信息，请将"MIME 类型"的值设置为"text/plain"。

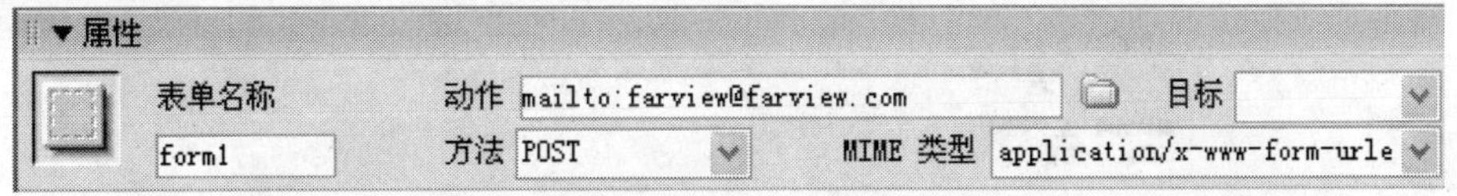

图 9.13 设置表单属性

提 示 为表单添加标题，在"动作"处填写：mailto:farview@farview.com?subject=注册信息。

③ 把光标放在表单区域内，插入一个 10 行 2 列，宽为 100%的内嵌表格，则表单被扩充，在表格内输入文字，如图 9.14 所示。在表单内插入表格，有利于对表单元素进行布局。

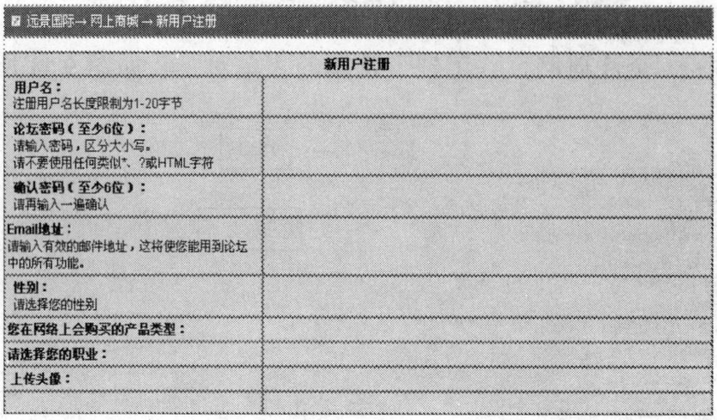

图 9.14 插入内嵌表格

④ 在“用户名”旁，单击“表单”面板 按钮插入单行文本域，设置字符宽度和最多字符数均为“20”，如图 9.15 所示。

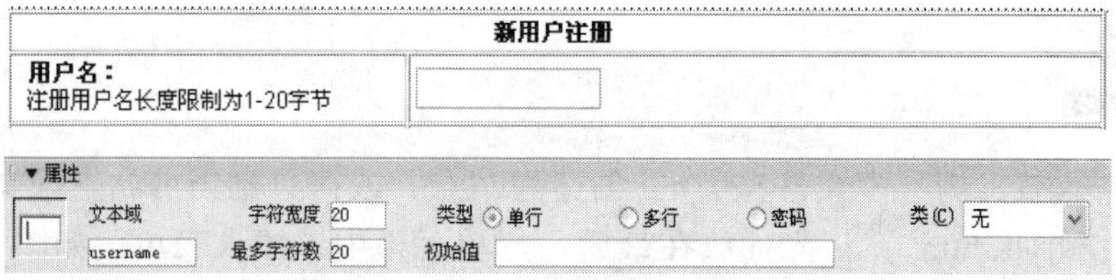

图 9.15 设置单行文本

提 示 “字符宽度”项，表示在浏览器中显示的长度。如果输入 20，则即使输入再多的文本也只显示其中的 20 个字符。“最多字符数”项是文本域中可输入的字数，适合于输入身份证号等指定字数的内容。

⑤ 在第 3、4 行插入文本域，在“属性”中设置其“类型”为“密码”类型，如图 9.16 所示，则其被定义为密码文本域。

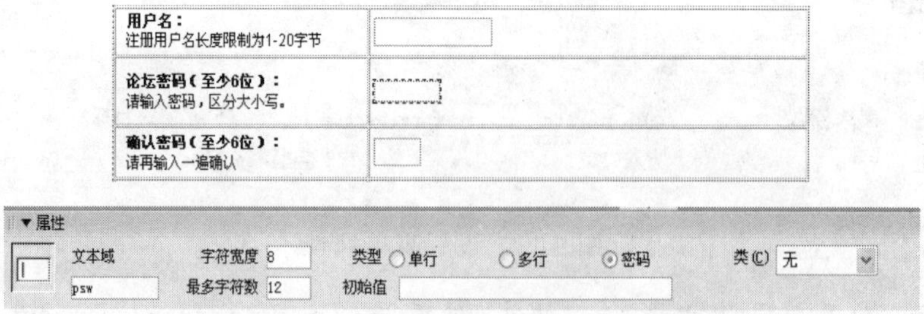

图 9.16 创建密码域

⑥ 在第 4 行再插入一个文本域，用来接收用户邮箱地址。

⑦ 在第 5 行单击“表单”面板的按钮，插入一个单选按钮，给其命名为“xb”，“选定值”为 1，初始态为“已勾选”，如图 9.17 所示，在旁边输入文字“男”。再插入一个单选按钮，仍给其命名为“xb”，“选定值”为 0，在旁边输入文字“女”，初始态为“未勾选”，如图 9.18 所示。

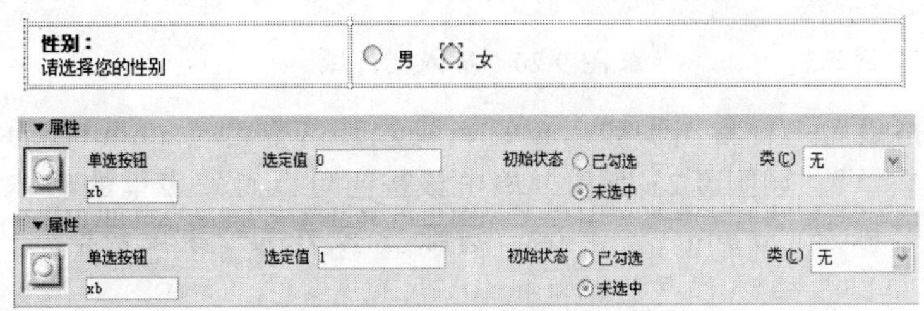

图 9.17 插入单选按钮

提 示 成对的单选按钮，要定义按钮名称一致，选定值不同。

⑧ 在第 6 行单击按钮插入复选框，插入后在旁边输入文字“办公用品”。用同样的方法，插入多个复选框，并输入相应的文字：“摄像器材、化妆品、婴儿用品、服装饰品”等，如图 9.18 所示。

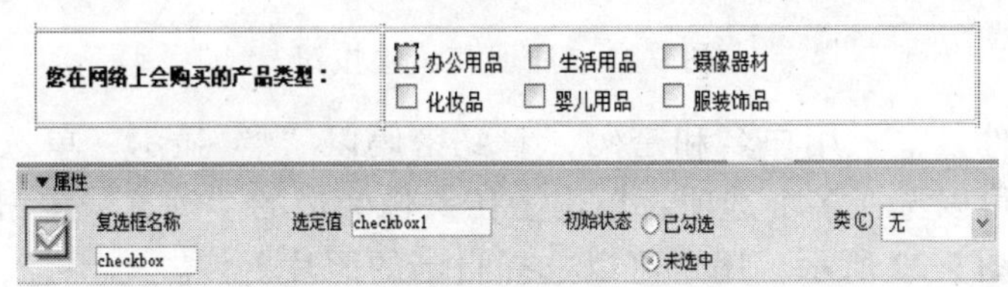

图 9.18 插入复选框

⑨ 在第 7 行单击按钮插入列表域，在“属性”面板中为列表域命名，设置类型为“菜单”，单击列表值...，在打开的对话框中，单击“+”添加“项目标签”和对应的“值”，如图 9.19 所示，单击“确定”。在“初始化时选定”框中选择希望默认的选项，如图 9.19 所示。

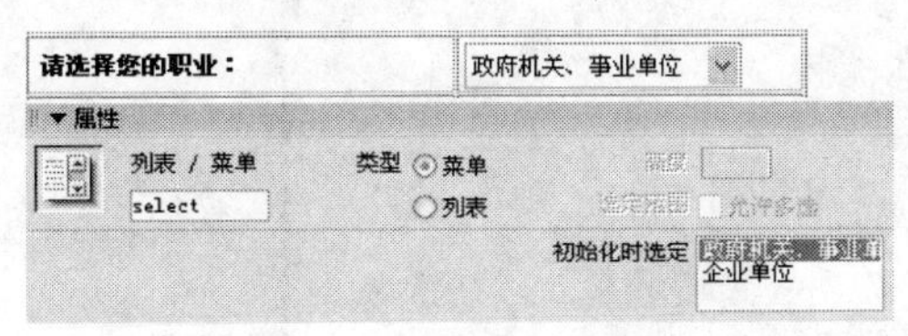

图 9.19 插入下拉列表

单击加号或减号表示添加或删除列表中的项目，单击向下或向上可重新排列项目的顺序。

⑩ 把第 8 行单击按钮添加文件域，在“属性”面板中设定其名称为“Pfile”，其

他为默认值，如图 9.20 所示。

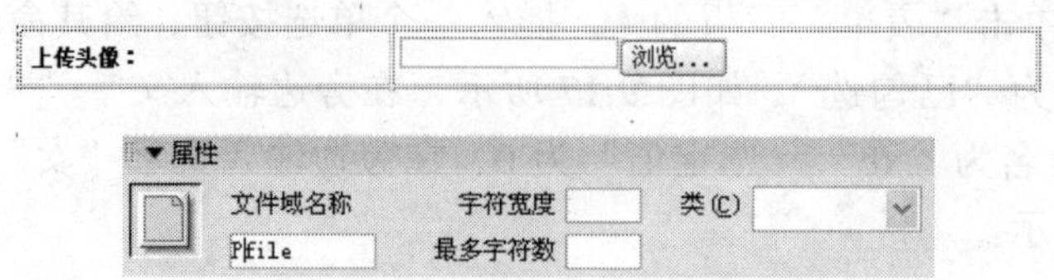

图 9.20　插入文件域

⑪ 在表格最后一行单击□插入按钮，设置其名称为“submit”，值为“注册”，动作为“提交表单”，如图 9.21 所示，单击该按钮可以触发表单的动作，再插入一个按钮，设置其名称为“submit1”，值为“清除”，动作为“重设表单”，单击该按钮可以重填表单。

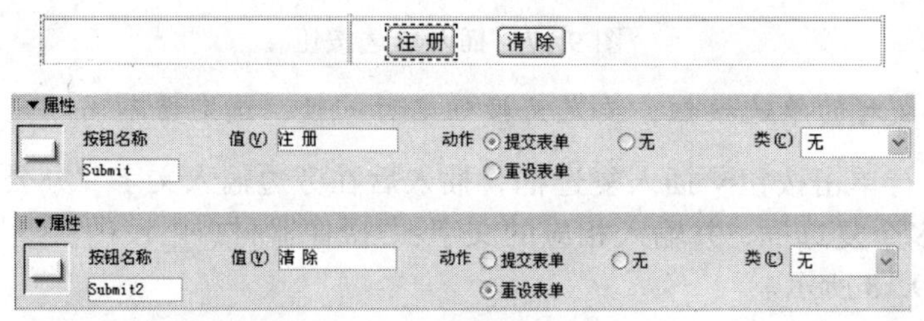

图 9.21　注册和清除按钮

⑫ 预览文件，输入用户名和密码，看到密码以“*”显示，单选按钮只能选择 1 个选项，复选框可以选择多个选项，单击上传头像旁边的“浏览”按钮，弹出“选择文件”对话框，如图 9.22 所示，用户可以选择自己的照片上传。

⑬ 单击“注册”按钮，弹出提示信息框，如图 9.23 所示，单击“确定”按钮，会出现默认的 Outlook 电子邮件对话框。

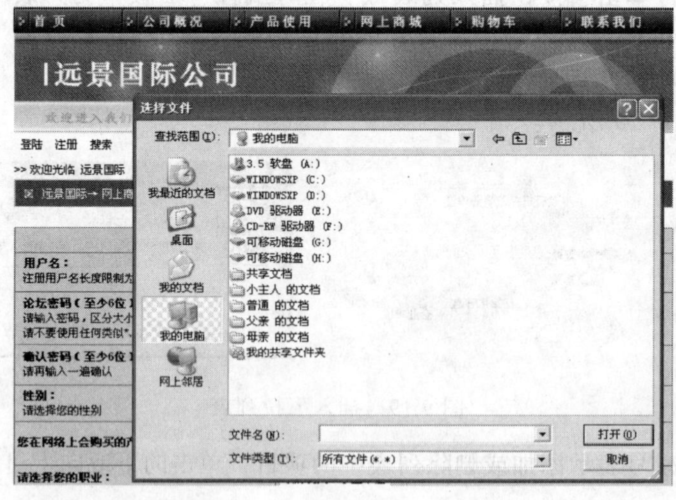

图 9.22　选择文件对话框

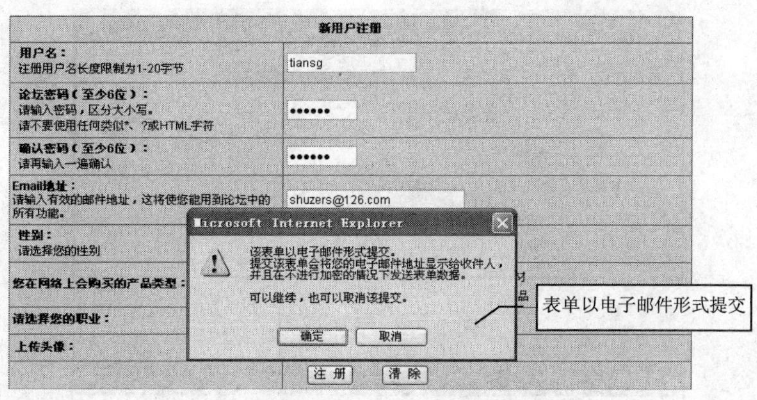

图 9.23　最后效果

案例小结

在本案例中制作了一个表单，并添加了常用的表单对象，再次提醒注意的是每个表单对象的命名最好和其接收内容相一致，以利于识别，并且要注意属性的设置。

案例 9.2　表单的验证（公司网）

在用户填写表单的时候，很可能由于不慎漏填、误填一些信息，从而造成接收与处理信息的许多麻烦。如果能对表单的信息在客户端做一些处理，提醒用户及时改错，就能使发送的表单更符合要求。本例将使用“检查表单”行为对表单数据进行有效验证，包括是否可以空栏及某个值的有效范围等。更多关于“行为”的概念请参见项目十二。

操作步骤

① 打开练习文件“9.2lx.htm”，在编辑区左下角单击选定<form>标签，如图 9.24 所示。

图 9.24　选择表单

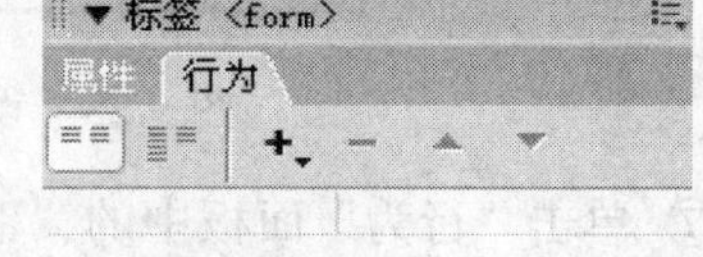

图 9.25 行为面板

② 选择“窗口→行为”命令，弹出“行为”面板，如图 9.25 所示。

③ 在面板中单击+按钮，从弹出的下拉菜单中选择“检查表单”，如图 9.26 所示，弹出“检查表单”对话框。

④ 设置表单中用户名 username 文本域的验证属性，“值”为必需的，“可接受”为任何东西，如图 9.27 所示，访问者填写注册表单时必须注册用户名。

⑤ 将密码域和确认密码域“pswc”和“psw”的值设置为必需的，“可接受”为任何东西。

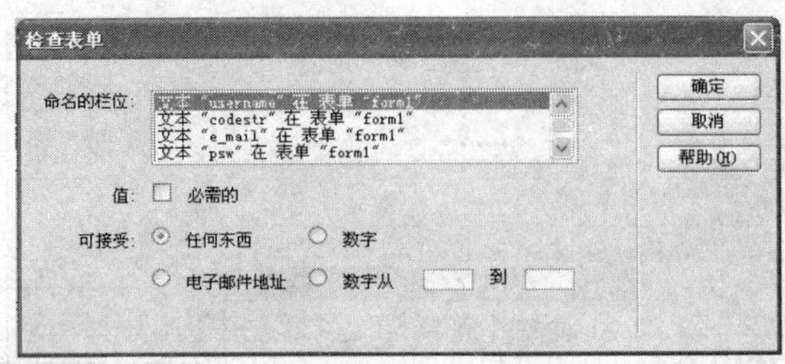

图 9.26 添加行为

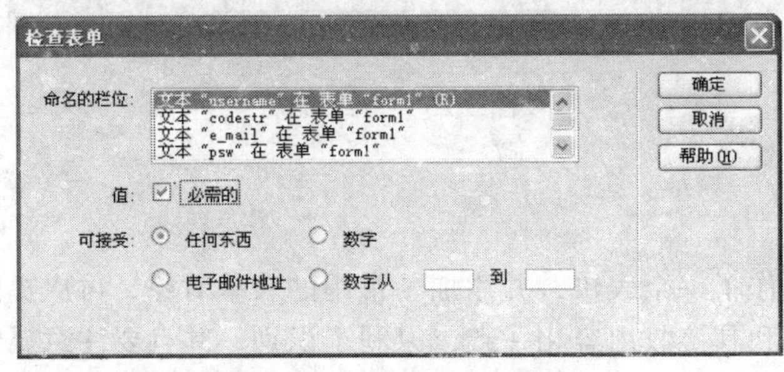

图 9.27 设置“用户名”文本域检查属性

⑥ 将“e-mail 地址”所在的值设置为只能接受电子邮件地址，如图 9.28 所示，单击“确定”按钮完成设定。

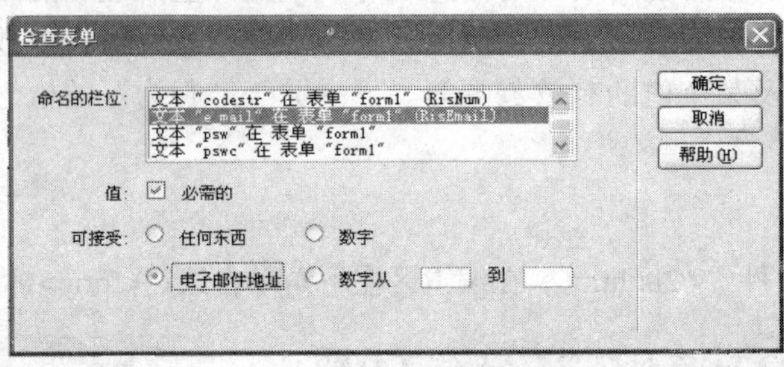

图 9.28 设置“e-mail”文本域的检查属性

⑦ 单击“行为”面板中的“事件”栏的▾按钮，从弹出的菜单中选择行为的触发事件为 onSubmit（提交表单时），如图 9.29 所示。

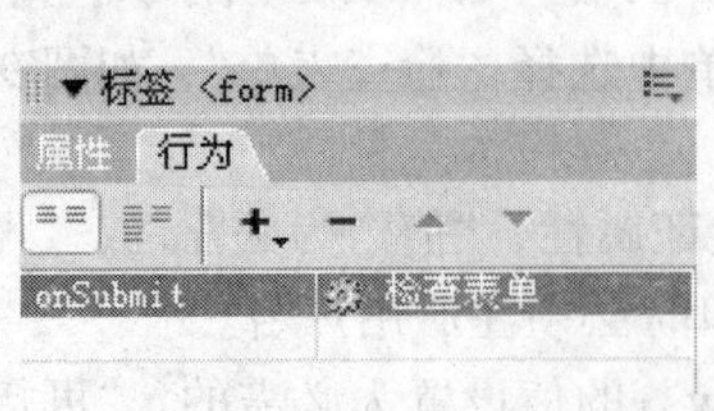

图 9.29 设置鼠标事件

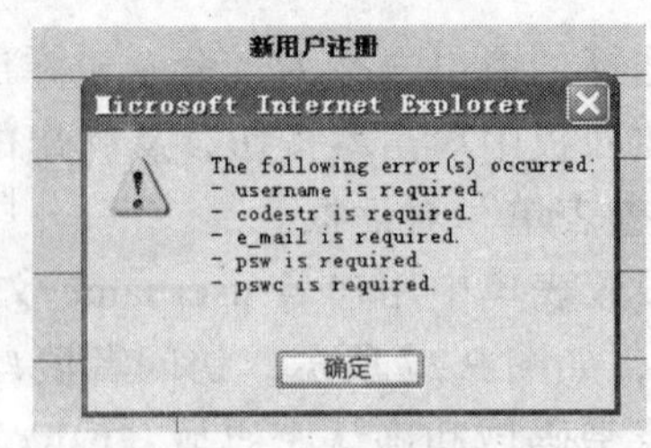

图 9.30 最后效果

⑧ 按 F12 预览，如果不填写注册信息就提交表单，会弹出警告窗口如图 9.30 所示。

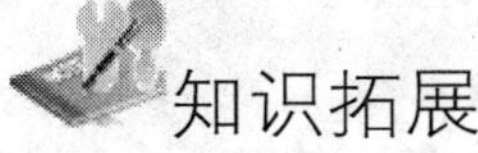

知识拓展　　编写代码制作下拉列表（公司网）

在网上填写注册信息时，常常会遇到需要填写出生日期的选项。单击列表后，在弹出的一长串选项中选择自己的出生年月，类似这样的下拉列表如果使用“列表值”按钮一一添加会非常费时，下面学习一个很简便的方法，使用 JavaScript 代码编辑下拉列表，定制你的注册表单，如图 9.31 所示。

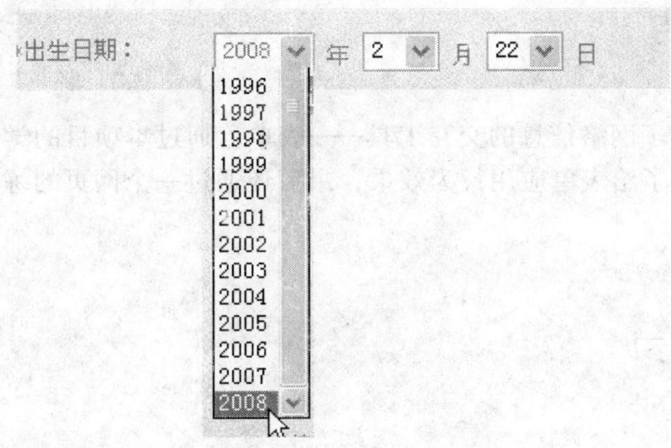

图 9.31　实例效果

操作步骤

① 打开练习文件“9.3lx.htm”，将光标放在“年”的左侧，插入一个列表域，如图 9.32 所示，定义名称为“Yyear”，“类型”为列表。

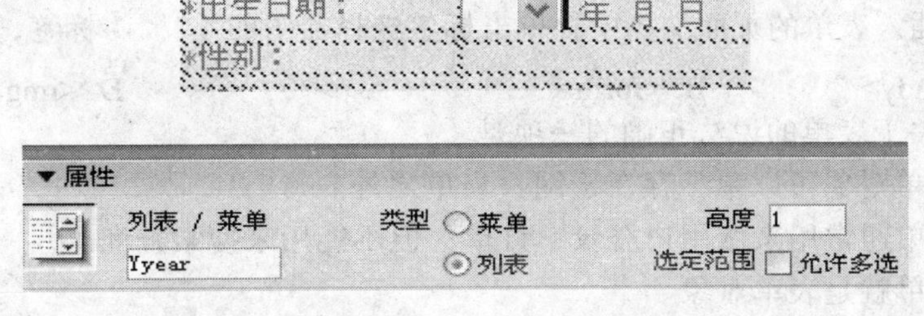

图 9.32　插入列表

② 进入到“拆分”视图，将光标放在<select>与</select>之间（即</select>之前）如图 9.33 所示，打开“yjava.txt”文件，把代码粘贴到光标处，单击“刷新”按钮。该代码作用为利用条件语句定义年份，起始年份为 1970，结束年份为系统当前年份 2008。

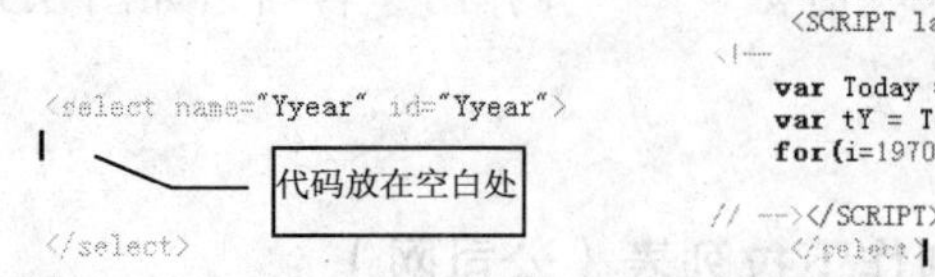


```
<select name="Yyear" size="1" id="Yyear">
<SCRIPT language=JavaScript>
<!--
var Today = new Date();
var tY = Today.getFullYear();
for(i=1970;i<=tY;i++) document.write("<option value='"+i+"'>"+i)
// --></SCRIPT>
</select>
```

图 9.33 粘贴代码

③ 使用同样的方法,制作"月"和"日"的下拉列表项,代码在"mjava.txt"和"djava.txt"中，最后预览网页验证效果。

项目小结

本项目中讲解了网络信息的交互工具——表单。通过本项目的学习，读者理解了表单域的操作，学会了给表单应用行为效果，最后还通过一个网页的练习，强化了这些知识的操作。

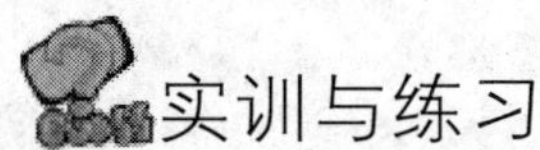

实训与练习

一、填空题

1. 在最常用的文本字段中，输入的文字可以显示为________、________和________三种类型。

2. 若要使单选按钮在浏览器中状态为选定状态，则应设置其属性面板中的初始状态为________。

二、选择题

1. 在已插入表单的页面文档中，单击标签选择器中的（　　）标签，可选定表单。

A. <body>　　B. <form>　　C. <p>　　D. <img>

2. 下面关于表单的说法正确的一项是（　　）。

A. 表单对象可以单独存在于网页表单之外。

B. 表单通常用来做用户登录、订单，但不能用来搜索查询。

C. 表单就是表单对象

D. 使用 Dreamweaver 8.0 可以创建表单，给表单中添加表单域，还可以使用"行为"来验证表单。

三、简答题

1. 在文本字段的"属性"面板中，什么是字符宽度和最多字符数？

2．如何检查表单？

四、实训题

综合实训：会员注册表单制作。

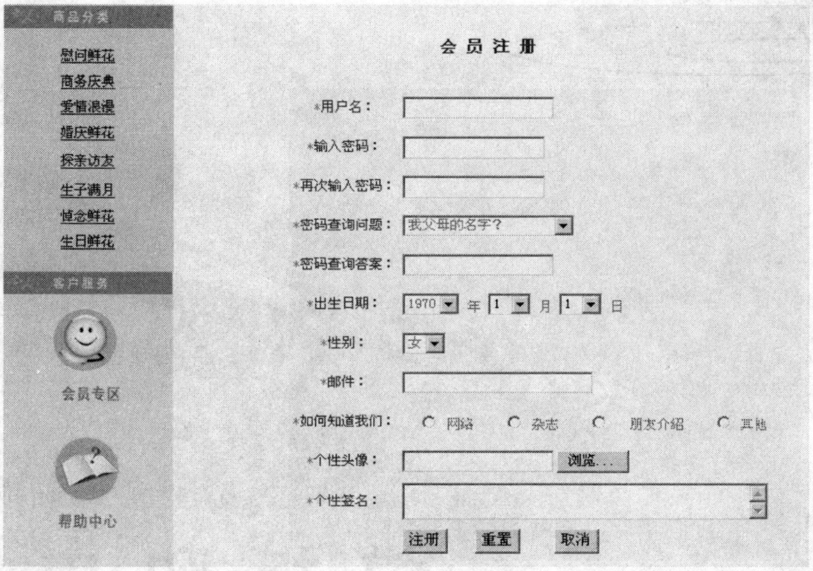

图 9.34　实训效果

【实训要求】　完成会员注册表网页，如图 9.34 所示，要求含出生日期的下拉列表域使用 Javascript 脚本来制作，表单完成后添加一个检查表单的行为，触发事件为 onSubmit。

【实训提示】　打开练习文件“9.4lx.htm”进行制作，其中表单最后的“个性签名”为文本区域，在前面没有具体介绍过，其添加方法是先添加一个文本域，然后在其“属性”面板的“类型”选“多行”，其即变为文本区域，可在其中添加多行文字，并有滚动条。

模板和库

知识目标

- 理解模板和库的作用
- 掌握建立模板和可编辑区域的方法
- 掌握利用模板生成网页的方法

技能目标

- 掌握建立模板、更新模板的方法
- 掌握可编辑区的建立方法
- 掌握建立库、更新库的方法

任务 10.1 模 板

在一个网站中为了统一风格，通常会有几十甚至上百个网页采用相同的页面元素和排版方式，如果让用户在每页都重复制作这些相似的内容，会占用相当大的精力，为此 Dreamweaver 提供了模板来简化这些操作，模板是一种预先设计好的网页样式，在制作风格相似的页面时，只要套用模板就可以设计出一批风格一致的网页。

当对模板进行修改并保存后，所有应用了这个模板的网页也都随之被同步修改，因为利用模板创建的文档与该模板间始终保持着一种链接状态（除非以后分离），所以利用模板可以达到一次定义和批量更新的目的，在实际工作尤其是一些大型网站的建设中，模板的作用非常重要，它大大简化了开发人员的重复性劳动，提高了网页的制作效率。

知识 10.1.1 创建模板

模板实质上就是创建其他网页文档的基础文档，是一个“模子”。创建模板有两种途径，可从新建的 HTML 文档中创建模板，也可把现有的 HTML 文档另存为模板。

1. 利用新建文档对话框创建模板

跟我操作

① 将“本书实例”中文件夹“10”建立为站点或将其拷贝到当前站点根目录下，选择“文件→新建”，在打开的对话框中“常规”中选“模板页”，在“模板页”中选择“HTML 模板”，如图 10.1 所示，单击“创建”按钮即可创建一个空白模板页。

② 选择“文件→另存为”将模板页保存，站点中会新生成一个文件夹“Templates”，给模板起名，其文件扩展名自动为“dwt”，保存后在“文件”面板就可看到模板文件。

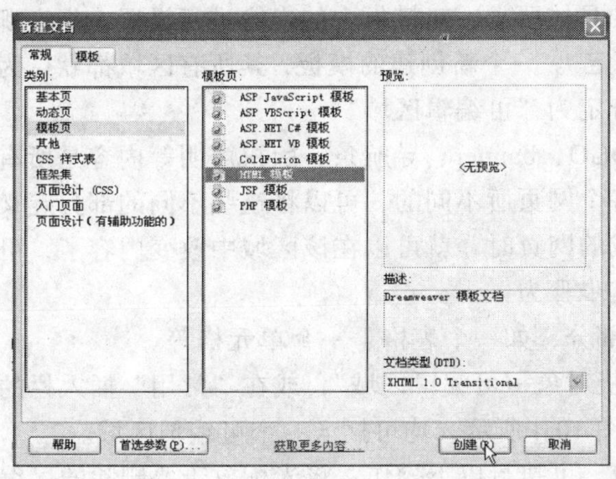

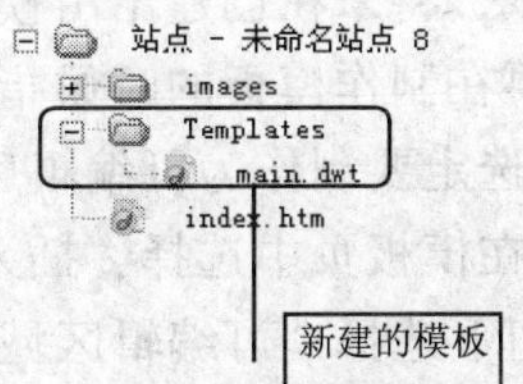

图 10.1 “新建文档”对话框

"Templates"目录是保存模板文件后系统自动产生的，专门用来存放模板页，不能将模板文件移到该文件夹之外，也不能将"Templates"目录移到站点文件夹之外，这样做将在模板中的路径中引起错误。

2. 利用资源面板创建模板

① 执行"窗口→资源"，打开"资源"面板，如图 10.2 所示，单击左侧的"模板"按钮，切换到"模板"子面板。

② 在下面单击"新建模板"按钮，即可新建一个模板，给模板重命名，图中 main.dwt 即是一个新建的模板，它存于站点中自动生成的"Templates"文件夹中。

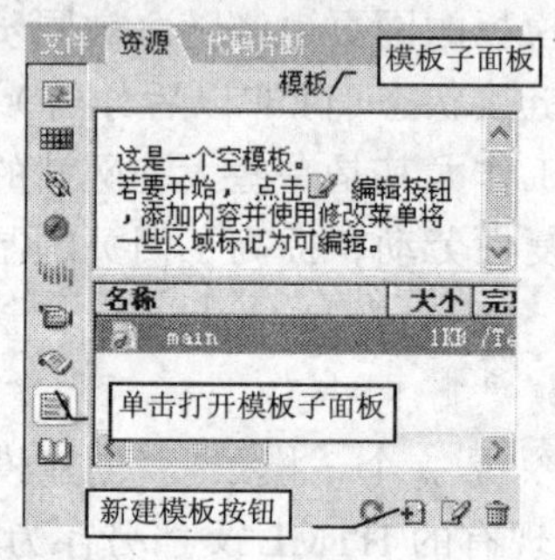

图 10.2 资源面板

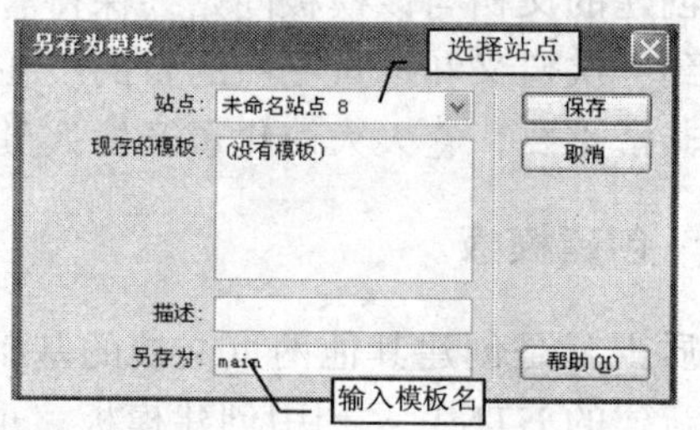

图 10.3 另存为模板

3. 将网页另存为模板

可以将已制作好的网页保存为模板：

① 打开要保存为模板的网页，执行"文件→另存为模板"。

② 在出现的对话框中，选择保存到的站点，输入模板名，模板即自动存于站点的"Templates"文件夹中，如图 10.3 所示。

知识 10.1.2 可编辑区域

模板创建之后，需要根据自己的具体要求，对模板中的内容进行设置，指定哪些内容可以编辑，哪些内容不能编辑（锁定）。一个新创建的模板，其所有区域都默认为是锁定的，所以需要把页面中变化的部分定为"可编辑区域"。

一般情况下，一个模板中的 LOGO、banner、导航条、版权声明等内容是所有网页都相同的，而除此之外的部分才是各个网页所不同的，可以将这些不同的部分定义成可编辑区域，将来在创建出由模板生成的网页时，就可以在该区域中改变内容了，可编辑区域需要在制作模板的时候指定，其步骤为：

① 选定要制作为可编辑区域的部分，如一个表格、一个单元格等。

② 在模板页中选择"插入→模板对象→可编辑区域"，或在"常用"插入栏的"模板"按钮下选择"可编辑区域"，如图 10.4 所示，均可插入一个可编辑区域。

如果希望删除定义的可编辑区域，可执行以下操作：将光标放于要删除的可编辑区域内，执行"修改→模板→删除模板标记"，光标所在的可编辑区域即可被删除。

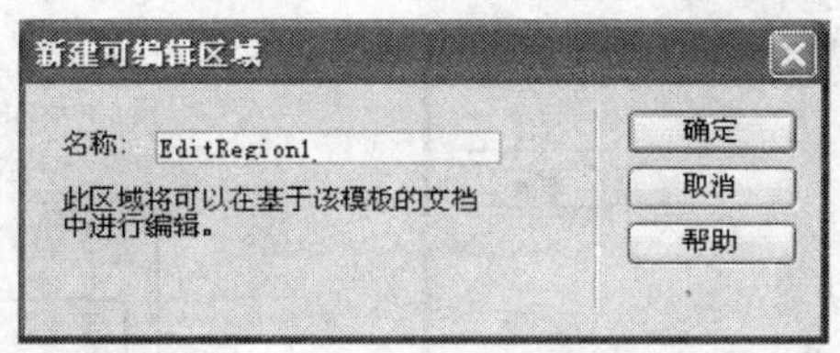

图 10.4 可编辑区域对话框

案例 10.1 模板的应用（灯具网）

本案例任务为将一个做好的页面另存为模板，在其中创建可编辑区域，并利用该模板制作一个新的网页，然后再将模板修改更新，体会其所关联的网页同时被更新的快捷，效果如图 10.5 所示。

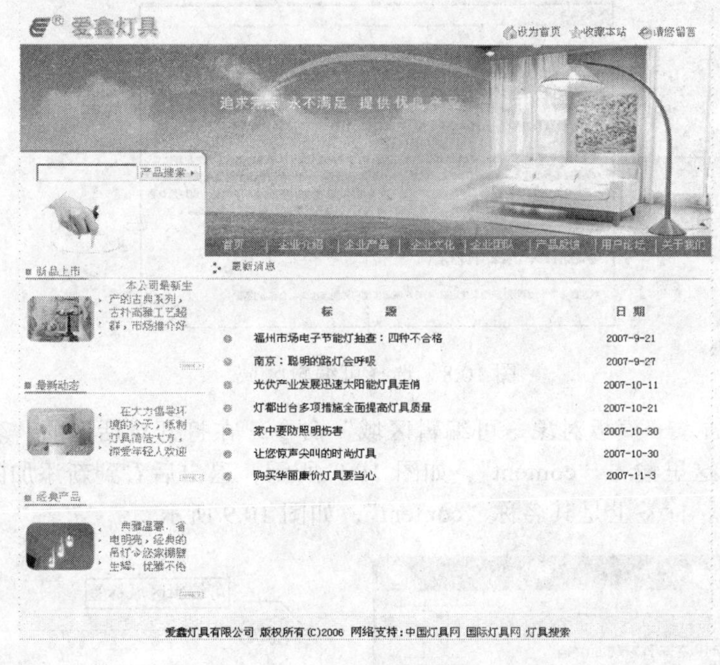

图 10.5 实例效果

操作步骤

（1）制作模板

① 将文件夹“10\10.1lx”创建为站点，或拷贝到当前站点根文件夹下，打开“10.1lx.htm”，选择“文件→另存为模板”，在打开的对话框中，“站点”选择当前站点，另存为输入“main”，如图 10.6 所示，单击“保存”退出。

② 当前网页被另存为模板，“文件”面板的站点中自动创建了“Templates”文件夹，新生成的模板文件保存其中，如图 10.7 所示。此时在编辑窗口中发现当前文档名为模板的名称，表示现在编辑的已经是模板文件了。

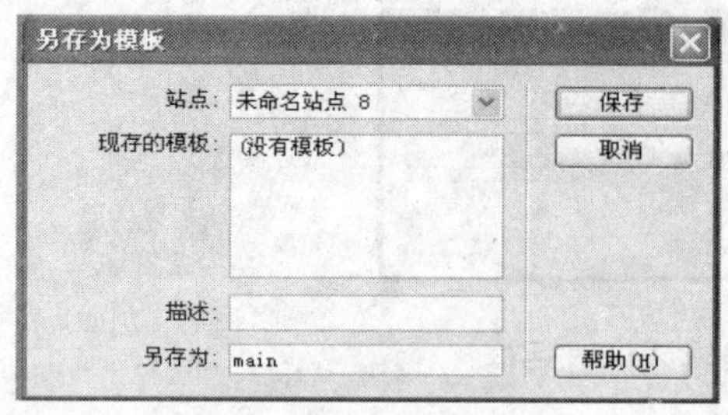

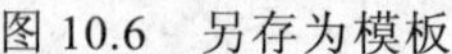

图 10.6 另存为模板

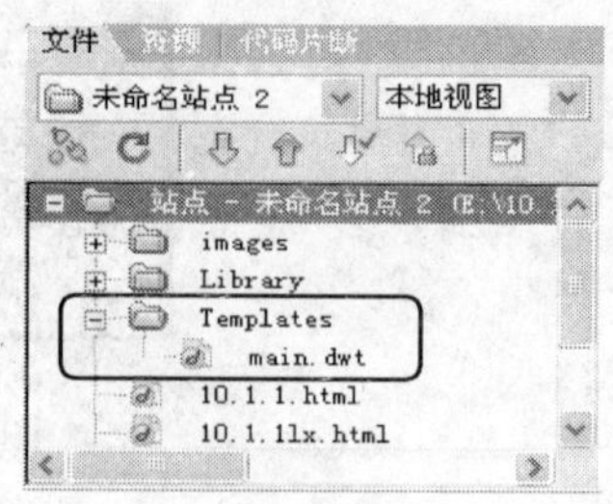

图 10.7 生成的模板

（2）制作可编辑区域

① 首先选择要定义为可编辑区域的表格：将鼠标放在“公司简介”所在单元格内，右键单击鼠标，选择“表格→选择表格”选中其所在的表格，如图 10.8 所示。

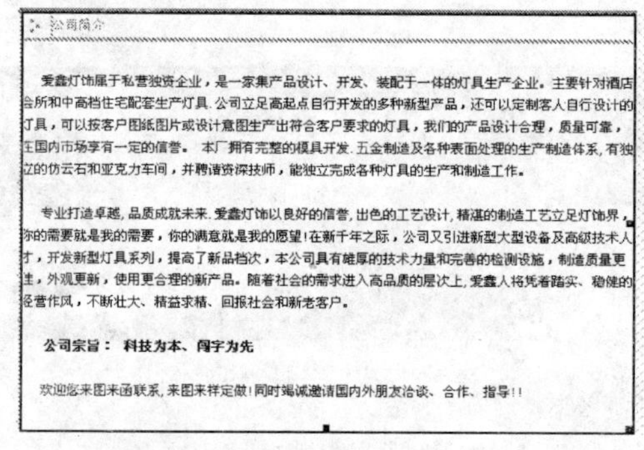

图 10.8 选择可编辑区域

② 选择“插入→模板对象→可编辑区域”命令，在打开对话框的“名称”中给可编辑区域命名，这里输入“content”，如图 10.9 所示，退出后看到新添加的可编辑区域呈现蓝色的标签，标签上是其名称“content”，如图 10.9 所示。

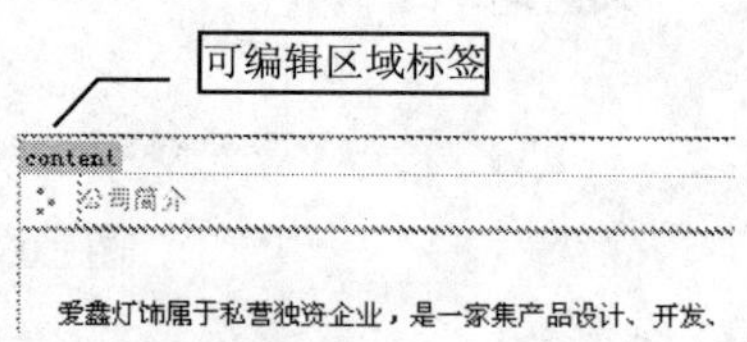

图 10.9 定义后的可编辑区域

提 示 若想删除可编辑区域，可将光标放于可编辑区域内，执行“修改→模板→删除模板标记”即可。

③ 选择“文件→保存”，将刚才所做的定义保存，这样模板就制作好了。

（3）制作基于模板的网页

① 在站点中新建一个空白网页，给它起名为“10.1.htm”，如图 10.10 所示，双击打开该网页，选择“修改→模板→套用模板到页”命令，在弹出的对话框中选择站点为当前站点，模板为刚才建立的“main.dwt”，如图 10.11 所示。

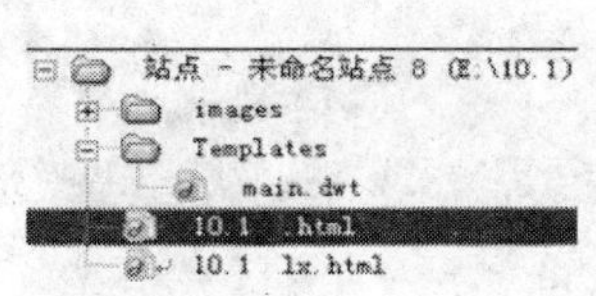

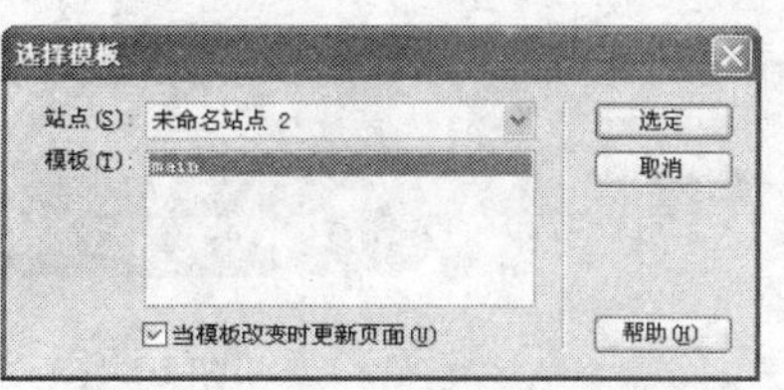

图 10.10　新建空白网页　　　　图 10.11　套用模板到页

② 单击“选定”退出后，看到网页套用了已有的模板，用鼠标在网页间移动，发现只有可编辑区域中可以定位鼠标，其他区域被锁定。将“公司简介”改为“最新消息”，删除公司简介的正文，在该单元格内插入一个 8 行 3 列，宽为 100%的表格，输入内容，如图 10.12 所示，按 F12 键预览看网页效果。

content

最新消息

	标　　题	日 期
●	福州市场电子节能灯抽查：四种不合格	2007-9-21
●	南京：聪明的路灯会呼吸	2007-9-27
●	光伏产业发展迅速太阳能灯具走俏	2007-10-11
●	灯都出台多项措施全面提高灯具质量	2007-10-21
●	家中要防照明伤害	2007-10-30
●	让您惊声尖叫的时尚灯具	2007-10-30
●	购买华丽廉价灯具要当心	2007-11-3

图 10.12　更改可编辑区域内容

（4）更新模板页面

① 现在要在产品搜索的前面添加一个图标，在新建的页面“10.1.htm”中发现这个区域是不可编辑的，如图 10.13 所示。

图 10.13　网页中不可编辑　　　　图 10.14　模板中可编辑

② 双击打开建立的模板页“main.dwt”，将光标放到同样位置，发现在这里是可以的，插入图片“aa.gif”，如图 10.14 所示。

③ 下面保存更改后的模板，选择“文件→保存全部”，弹出“更新模板文件”对话框，这个对话框中列出了站点中所有基于该模板的网页，如图 10.15 所示，单击“更新”按钮后弹出“更新页面”对话框，待所有页面自动更新后，单击“关闭”退出。

④ 再次打开“10.1.htm”，看到其“产品搜索”处同步发生了改变。

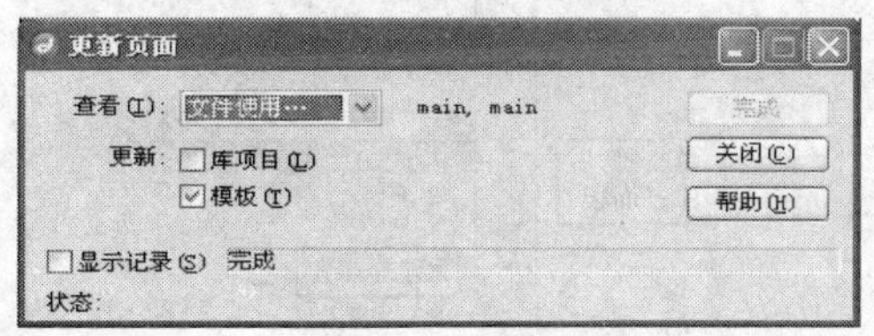

图 10.15　更新模板文件

图 10.16 预览效果

案例小结

本案例讲解了模板的运用，实际运用中可以直接制作一个模板，也可以将已有的网页转换为模板，然后其他的相似网页就可以由模板生成了。

任务 10.2 库

库中存储的是在网站中重复使用的页面元素，这些元素可以是表格、图像、文字等信息，生成后的内容称为库项目。在网页制作时，可将库项目作为一个整体对象插入到网页中，使得这些重复的部分可以通过简单的插入来完成，从而提高网页的制作效率。

同模板一样，Dreamweaver 会自动在站点中生成一个文件夹“Library”以保存库项目文件，其扩展名为“.lbi”，每新建一个库项目就将产生一个“lbi”文件。使用库可以规范网页格式，避免多次重复操作。它和模板的区别是：模板对整个网页起作用，而库只对网页的部分区域起作用，所以库比模板具有更大的灵活性。新建库项目的方法为：

跟我操作

① 执行“窗口→资源”，在“资源”面板单击左侧的“库”按钮，如图 10.17 所示，切换到“库”子面板。

② 在下面单击“新建库”按钮，即可新建一个库，可以给库重命名，图中“copyright.lbi”等即是库文件，它存于站点中自动生成的“Library”文件夹中。

在库面板中双击创建后的库文件，即可打开进行编辑修改，当保存所做的修改时，所有使用该库文件的关联网页将被同时修改。

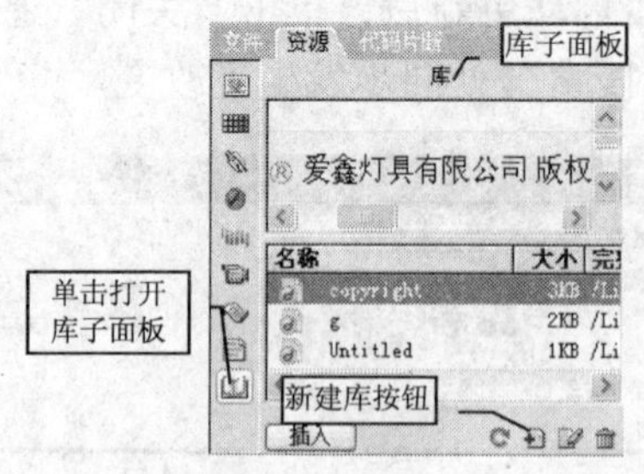

图 10.17 库文件

案例 10.2 库的应用（灯具网）

灯具网的“版权信息”是一个独立的表格，在本案例中将其作为一个整体存于库文件中，然后在一个网页中应用该库文件，最后更改库文件并保存，则应用了库文件的网页被同时修改。

操作步骤

（1）制作库项目

① 将文件夹“10\10.2lx”创建为站点，或拷贝到当前站点根文件夹下，打开10.2.1.lx.htm，选中“版权信息”所在的表格，如图 10.18 所示。

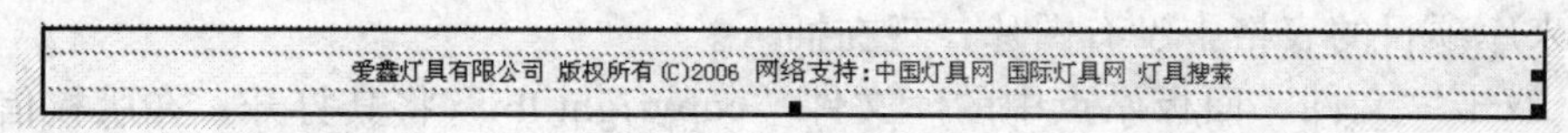

图 10.18 选中版权信息

② 执行“窗口→资源”，打开“资源”面板，单击左侧的“库”按钮，如图 10.19 所示，切换到“库”子面板，在下面单击“新建库项目”按钮，即可新建一个库项目，给其重命名为“copyright”。

图 10.19 新建库项目

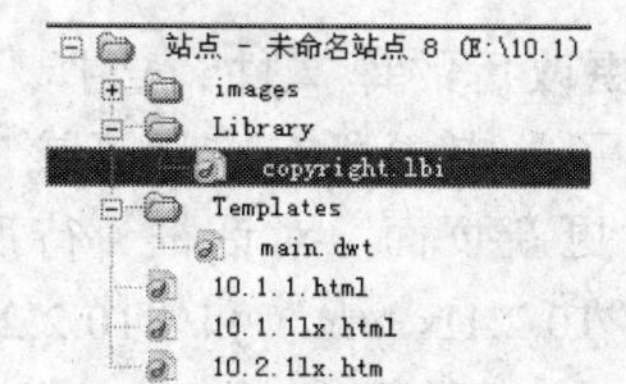

图 10.20 新产生的库文件

③ 转换到“文件”面板，看到新产生了一个文件夹“Library”，其中包含新建的库项目文件“copyright.lbi”，如图 10.20 所示。

提 示 还可以将其他页面元素转换为库项目，每新建一个库项目都将产生一个以“.lbi”为扩展名的库文件。

④ 此时在网页中再选中“版权信息”所在表格，发现其变为黄色，而且是不可编辑的，选中它出现提示，如图 10.21 所示，如果单击提示中的“从源文件中分离”，则可将该表格与库文件分离，实现在当前网页单独的编辑的目的，如果此后该库项目发生任何更改将不会更新该实例。

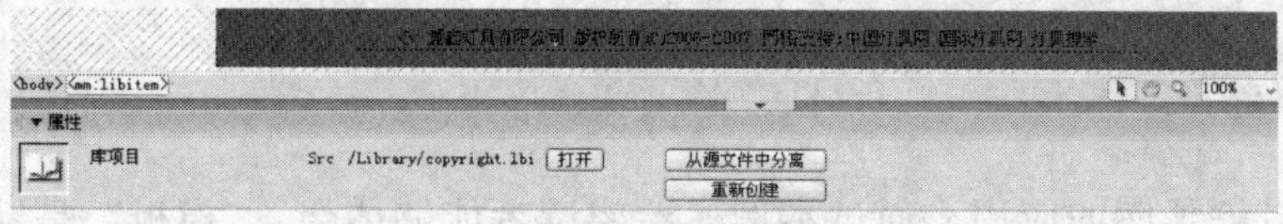

图 10.21 网页中的库文件

（2）应用库项目

打开文件“10.2.2lx.htm”，在“库”面板中用鼠标点取前面建立的库文件“copyright.lbi”，将其拖动到页面整个大表格的右侧，如图 10.22 所示，释放鼠标，发现库项目被添加到网页中，效果如图。

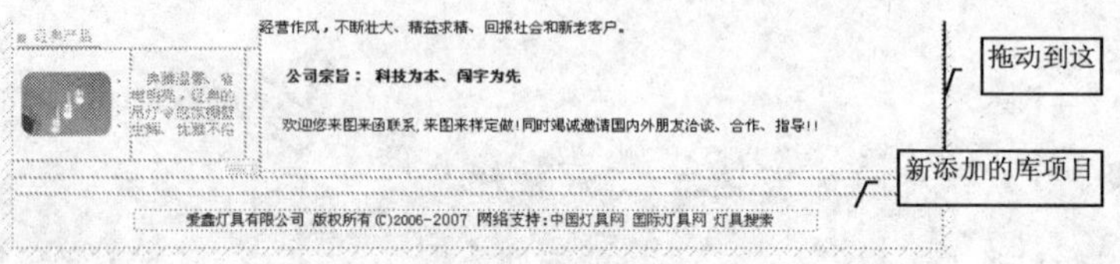

图 10.22 打开库项目

（3）更新库项目

原来库项目的表格中没有图片，现在插入。

① 双击“文件”面板站点中的库文件“copyright.lbi”将其打开，在版权信息文字前插入图片“logo1.gif ”，如图 10.23 所示。

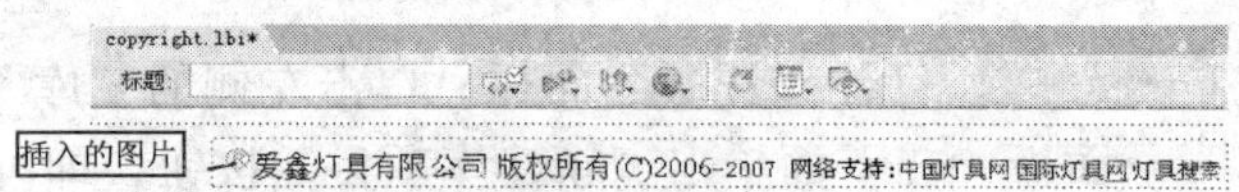

图 10.23 打开库文件

② 下面保存更改后的库文件，选择“文件→保存”，弹出“更新库项目”对话框，对话框中列出了站点中所有应用了该库项目的网页，如图 10.24 所示，单击“更新”按钮后弹出“更新页面”对话框，待所有页面自动更新后，单击“关闭”退出。

③ 再次打开“10.2.1lx.htm”和“10.2.2lx.htm”，发现其版权信息同时发生了改变，预览看效果，如图 10.25 所示。

图 10.24 更新库项目

® 爱鑫灯具有限公司 版权所有 (C)2006-2007 网络支持:中国灯具网 国际灯具网 灯具搜索

图 10.25 版权信息最后效果

案例小结

本案例讲解了库的应用，通过本例，希望读者能够体会，“模板”是针对整个网页的，而“库”只针对网页的一部分。

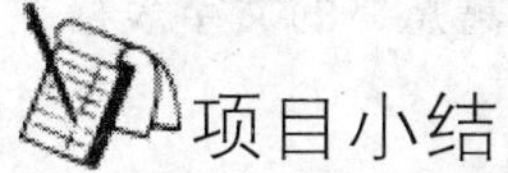

项目小结

在本项目中分别以原始网页"灯具网"为例，将其整体和一部分分别保存为模板和库，并通过它们快速地更新了网页的整体或局部，为重复性操作提供了简便的方法，这里需要再次强调的是"Templates"和"Library"是两个自动产生的目录，不能对它们随意修改，否则模板和库将不能正常使用。

实训与练习

一、填空题

1. 模板文件扩展名为__________，库文件扩展名___________。

2. __________是以模板为基准创建文档时，可以进行添加、更改、删除等操作的区域。

二、单选题

1. 下面关于模板的说法不正确的一项是（　　）。

A. 模板可以统一网站页面的风格

B. 模板是一段 HTML 代码

C. 模板可以由用户自己创建

D. Dreamweaver 模板是一种特殊类型的文档，它可以一次更新多个页面。

2. 下面关于库的说法不正确的一项是（　　）。

A. 库是一种用来存储想要在整个网站上经常上被重复使用或更新的页在元素

B. 库是实际上一段 HTML 源代码

C. 在 Dreamweaver 中，只有文字、数字可以作为库项目，而图像、脚本不可以

D. 库可以是 E-mail 地址、一个表格或版权信息等

三、简答题

1. 简述库项目的概念及其特点。
2. 简述模板和库项目的区别。

四、实训题

综合实训：利用模板制作网页（鲜花网）。

【实训要求】 将图 10.26（a）中给定的网页另存为模板，并将中间空白区域定义为可编辑区，然后利用模板制作"支数寓意"网页，效果如图 10.26（b）所示。

【实训提示】　要制成模板的网页为“10.3lx.htm”，有关“支数寓意”的文字表格在“zhishu.htm”中，直接复制即可。

（a）

支数寓意			
1朵	你是我的唯一、一见钟情	27朵	爱妻
2朵	二人世界、心心相印、相亲相爱	29朵	爱到永久
3朵	我爱你	30朵	请接受我的爱、爱你尽在不言中
4朵	誓言、承诺、海誓山盟	33朵	深情呼唤“我爱你”
5朵	无怨无悔	36朵	浪漫心情全因有你
6朵	顺利、一帆风顺	44朵	致死不渝
7朵	喜相逢、无尽的祝福	48朵	挚爱
8朵	弥补、兴旺发达、吉祥如意	50朵	无怨无悔
9朵	坚定的爱；长相守，永相随	51朵	我心中只有你
10朵	十全十美、美满幸福；实心实意	66朵	真爱永不变、爱无止境
11朵	一心一意、心中最爱	77朵	向你正式求婚
12朵	全部的爱、一年好运、心心相印	88朵	长用心弥补一切的错
13朵	暗恋、你是我暗恋中的人	99朵	长相厮守、天长地久、永沐爱河
14朵	好聚好散	100朵	百年好合、执子之手、与汝偕老
15朵	青春美丽	101朵	你是我唯一的爱 ，直到永远
16朵	爱的最高点	108朵	嫁给我吧！
17朵	此情不渝	110朵	无尽的爱
18朵	最爱、青春美丽、财源广进	111朵	爱你一生一世
19朵	爱到永久	114朵	爱你生生世世
20朵	永远爱你此情不渝	365朵	天天想你、天天爱你
22朵	双双对对、爱相随	999朵	天长地久、无尽的爱
24朵	时时刻刻的思念	1000朵	爱你一万年

（b）

图 10.26　实训效果

项目十一

CSS 样式

知识目标

- 理解什么是 CSS 样式及其作用
- 掌握 CSS 样式的建立和套用方法
- 掌握常用 CSS 样式的设置方法

技能目标

- 掌握 CSS 样式的创建和套用方法
- 掌握外部 CSS 样式的链接方法
- 掌握 CSS 类型、边框样式的设置方法
- 掌握 CSS 背景、区块和扩展样式的设置方法

任务 11.1 CSS 样式概述

知识 11.1.1 什么是 CSS 样式

CSS 是 Cascading Style Sheet 的缩写，译为层叠样式表。形象地说，利用 CSS 样式，可以使直线显示为虚线，可以使表格只显示一条边框，可以使文字产生阴影效果等，理论上讲，CSS 样式简化了 HTML 中各种烦琐的标签，并可以设置很多无法用 HTML 完成的属性，使网页实现更精确的控制和更多的效果。

总结起来 CSS 样式的作用突出表现在如下几个方面：

① 精确地控制：可以用 CSS 精确地控制页面里每一个元素的字体样式、背景、排列方式、区域尺寸以及在四周加入边框等，使页面的字体变得更漂亮，更容易编排，使页面更加赏心悦目。

② 便捷地更新：通过使用 CSS 外部样式文件，可将站点上所有网页的风格用该文件进行控制，使多个网页，甚至整个网站以同一样式出现；当需要改变某一样式时，只要修改 CSS 文件中相应的内容，那么和相关的整个站点的页面都会迅速发生改变，而不必一页一页地进行更新。

③ 特效的实现：如果不用 CSS，网页文字的字号只有固定的几种，而 CSS 能灵活地设置字的大小，使用它可以把一个字做得很大，也可以做得很小，且通过 CSS 样式以及以像素为单位设置字体大小，可以确保文本以相同的方式在多个浏览器中显示页面布局和外观；通过 CSS 的滤镜，也可以制作出很多特殊的效果。

④ 更小的网页体积：由于 CSS 替代了很多如控制文本格式、图像格式等 HTML 重复代码，使生成的网页代码更精简，浏览时下载速度更快。

知识 11.1.2 CSS 的存在方式

1. 文档头方式

内部（或嵌入式）CSS 样式表，包含在 HTML 文档 head 部分，以<style>开头，</style>结束，<style></style>之间为定义的样式内容，如图 11.1 所示，示例中定义了两个样式，分别为.text1 和.text2，{}内为每个样式的属性。如果在新建样式时，将“定义在”选择为“仅对该文档”，那么这时建立的样式为内部样式。右图是在“CSS 样式”面板中看到的内部样式与外部样式。

2. 外部文件方式

与内部样式代码存放在当前网页内不同，外部 CSS 样式文件是将一系列的 CSS 样式存储在一个单独的外部.css 文件中（并非 HTML 文件），如图 11.1 所示，站点的不同网页可以通过“链接”或“导入”的方式，引用这个 CSS 文件中的样式，从而使整个站点既在风格上保持一致，又避免了重复的 CSS 属性设置。另外，当遇上改版或某些重大调整要对网页风格进行修改时，可以直接修改这个 CSS 文件，所有网页都会引用最近更新的样式，从而避免了一个一个修改的麻烦。如果在新建样式时，将“定义在”选择为“新建样式表文件”，那么这时建立的样式为外部样式。下面是“链接”方式调用外部样式文件的代码，其中“link”表示“链接”方式：

```
<link href="style.css" rel="stylesheet" type="text/css">
```

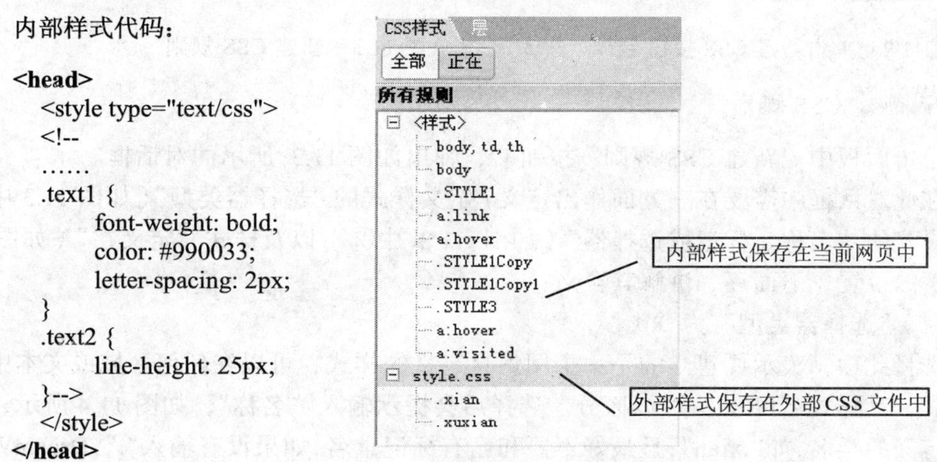

图 11.1　部样式与外部样式

3. 直接插入式

直接插入式很简单，只需在每个 HTML 标签后书写 CSS 属性即可，这种方式很直接，例如，规定一个单元格中的文字颜色为红色，可在其标记中直接添加 style 属性，代码为：

```
<td style="color: #FF0000">红色文字</td>
```

这种方式主要用于对具体的标记进行具体的调整，其作用范围只限于本标记。

知识 11.1.3　CSS 样式的创建

通过“CSS 面板”可以快速地建立一个 CSS 样式，省去了代码编写之苦，下面就详细讲解一下定义 CSS 样式的步骤和含义。

1. CSS 面板

选择“窗口→CSS 样式”，打开如图 11.2 所示的 CSS 面板。

所有关于 CSS 的操作都可以在该面板中进行，面板下面的按钮分为两组，右侧为“管理 CSS 按钮”，通过它们可以新建、编辑、删除一个 CSS 样式，链接或导入一个外部样式表；左侧为“查看属性视图按钮”，通过它们可以以不同的视图方式显示 CSS 属性，如按类别查看，按字母顺序查看，还可以以“全部”和“正在”两种方式查看。

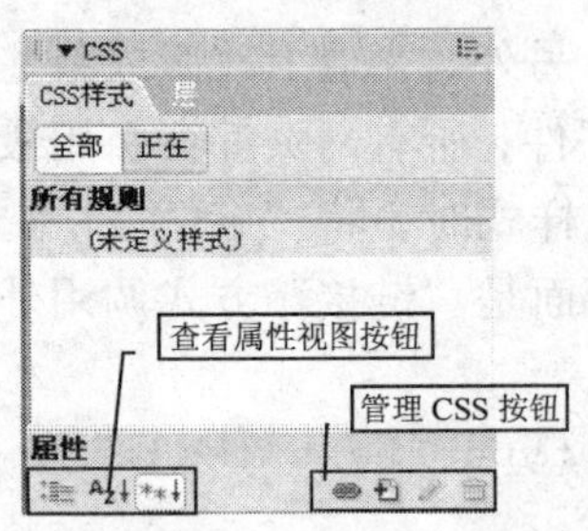

图 11.2 单击新建 CSS 按钮

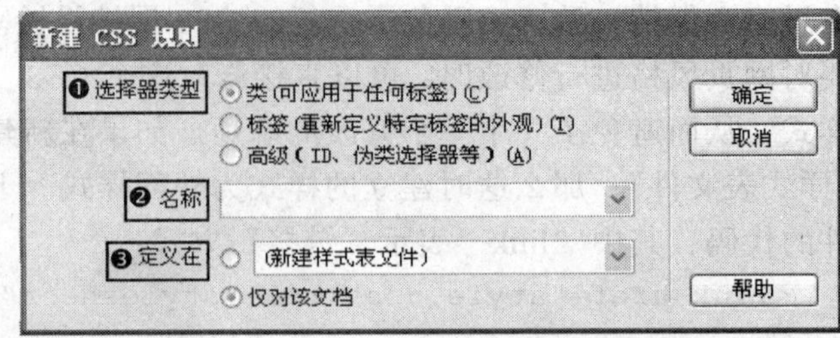

图 11.3 新建 CSS 规则

2. 新建 CSS 规则

单击面板中“新建 CSS 规则”按钮，弹出如图 11.3 所示的对话框。

在此对话框中需要在三方面作出定义：定义样式的“选择器类型”（如图 11.3 中①），定义样式的“名称、标记或选择器”（如图 11.3 中②）以及样式“定义在”（如图 11.3 中③）的位置，下面逐一讲解其含义：

（1）“选择器类型”为“类”

选择此项，表示要建立的是一个用户自定义的样式，可以在任何区域或文本中应用该样式，其样式名以.开头加以区分。选择后会提示输入“名称”，如图 11.4 所示，可输入自定义的类名，如“.xian”，且最好不要和已有标记重名，如果没有输入“.”，DreamWeaver 会在建立时自动加上。

（2）“选择器类型”为“标签”

选择此项，表示要给某一个标记重新定义样式，如给段落标记<p>定义其内文字为楷体、居中对齐，那么所有包含在< p >和< /p>内的文字都会应用该样式，且定义的样式表将只应用于<p>标记。

选择后会提示输入“标签”，如图 11.5 所示，可以在“标签”下拉列表中输入或选择要重新定义的标记，如“p”（段落标记），“td”（单元格标记）等。

（3）“选择器类型”为“高级”

选择此项，表示要为特定的组合标签定义层叠样式表，其中使用 ID 作为属性，可以保证样式具有唯一的可用性。高级样式是一种特殊类型的样式，常用的有四种，分别为 a：link（未访问过链接外观）a：visited（已访问链接外观）a：hover（鼠标经过时链接外观）和 a：active：（鼠标单击时链接外观）。

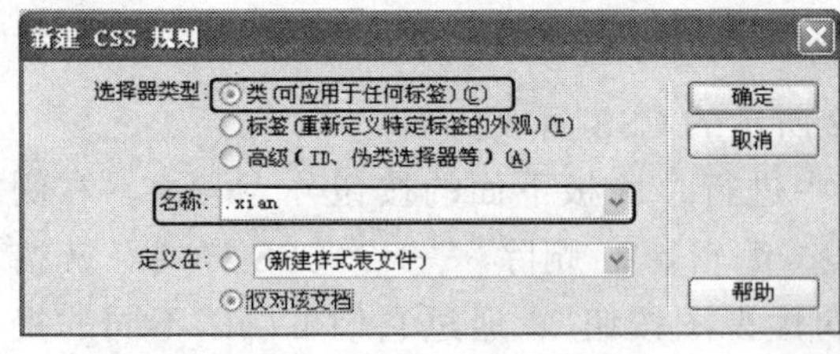

图 11.4 定义“类”

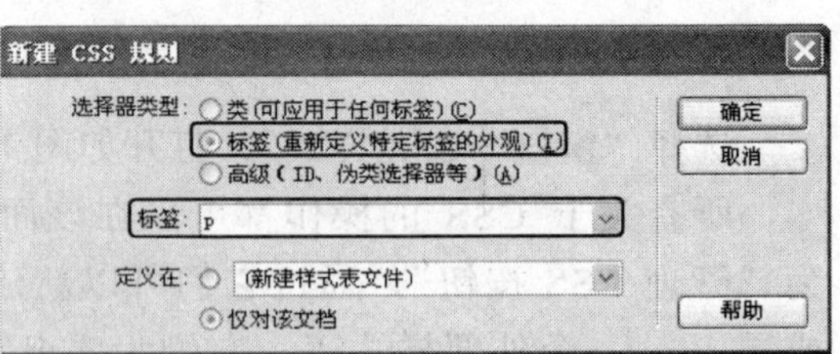

图 11.5 定义“标签”

选择后会提示输入“选择器”，如图 11.6 所示，可以在“选择器”下拉列表中输入或选择需要的选择器，如“a：visited”。

（4）定义样式的位置

无论定义哪一种 CSS 样式，对话框最后都会有一个“定义在”选项，来提示用户定义 CSS 样式保存的位置，如图 11.7 所示，有“新建样式表文件”和“仅对该文档”两个选项。

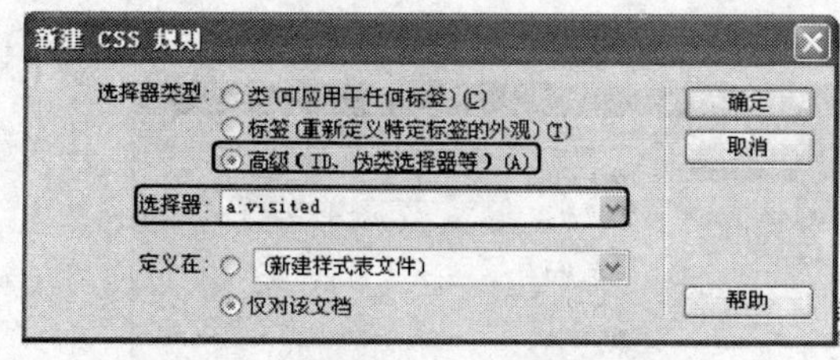

图 11.6　定义“高级”

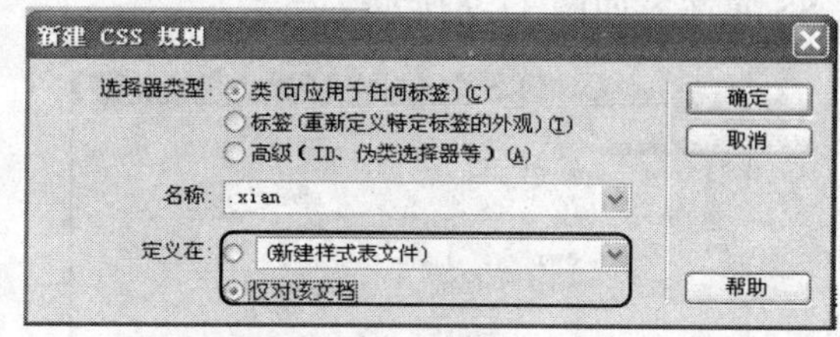

图 11.7　“定义在”选项

①“新建样式表文件”选项：表示要建立的是外部样式表文件，选择后会提示用户给该文件命名，建立后样式的定义将存放在该文件中，且所有网页都可以套用该文件中的样式，达到统一网站效果的目的。

②“仅对该文档”选项：表示定义的样式存在当前网页中，仅供当前网页调用。

设置好以上三方面的定义后，单击“确定”按钮，就会进入“CSS 规则定义”对话框，进行具体 CSS 样式的定义。

任务 11.2　CSS 属性

CSS 样式的定义分为八个类别，主要分为类型、背景、区块、方框、边框、列表、定位和扩展，每个选项都可以对所选类型做不同方面的定义，可以根据需要设定，下面就详细介绍几种属性的含义。

知识 11.2.1　CSS 类型属性

CSS 属性中第一个类别就是“类型”，如图 11.8 所示，通过它可以对页面中的文字定义字体、大小、颜色、行高以及文本链接的修饰线等外观，是使用最广泛的类别之一。

在该类别中共包含了 9 种 CSS 属性，其含义如下：

“字体”：用于指定文本的字体，如果浏览器支持的话，能够使用几十种不同的字体。

“大小”：可以对文字的尺寸进行设置，常用单位是“像素（px）”。

“粗细”：用于为字体设置粗细效果，有“正常”“粗体”“特粗”“细体”等选项。

“样式”：用于设置字体的风格，有“正常”、“斜体”和“偏斜体”3 个选项。

“行高”：用于控制行与行之间的垂直距离，有“正常”和“值”（常用单位为“px”）两个选项。

“大小写”：属性名为“text—transform”，可以使设计者轻而易举地控制字母的大小写，有“首字母大写”、“大写”、“小写”和“无”等 4 个选项 。

“修饰”：用于控制链接文本的显示形态，有“下划线”、“上划线”、“删除线”、“闪烁”和“无”等 5 种修饰方式可供选择。

知识 11.2.2 CSS 背景属性设置

“背景”属性的功能主要是在网页元素后面加放固定的背景色或图像，共包含 6 种 CSS 属性，如图 11.9 所示。

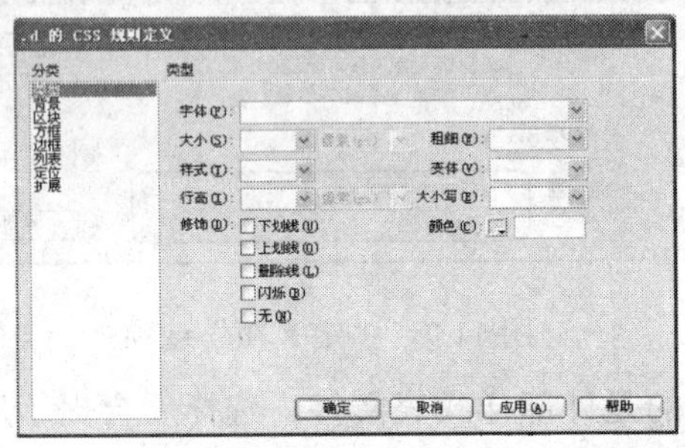

图 11.8 类型属性

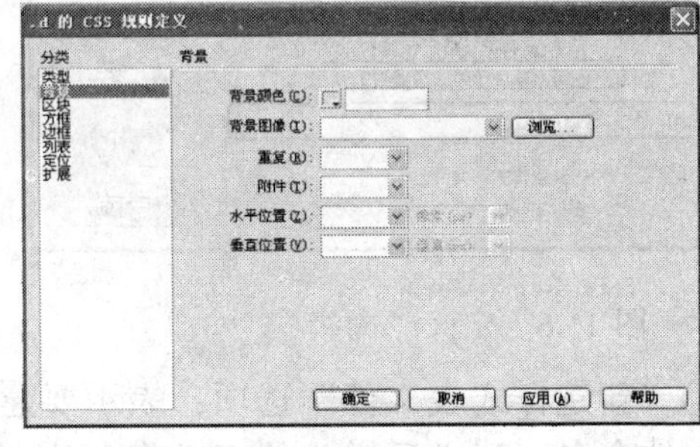

图 11.9 背景属性

“背景颜色”：用于设置背景的颜色。

“背景图像”：用于为网页中的元素设置背景图像。

“重复”：用于控制背景图像的平铺方式，有“不重复”（图像不平铺）、“重复”（图像沿水平、垂直方向平铺）、“横向重复”（图像沿水平方向平铺）和“纵向重复”（图像沿垂直方向平铺）4 个选项。

“附件”：用来控制背景图像是否会随页面的滚动而一起滚动，有“固定”（文字滚动时，背景图像保持固定）和“滚动”（背景图像随文字内容一起滚动）两个选项。

“水平位置”/“垂直位置”：用来确定背景图像的水平/垂直位置。

知识 11.2.3 CSS 区块样式

“区块”属性指的是网页中的文本、图像、层等替代元素，它主要用于控制块中内容的间距、对齐方式和文字缩进等属性，如图 11.10 所示。

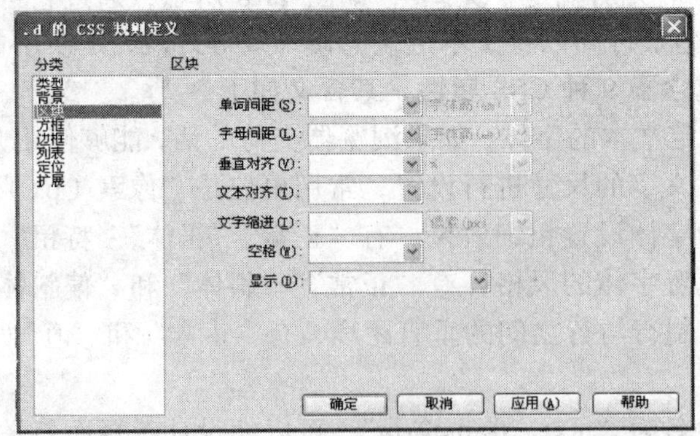

图 11.10 区块属性

"单词间距"：设置单词的间距。

"字母间距"：增加或减小字母或字符的间距，指定一个负值可减少字符间距。

"垂直对齐"：指定元素的垂直对齐方式。

"文本对齐"：设置元素中的文本对齐方式。

"文本缩进"：指定第一行文本缩进的程度。可以使用负值创建凸出。

"空格"：确定如何处理元素中的空白。包括 3 个选项，"正常"、"保留"和"不换行"。选择"正常"表示收缩空白，选择"保留"表示保留空白，包括空格、制表符和"回车"，选择"不换行"表示仅当遇到 br 标签时文本才换行。

"显示"：指定是否以及如何显示元素。选择"无"时关闭被指定元素的显示。

知识 11.2.4　CSS 边框样式

"边框"属性可以指定环绕在文本、图像以及其他元素周围的边框样式。除了可以为四边指定不同的颜色外，还可以为每一条边选择宽度，以及使用多种不同类型的线型，如图 11.11 所示。

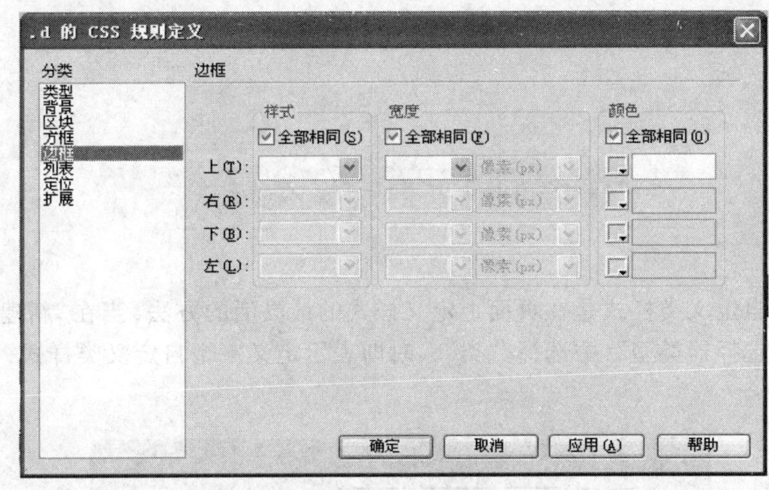

图 11.11　边框属性

"样式"：设置边框的样式，包括"无""虚线""点划线""实线""双线""槽状""脊状""凹陷""凸出"9 种样式。

"宽度"：设置元素四个方向边框的宽度。如果选择"全部相同"，则其他边框的设置与"上"相同。可以选择"细""中""粗"，也可以设置边框的宽度值。

"颜色"：设置边框的颜色。可以分别设置每个边的颜色。选择"全部相同"，则其他边框颜色与"上"相同。

知识 11.2.5　CSS 扩展属性

CSS 的扩展属性中包含了一些前沿的特性，包括"分页"、"光标"、"滤镜"等属性，如图 11.12 所示。

"分页"：通过样式为网页添加分页符号。允许用户指定在某元素前或后进行分页。

"光标"：可改变鼠标的形状，鼠标放在被此项设置修饰的区域上时，状态会发生改变。

"滤镜"：可实现图像的特殊效果，如透明度、阴影、灰度、模糊等效果。

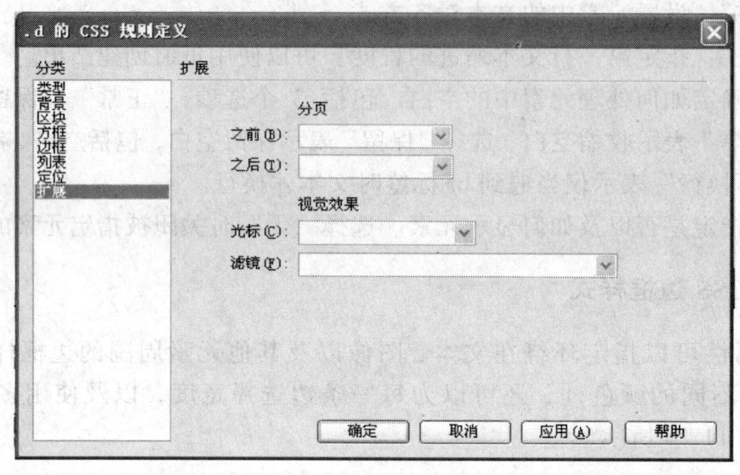

图 11.12　扩展属性

任务 11.3　自定义类样式

生成一个自定义类样式是在页面上定义样式的最灵活的方法，当在"新建 CSS 规则"对话框中的"选择器类型"中选择"类"，时即表示定义一个自定义类样式，如图 11.13 所示。

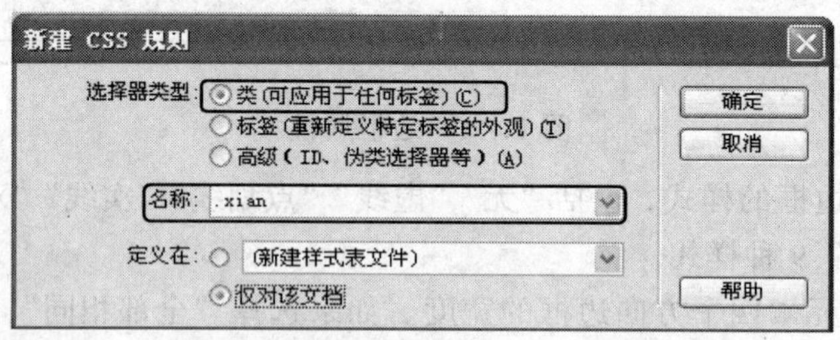

图 11.13　自定义"类"

下面就用自定义类的方法，通过几个典型案例，讲解 CSS 样式的常用属性。

案例 11.1　利用 CSS 样式美化文字

本案例将学习基本的文字大小、字体等设置和"行距"和"字距"的设置，效果如图 11.14 所示。

图 11.14　实例效果

**操作步骤**

（1）设定文字大小、颜色和行间距

① 将文件夹“本书实例”中的“11”建立为站点或将其拷贝到当前站点根目录下。打开文件“11.1lx.htm”，选择“窗口→CSS 样式”命令，打开“CSS 样式”面板，单击面板底部的“新建 CSS 规则”按钮，如图 11.15 所示，打开“新建 CSS”对话框。

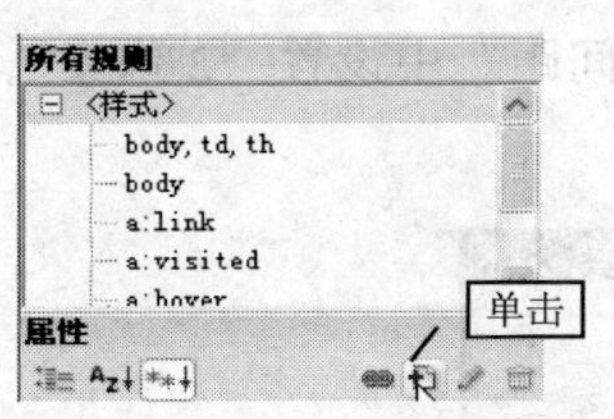

图 11.15　添加新样式

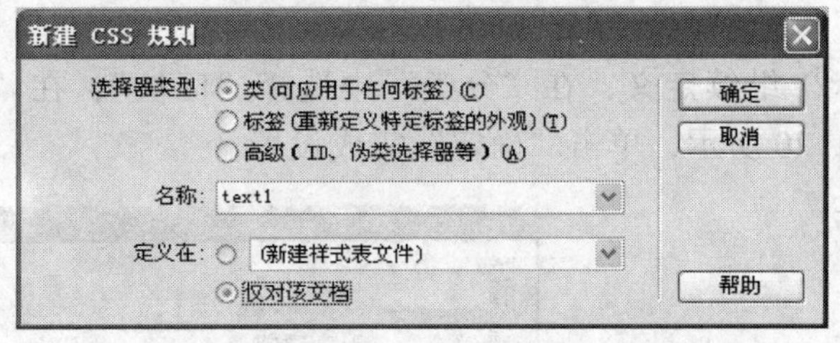

图 11.16　新建样式对话框

② 在对话框的“选择器类型”中选择“类”，“名称”中输入“textl”，“定义在”栏中选择“仅对该文档”单选按钮，如图 11.16 所示。

③ 单击“确定”按钮，打开“.textl 的 CSS 规则定义”对话框，在“分类”列表框设置字体大小为“12”像素，颜色为“#666600”，行高设置为“25 像素”，如图 11.17 所示。

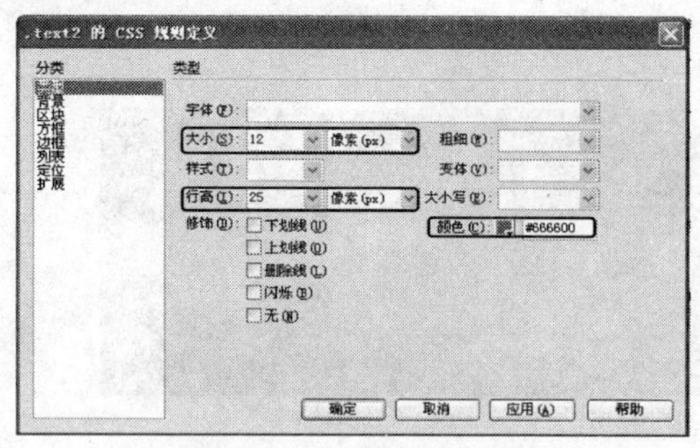

图 11.17 单击新建 CSS 按钮

图 11.18 新创建的样式.text1

④ 单击“确定”按钮，完成该样式的创建，在“CSS 样式”面板中可以看到新创建的样式，如图 11.18 所示，其中“.”是 Dreamweaver 自动加上的，表示是用户自定义的类。

⑤ 在网页中选择“送花常识”中的全部文字，在“属性”面板的“样式”下拉框中选择新创建的“textl”样式，按 F12 键预览效果如图 11.19 所示，看到文字的颜色发生了改变，行距也加大了。

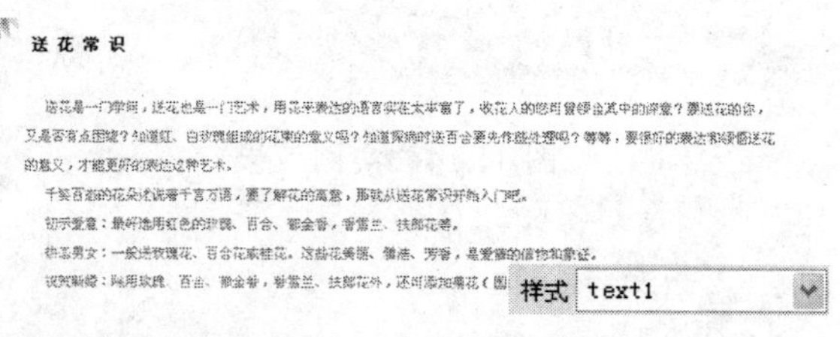

图 11.19 套用样式后结果

（2）设置文字字间距

刚才调整的行距是纵向的，对于横向的文字字间距，CSS 也有它设置的方法。

① 新建一个自定义类样式.text2，在“分类”中选择“类型”，设置“粗细”为“粗体”，“颜色”为“#660000”。

② 继续定义：在“分类”中选择“区块”，在“字母间距”中设置“2 像素”，如图 11. 20 所示，单击“确定”完成设置。

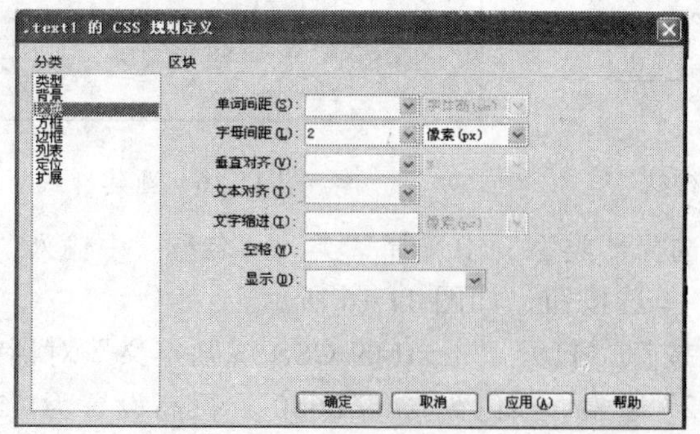

图 11.20 定义区块选项

③ 下面用另一种方法套用该样式：选中“初示爱意”，右击鼠标，在弹出的快捷菜单中选择“CSS 样式→.text2”，继续给其他标题如“送花提示”应用样式，看到所有文字都快速地发生了改变，效果如图 11.21 所示。

初示爱意：最好选用红色的玫瑰、百合、郁金香，香雪兰、扶郎花等。

热恋男女：一般送玫瑰花、百合花或桂花。这些花美丽、雅洁、芳香，是爱情的信物和象征。

祝贺新婚：除用玫瑰、百合、郁金香，香雪兰、扶郎花外，还可添加菊花（国内作喜花看待）舞女兰、石斛兰、嘉特兰、大花慧兰等。

图 11.21 应用样式.text2 的效果

案例 11.2 利用 CSS 样式美化背景

当图片作为单元格或表格的背景时，默认为在水平和垂直方向上是自动平铺的，本案例任务为利用 CSS 的背景样式对其进行更加灵活的设置。

操作步骤

① 打开“11.2lx.htm”，新建一个自定义类样式“.beijing”，在打开对话框的“分类”中选“背景”，在“背景图像”下拉菜单中选择“11.2_files/bj.jpg”，“重复”中选“不重复”，“水平位置”中选“右对齐”，垂直位置中选“底部”，如图 11.22 所示。

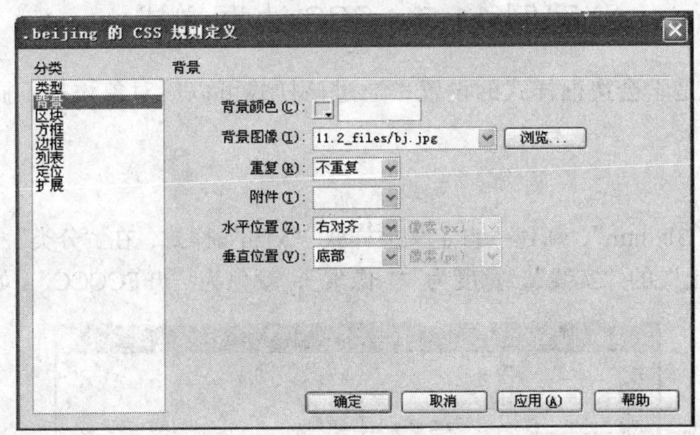

图 11.22 设置背景样式

提 示 设置“重复”为“不重复”，表示使图片在应用范围内“不平铺”。设置“水平位置”为“右对齐”，“垂直位置”为“底部”，表示使图片在应用范围内的右侧底部即“右下角”对齐。

② 下面给表格应用该样式：将鼠标放在表格“支数寓意”所在的任意一单元格内，右击鼠标，在快捷菜单中选“表格→选择表格”，在其“属性”面板的“类”中选择样式“Beijing”，如图 11.23 所示。

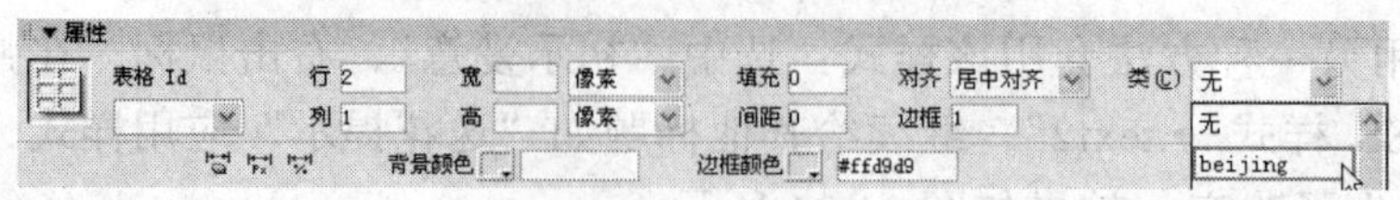

图 11.23 套用样式

③ 预览，看到在表格的右下角只有一张图片作为背景，水平和垂直方向都没有平铺。

支数寓意			
1朵	你是我的唯一、一见钟情	27朵	爱妻
2朵	二人世界、心心相印、相亲相爱	29朵	爱到永久
3朵	我爱你	30朵	请接受我的爱、爱你尽在不言中
4朵	誓言、承诺、海誓山盟	33朵	深情呼唤“我爱你”
5朵	无怨无悔	36朵	浪漫心情全因有你
6朵	顺利、一帆风顺	44朵	致死不渝
7朵	喜相逢、无尽的祝福	48朵	挚爱
8朵	弥补、兴旺发达、吉祥如意	50朵	无怨无悔
9朵	坚定的爱；长相守，永相随	51朵	我心中只有你
10朵	十全十美、美满幸福；实心实意	66朵	真爱永不变、爱无止境
11朵	一心一意、心中最爱	77朵	向你正式求婚
12朵	全部的爱、一年好运、心心相印	88朵	长用心弥补一切的错
13朵	暗恋、你是我暗恋中的人	99朵	长相厮守、天长地久、永沐爱河
14朵	好聚好散	100朵	百年好合、执子之手、与汝偕老
15朵	青春美丽	101朵	你是我唯一的爱，直到永远
16朵	爱的最高点	108朵	嫁给我吧!
17朵	此情不渝	110朵	无尽的爱
18朵	最爱、青春美丽、财源广进	111朵	爱你一生一世
19朵	爱到永久	114朵	爱你生生世世
20朵	永远爱你此情不渝	365朵	天天想你、天天爱你
22朵	双双对对、爱相随	999朵	天长地久、无尽的爱
24朵	时时刻刻的思念	1000朵	爱你一万年

图 11.24 预览效果

案例 11.3 CSS 边框样式

本案例任务是学会边框样式的设置，通过该样式可以给对象添加不同类型的边线。

操作步骤

① 打开“11.3lx.htm”，新建一自定义类样式“.xian”样式，在“分类”中选择“边框”，在样式中选择“上”的“实线”，宽度为“1 像素”，颜色为“#FFCCCC”，如图 11.25 所示。

图 11.25 设置边框样式

提 示 边框线有四边：上、下、左、右，案例中虽然只定义了上边，但默认勾选的“全部相同”选项表示其他三边的设置同上边一致，该样式为：1 线素粉色实线边框。

② 单击“确定”按钮后退出，下面套用样式：用鼠标选取“精品推荐”所在表格，如图 11.26 所示，在其“属性”面板中的“类”中选择样式“.xian”，则表格套用了该样式。

图 11.26 表格套用样式

③ 按 F12 键预览，看到在表格的四边出现画线效果，如图 11.27 所示。

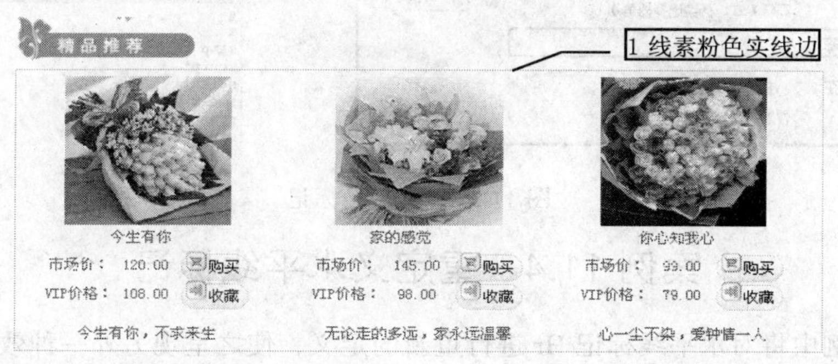

图 11.27 预览效果

④ 再看一种套用效果：选取“浓浓深情”所在的表格，在其“属性”面板中的“类”中选择样式“.xian”，继续选取旁边的两个表格，同样应用样式“.xian”，按 F12 键预览，看到 3 个表格分别被画上边框线，效果如图 11.28 所示。

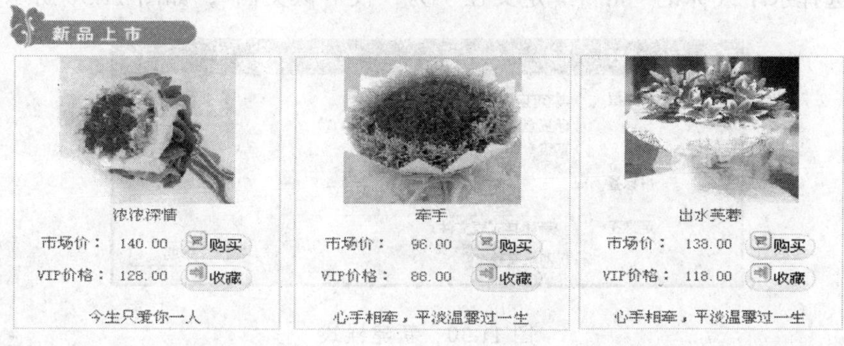

图 11.28 预览效果

案例小结

在本任务的几个案例中，讲解了 CSS 常用类的定义方法，和几种套用 CSS 样式的方法，希望读者从中能够解 CSS 样式的作用及设置，为下面的学习打下良好的基础。

任务 11.4 重定义 HTML 标记

“新建 CSS 规则”对话框中“选择器类型”的第二个单选按钮是“标签”，如图 11.29 所示，这种样式使用户可以修改已有的 HTML 标记的特性，当选择该选项时，下拉列表中以字母排列的顺序显示出超过了 40 种的 HTML 标记，从下拉列表中选择一个标记，即可对它进行重新的定义。

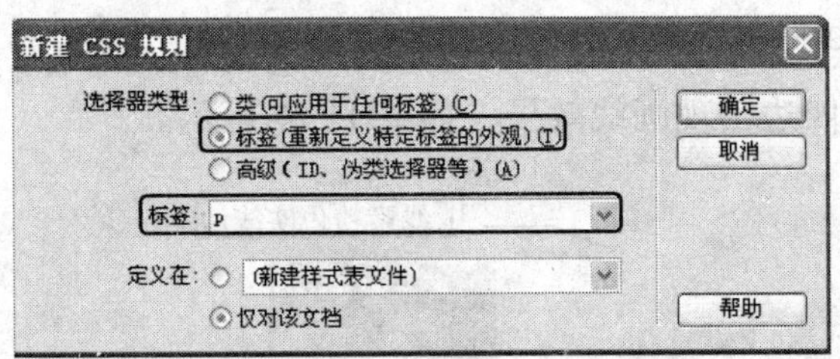

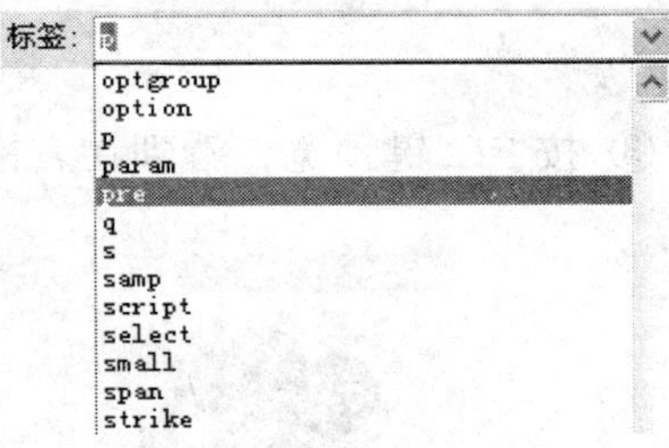

图 11.29 重定义标记

案例 11.4 重定义水平线标记

在本案例中将对水平线标记 Hr 进行重新的定义，使之呈现另外一种效果。

操作步骤

① 打开“11.4lx.htm”，看到页面中有 3 条水平线，下面对水平线标记进行重新定义，新建一样式，在对话框中“选择器类型”中选择“标签”，在下面的“标签”中输入或用下拉菜单选择水平线标记“hr”，“定义在”为“仅对该文档”，如图 11.30 所示。

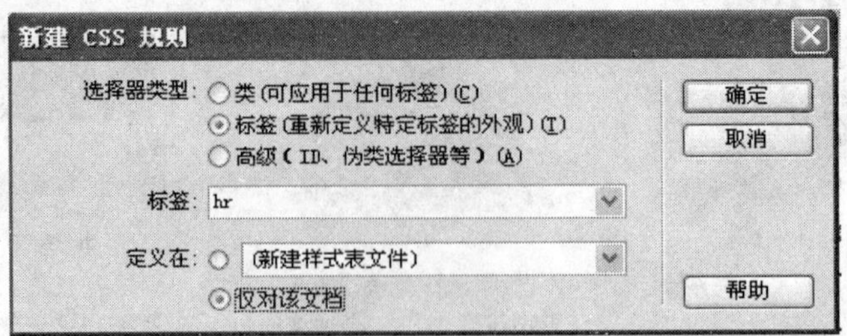

图 11.30 新建样式

② 单击“确定”按钮，进入水平线样式的定义，在“类型”中定义其背景颜色为

"#FFCC99"（桔色），"边框"中去掉"全部相同"，定义其上下边为"虚线"，宽度为"1 像素"，颜色为"#993366"（紫色），如图 11.31 所示。

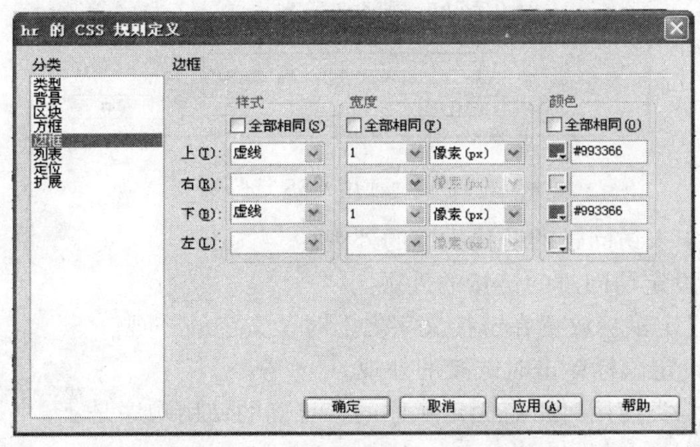

图 11.31 设置边框样式

③ 单击"确定"退出，看到 CSS 样式面板中新添加了"hr"，且页面中水平线外观也发生了变化，变为桔色，上下各有 1 像素紫色虚线，预览看效果，如图 11.32 所示。

购物指南

新春佳节：可选送大丽花、牡丹花、水仙花、桃花、吉庆果、金桔、状元红、吉祥果等表示吉祥。
祝贺开业：可选红月季、牡丹、一品红等，表示开业大吉，生意兴隆。
看望父母：可选剑兰花、康乃馨、百合花、菊花满天星、后插成花蓝或花束、祝父母百年好和，幸福美满。

探望病人：可选素静淡雅的马蹄莲、素色苍兰、剑兰、康乃馨表示问候，并祝愿早日康复。
送别朋友：赠一束芍药花，表示依依惜别之情。
迎接亲友：可选紫藤、月季、马蹄莲组成花束表示热情好客。
夫妻之间：可互赠合欢花，合欢花的叶子两两相对合抱，是夫妻好合的象征。

所有规则
.f5
.xian
.t
.STYLE2
hr

图 11.32 水平线效果

案例小结

在本任务中以水平线标记为例，讲解了如何对已有 HTML 标记的属性进行改变，从而赋予其新的属性。要提醒注意的一点是，重定义 HTML 标记时，一定要慎重，除非是针对特定的文档，一般情况下不要轻易改变标记的属性。

任务 11.5 定义高级（ID、伪类选择器）

在"新建样式规则"对话框中，当在选择器类型中选择"高级"时，如图 11.33 所示，可以定义称为"伪类"的样式，单击选择器右侧的▾，在弹出的菜单中提供四种选择器（称为伪类选择器），其含义如下：

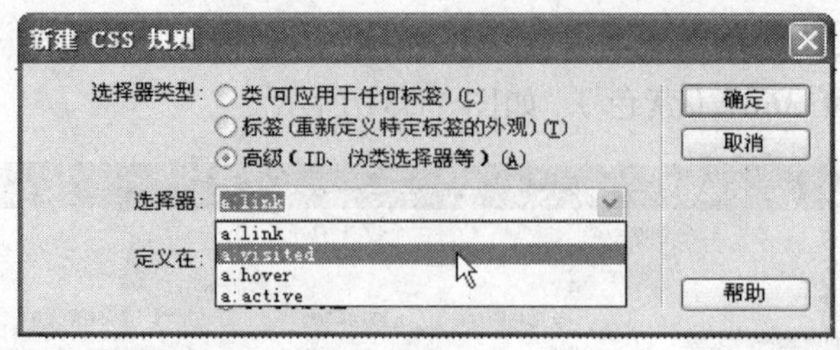

图 11.33 使用 CSS 选择器

a：link：设定未访问过的链接文字的外观。

a：visited：设定访问过的链接的外观。

a：hover：设定鼠标放置在链接文字之上时，文字的外观。

a：active：设定鼠标单击时链接的外观。

修饰链接的伪类使用时是有固定顺序的，正确的使用顺序是：

：link，：visited，：hover，：active

如果交换一下伪类的顺序，如，交换 a：visited 和 a：hover，则在链接访问后，鼠标经过的效果无法正常显示。所以在定义要注意，先定义 a：visited，再定义 a：hover 。

案例 11.5 设置超链接样式

本案例任务为学习如何定义超链接样式，包括设置整体的链接效果和局部链接效果。

操作步骤

（1）设置总体超链接样式

① 打开“11.5lx.htm”，首先定义未访问过链接的外观，新建一 CSS 样式，在“选择器类型”中选“高级”，“选择器”中的下拉菜单中选择“a：link”，将“定义在”选择为“仅对该文档”，如图 11.34 所示。

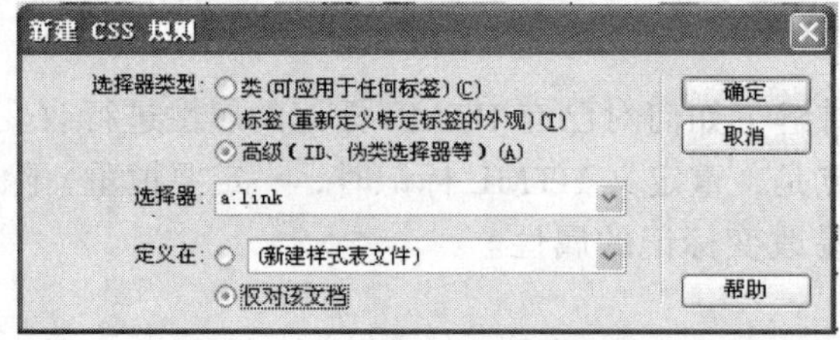

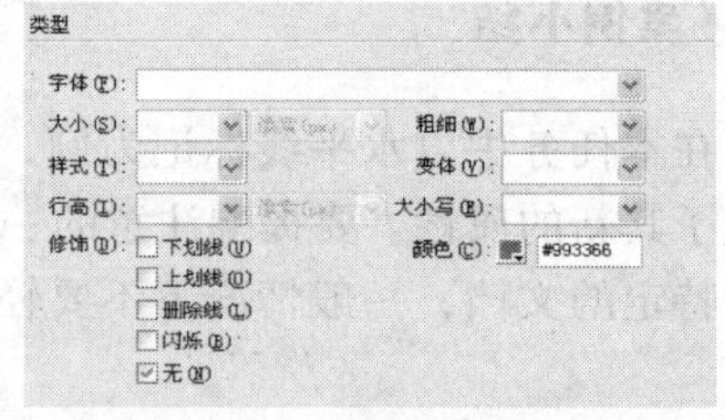

图 11.34 定义样式

② 在打开的对话框中将“颜色”定义为“#993366”，“修饰”选“无”，表示没有下划线，如图 11.35 所示，这样就定义“未访问链接”文字的样式为“紫色无下划线”。

③ 下面定义“已访问链接”的外观，再新建一样式，“选择器类型”中选“高级”，“选择器”中的下拉菜单中选择“a：visited”，如图 11.36 所示。

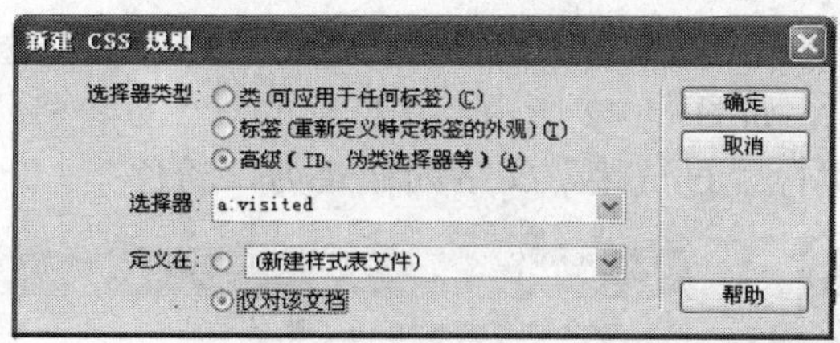

图 11.35　新建样式

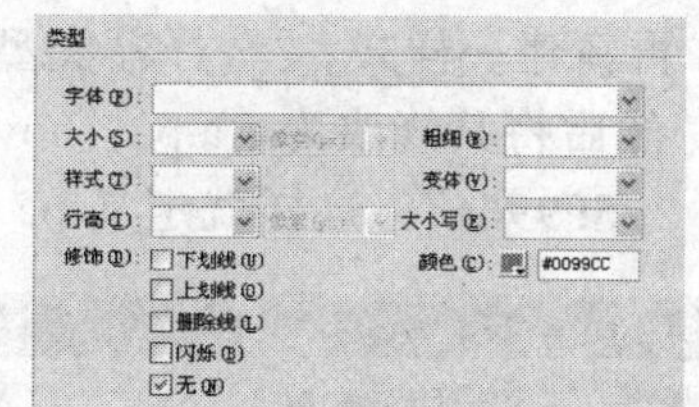

图 11.36　定义样式

④ 在打开的对话框中将"颜色"定义为"#0099CC","修饰"定义为"无",如图 11.37 所示。这样就定义"已访问链接"文字的样式为"浅蓝色、无下划线"。

⑤ 下面定义"鼠标经过链接"的外观,再新建一样式"a:hover",如图 11.38 所示。

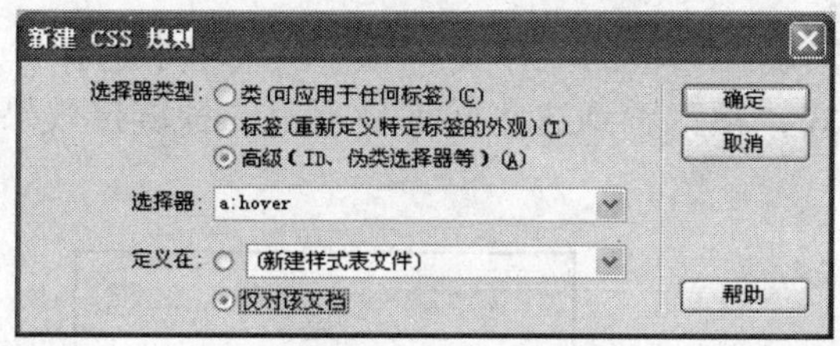

图 11.37　新建样式

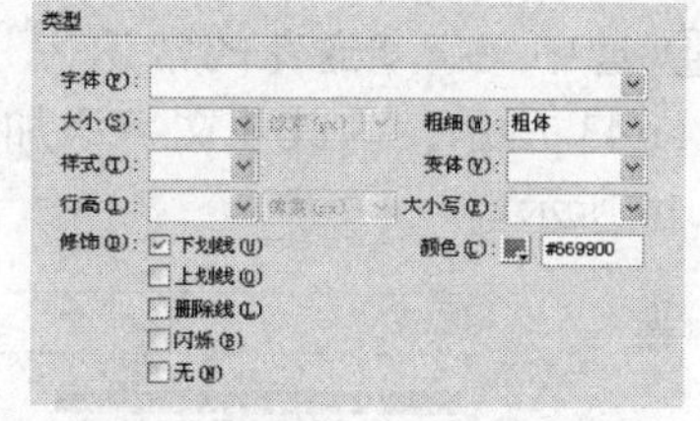

图 11.38　定义样式

⑥ 在打开的对话框中将"颜色"定义为"#669900","修饰"定义为"下划线","粗细"中选"粗体",如图 11.39 所示。这样就定义"鼠标经过链接"文字的样式为"黄绿色、加粗、有下划线"。

⑦ 预览,观察"未访问时"、"鼠标经过时"、"访问过后"三个状态链接外观的变化。

(2)设置局部超链接样式

在网页中,对链接外观的需要可能不止一种,通过伪类和自定义类的组合,可以在同一个页面中做出几组不同的链接效果。

① 新建一 CSS 样式,在"选择器类型"中选"高级","选择器"中的下拉菜单中选择"a:link",然后将其修改为"a.pa:link"或为".pa a:link",将"定义在"选择为"仅对该文档",如图 11.41 所示,在打开的对话框中将"颜色"定义为"#4B4927",这样就定义.pa"未访问链接"文字的样式为"墨绿色"。

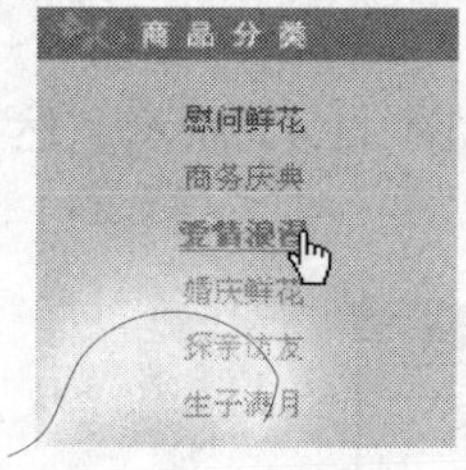

图 11.39　设置边框样式

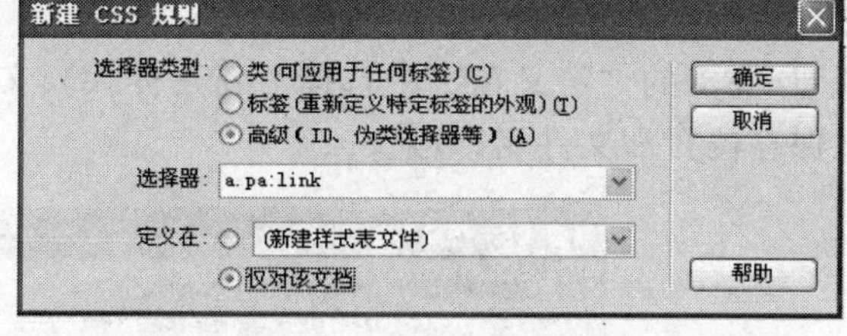

图 11.40　未访问链接样式

② 再新建一样式,"选择器类型"中选"高级","选择器"中的下拉菜单中选择"a:visited",然后将其修改为"a.pa:visited",如图 11.41 所示,在打开的对话框中将"颜色"定义为"#CC99FF",这样就定义.pa"已访问链接"文字的样式为"浅紫色"。

③ 再新建一样式，“选择器类型”中选“高级”，“选择器”中的下拉菜单中选择“a：hover”，然后将其修改为“a.pa：hover”，如图 11.42 所示，在打开的对话框中将“颜色”定义为“#FF9966”，这样就定义.pa“鼠标经过链接”文字的样式为“粉色”。

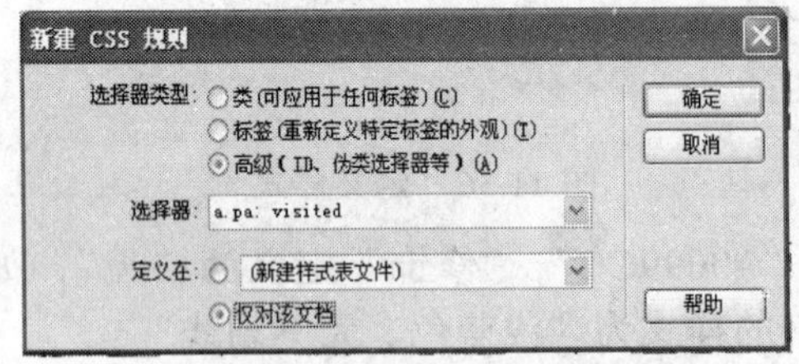

图 11.41 已访问链接样式

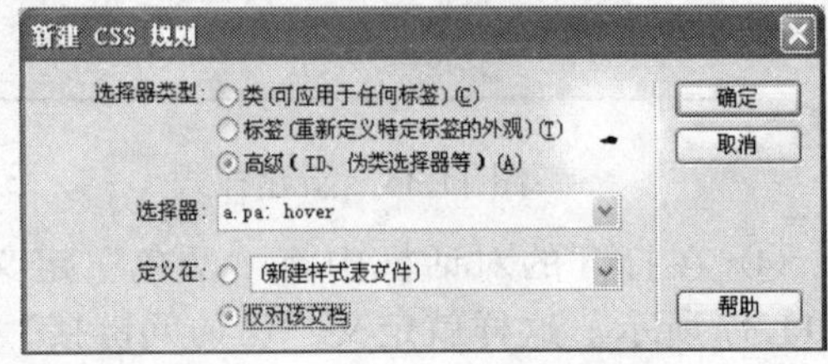

图 11.42 鼠标经过链接样式

④ 选中文字“送花的常识…”，在其属性面板的“样式”的下拉菜单中选择“.pa”，如图 11.43 所示，为其他文字添加该样式，预览看到这些文字呈现第二种链接效果，如图 11.44 所示。

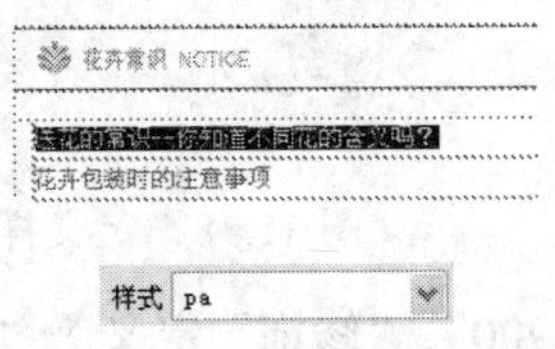

图 11.43 设置边框样式

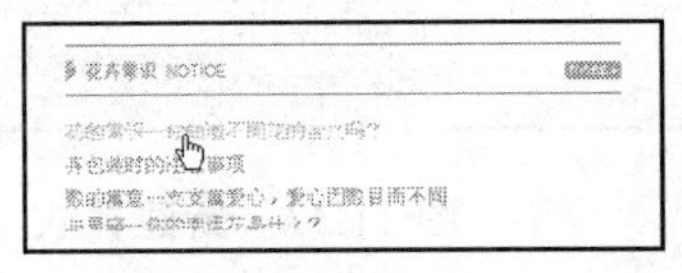

图 11.44 链接效果

案例小结

本任务中重点介绍了超链接样式的建立，要再次提醒的是注意建立的顺序，同时对内容较多的网页，可根据需要建立两至多种超链接样式，来应用于网页的不同部分。

任务 11.6 CSS 外部样式表

1. 新建 CSS 样式文件

在新建 CSS 的“定义在”中选择“新建样式表文件”，如图 11.45 所示，然后给该文件定义保存位置和文件名即可。

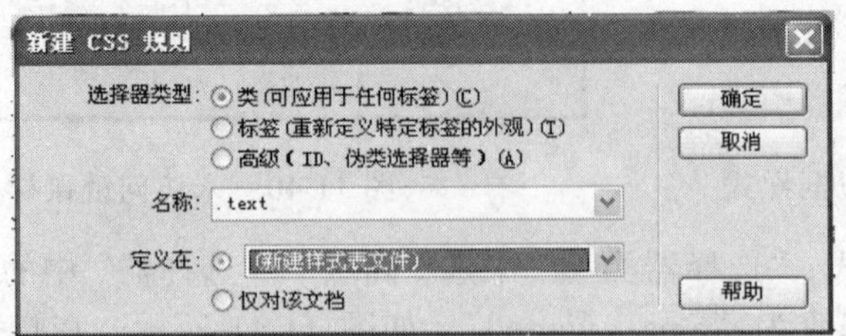

图 11.45 建立外部样式

2. 导入/链接 CSS 样式

当想在一个网页中套用外部 CSS 样式文件中的样式时，可以用导入或链接的方式引用该样式文件，一般情况下，“链接”方式比较常用，如图 11.46 所示。

在“CSS 样式”面板下方单击“附加样式表”按钮，在打开的对话框中选择“链接”或“导入”方式，然后再单击“浏览”选择外部样式文件即可。

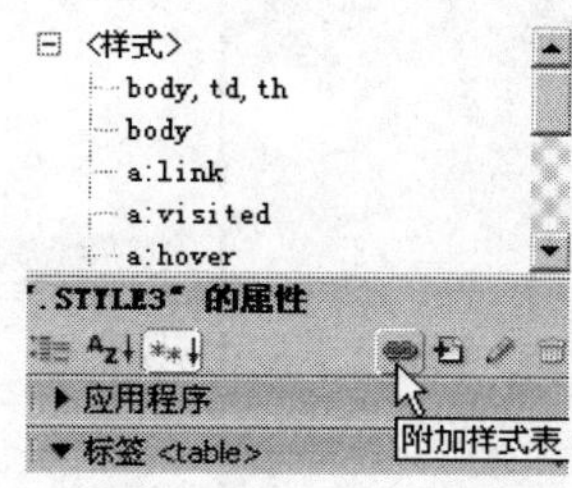

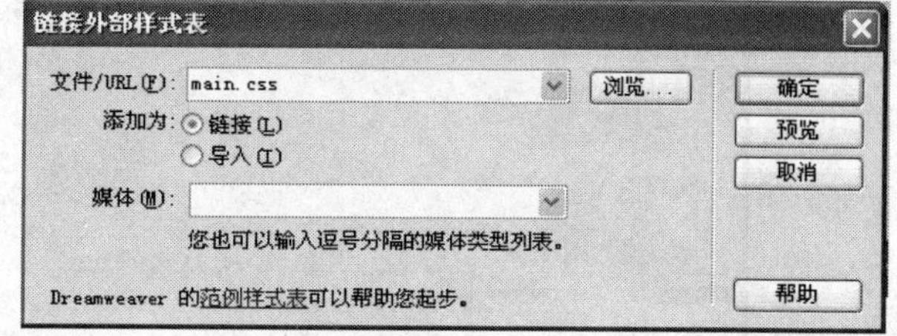

图 11.46 选择添加方式

3. 导出样式表文件

可以将当前网页中设置好的内部样式导出为外部样式表文件，以被其他网页所使用。

在 CSS 面板中右击鼠标，在弹出的快捷菜单中选择“导出”命令，如图 11.47 所示，然后在弹出的对话框给文件选择保存位置并起名即可。

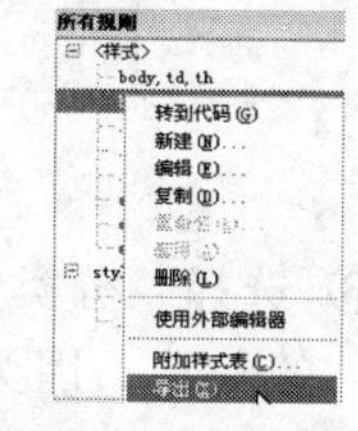

图 11.47 导出样式表文件

案例 11.6 建立外部 CSS 样式

本案例任务为讲解怎样建立和使用外部样式。

操作步骤

（1）建立外部样式文件

① 打开“11.6.1 lx.htm”，新建一样式，其中“定义在”选择为“新建样式表文件”，“名称”输入为“.xian”，如图 11.48 所示，表示新建的样式“.xian”将保存在一个外部样式文件中。

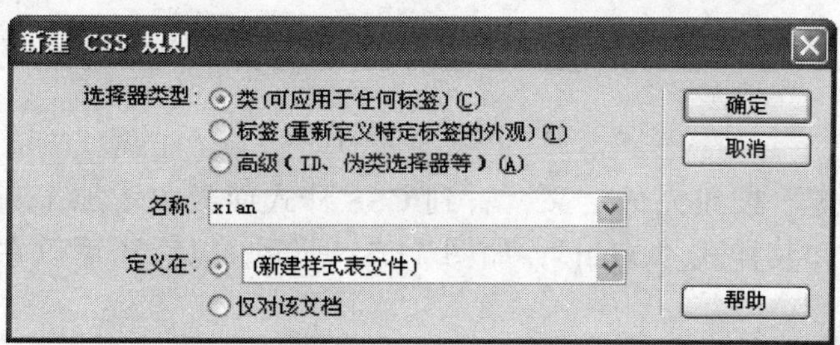

图 11.48 新建样式

② 由于目前还没有样式文件，所以单击“确定”后，弹出“保存样式表文件”对话框，选择当前网站所在目录，输入文件名“style”，扩展名默认为.css，如图 11.49 所示，单击“保存”后弹出“.xian 的 CSS 定义”对话框。

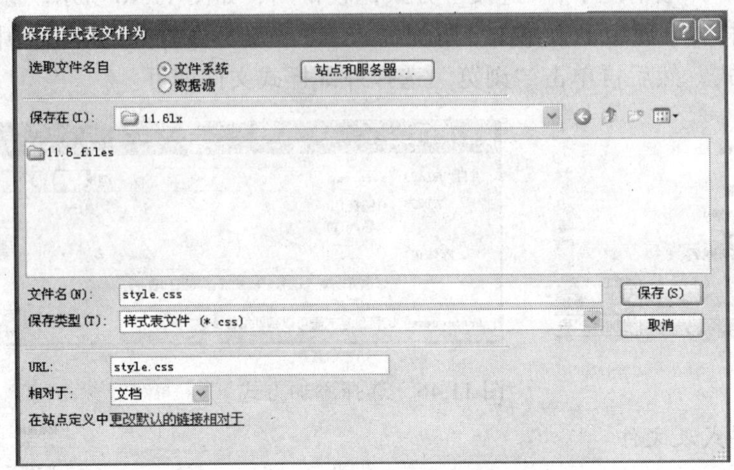

图 11.49　定义外部样式文件

③ 选择“分类”中的“边框”选项，去掉“样式”“宽度”和“颜色”中“全部相同”的勾选，因为我们只给下边划线；在“下”中定义“样式”为“虚线”，宽度为“1 像素”，“颜色”为“#FFFFFF”，如图 11.50 所示，这项设置定义为：1 像素白色下划虚线。

图 11.50　定义样式

④ 单击“确定”按钮完成定义，看到 CSS 样式面板中增加了新定义的外部样式文件“style.css”和其样式“.xian”，如图 11.51 所示，以后还可以在此样式文件中添加其他样式。

⑤ 下面应用该样式：用鼠标拖动选中“商品分类”中全部栏目所在单元格，在下面单元格的“属性”面板的“样式”中选择样式“.xian”，按 F12 键预览，看到“商品

分类”栏目中出现的下划虚线效果，如图 11.52 所示。

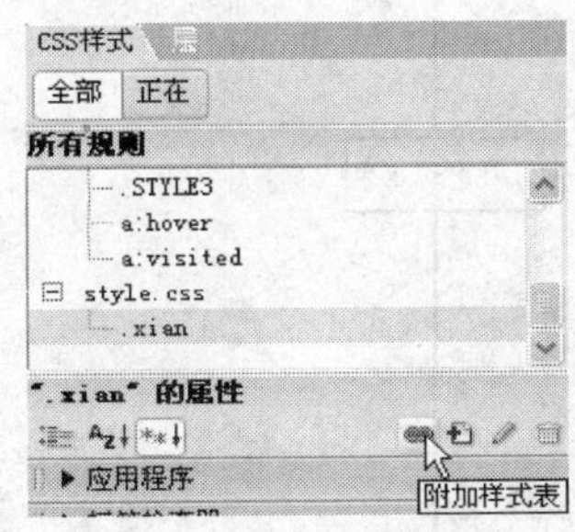

图 11.51　样式表文件

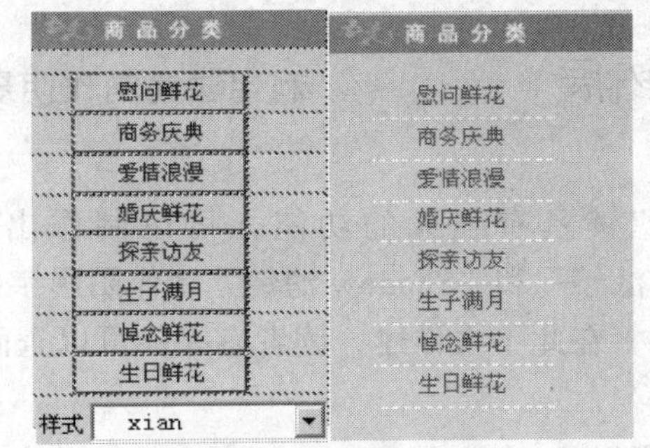

图 11.52　预览样式

（2）链接外部样式表

刚才建立了一个外部样式文件 style.css，如果同一网站的另一个网页也要用到此样式，只需直接引用即可。

① 打开另一文件“11.6.2lx.htm”，在 CSS 样式面板中单击“附加样式表”按钮，如图 11.53 所示。

图 11.53　附加样式表

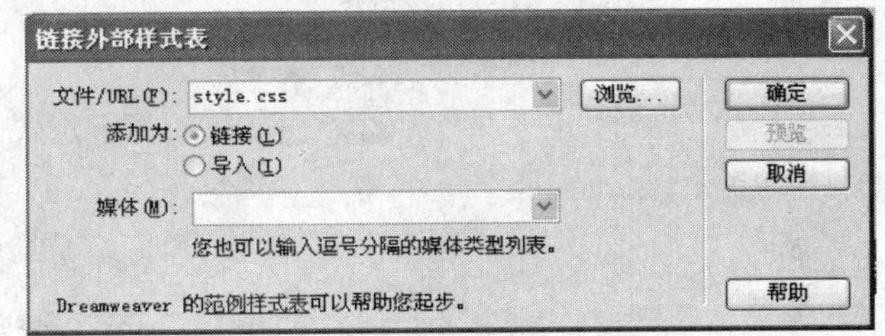

图 11.54　选择附加类型

② 在打开的“链接外部样式表”对话框中将“添加为”选为“链接”，然后单击“浏览”按钮，选择外部样式文件“style.css”，如图 11.54 所示，这样该文件就被链接到当前网页，其中的全部样式也可以套用了。

③ 重复上例的第 4、5 步，选中所有栏目并应用样式“xian”，预览看虚线效果。在“代码”视图试着查看一下代码，发现在<head>头文件中，自动添加入了以下语句

```
<link href="style.css" rel="stylesheet" type="text/css">
```

案例小结

在本任务中重点介绍了外部 CSS 样式的建立和使用，在实际应用时，一个由众多网页组成的网站中，利用外部 CSS 样式文件来统一网站风格是很必要的，此外，除了新建样式表文件之外，还可以将网页中的内部样式导出为外部样式文件，以供其他网页使用。

知识拓展　利用滤镜制作阴影字效果

CSS 的滤镜具有强大的功能，可以制作出很多的特殊效果，下面讲解通过“DropShadow 滤镜”和“Shadow 滤镜”制作阴影字的方法。对于更多的特殊效果，由于本书篇幅有限，在此不再详述，读者有兴趣可以查阅相关书籍。

操作步骤

① 打开文件“11.7lx.htm”，新建自定义类样式“.yinying”，在打开对话框的“分类”中选择“扩展”选项，在“滤镜”的下拉菜单中选择“DropShadow（color=?，offx=?，offy=?，Positive=?）选项，设置阴影效果为“DropShadow（color=#00CC00，offx=1，offy=1，Positive=1）”，如图 11.55 所示。

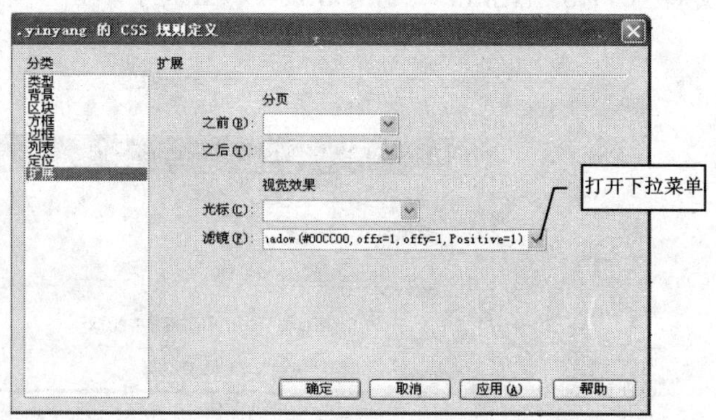

图 11.55　设置阴影样式

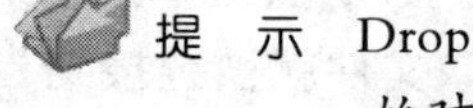

提　示　DropShadow 滤镜：color 表示阴影的颜色；oofx 和 offy 设置阴影相对于原始对象的水平位置和垂直位置；Positive 设置阴影的透明：0 不透明；1 为不透明。

② 下面应用该样式：选择文字“今生有你”，然后单击状态行的<td>标记，选中该文字所在的单元格，右击该标记，在弹出的快捷菜单中选择“设置类→yingyang”，看到在标记上显示了该样式，如图 11.56 所示。

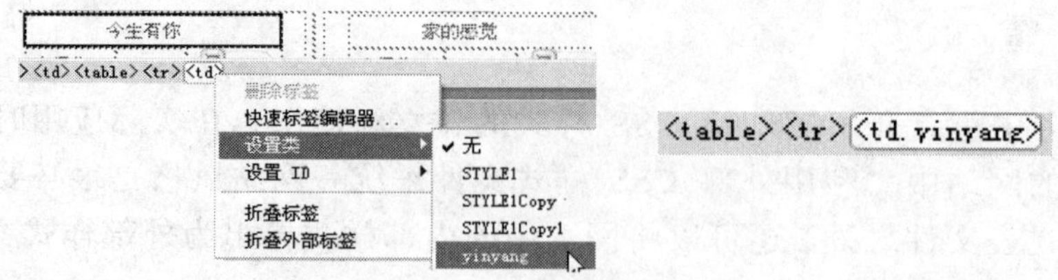

图 11.56　套用样式

③ 依次给其他标题应用该样式，由于 CSS 滤镜的效果编辑状态下看不到，按 F12 键预览，观看阴影效果，如图 11.57 所示。

图 11.57　预览效果

④ CSS 滤镜还有另一种阴影效果，Shadow (color=? , Direction=?)，其中 color 为阴影的颜色，Direction 为投影的投影角度，取值为“0—360”，当取值为 0 时，其投影垂直向上，其投影方向随取值变大沿顺时针转动，它具有渐变阴影的效果。新建一自定义样式，定义“扩展”为 Shadow (color=#00CC00，Direction=130)，预览看效果，如图 11.58 所示。

图 11.58　Shadow 滤镜

项目小结

本项目的重点是讲解如何创建、编辑、套用 CSS 样式，通过一个网站中几个案例的学习，相信读者已经体会到，通过 CSS 样式不但能使设计者控制许多 HTML 样式不能控制的属性，还能迅速准确地将样式作用于整个网站的多个网页之上，是在网页制作中必不可少的技术。

实训与练习

一、填空题

1. CSS 共有________、________、________、________、区块、列表、定位和扩展八种属性。

2. 附加样式表分为________和________两种。

二、选择题

1. 在 Dreamweaver MX 中，下面关于 CSS 文件的位置的说法错误的是（　　）。

   A. CSS 可以位于网站的任何根目录位置

   B. 只要在链接时能正确指出，无论在什么地方都可以

   C. 一定要在网站的根目录下

   D. CSS 可以位于网站的任何位置

2. 在 Dreamweaver 中，下面对已有的样式表不可以进行的操作是（　　）。

   A. 删除　　B. 修改　　C. 复制　　D. 合并

三、简答题

1. 试述 CSS 样式的作用。
2. 外部样式表的作用是什么？

四、实训题

综合实训：利用 CSS 样式美化表单（鲜花网），如图 11.59 所示。

会员注册

*用户名：

*输入密码：

*再次输入密码：

*密码查询问题：我父母的名字？

*密码查询答案：

*出生日期：1970 年 1 月 1 日

*性别：女

*邮件：

*如何知道我们：网络 杂志 朋友介绍 其他

*个性头像：浏览...

*个性签名：

注册 重置 取消

图 11.59　实训效果

【实训要求】　利用 CSS 样式的背景和边框属性，美化表单的背景和改变默认按钮的外观，如图 11.60 所示。

【实训提示】

① 打开文件“11.8lx.htm”，定义样式 1：文字“颜色”为“#993333”；“背景颜色”为“#F3F3F3”，然后将该样式应用于文本域。

② 定义样式 2：“背景颜色”为“#FFFFFF”；“边框”为“右”“下”“脊状”，宽度为“1 像素”，颜色为“#CCCCCC”，然后将该样式应用于按钮。

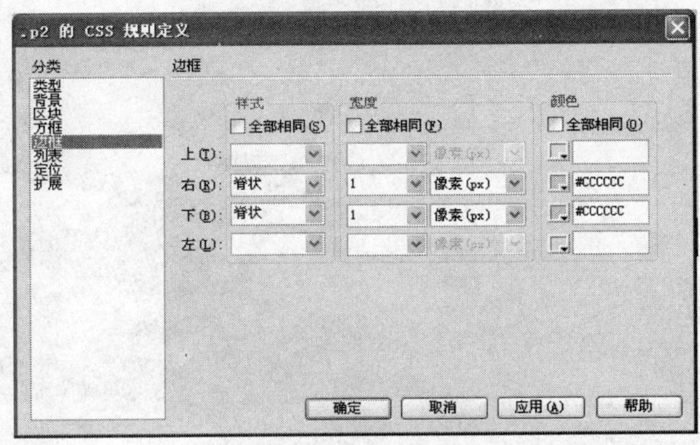

图 11.60　设置“边框”

行为和 JavaScript

知识目标

- 掌握行为的基本要素
- 掌握行为面板各选项的功能
- 掌握简单行为的应用方法

技能目标

- 掌握播放声音行为
- 掌握打开浏览器窗口行为
- 掌握弹出信息行为
- 掌握交换图像行为
- 掌握调用 JavaScript 行为

任务 12.1　行为概述

在前面的学习中，有些内容已经涉及到了“行为”，比如检查表单等，本项目将详细讲解有关行为的操作。行为是用来动态响应用户操作、改变当前页面效果或执行特定任务的一种方法，Dreamweaver 提供了 22 种行为，利用它们可以给网页添加动感的特殊效果，比如播放音乐、弹出信息框、交换图像、打开浏览器窗口等。除了 22 种基本行为之外，用户可以在第三方开发站点上下载更多的拓展程序，如果熟悉 JavaScript，还可以编写自己的行为，让 Dreamweaver 8 的功能更加强大。

知识 12.1.1　事件和动作

行为在设计上使用 JavaScript 语法，目前市面上大多数浏览器都支持使用。行为是动作和触发该动作的事件的结合体。

事件是由浏览器生成的有效消息，指示该页的访问者执行的操作。例如，当访问者将鼠标指针移动到某个链接上时，浏览器为该链接生成一个 onMouseOver（鼠标经过）事件；事件可以被附加到各种页面元素上，也可以被附加到 HTML 标记中。

动作是由预先编写的 JavaScript 代码组成的，这些代码执行特定的任务，例如，打开浏览器窗口、显示/隐藏层、播放声音或停止 Macromedia Shockwave 影片。

将“事件”和“动作”组合在一起就构成了“行为”。该行为附加到页面上某元素之后，只要对该元素触发所指定的事件，浏览器就会调用与该事件关联的动作（JavaScript）。例如：将 onMouseOver 行为与一段 JavaScript 代码相关联，那么当鼠标指针指向其上时就可以执行相应的 JavaScript 代码（动作）。可以为每个事件指定多个不同的动作，还可以指定这些动作发生的顺序。

知识 12.1.2　行为面板

要给一个对象应用行为时，通常要先打开“行为”面板。选择菜单“窗口→行为”命令，打开“行为”面板，也可以按 Shift+ F4 快捷键，如图 12.1 所示，下面对其功能进行逐一介绍。

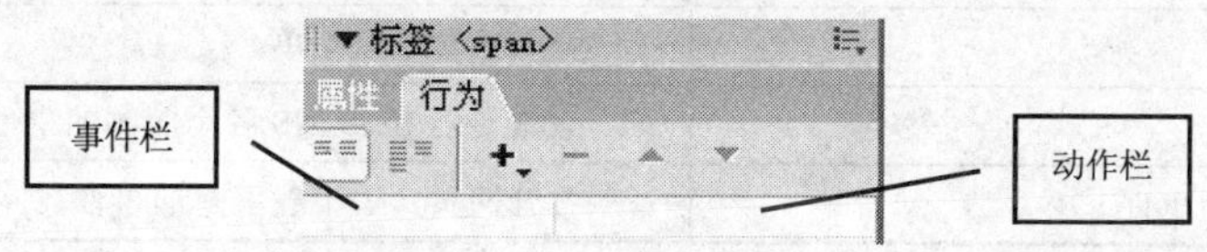

图 12.1　“行为”面板

“添加行为”：单击 +. 按钮，会弹出一个“动作”菜单，可以选择相应的动作，附加到当前选择的页面元素中。

“删除事件”：选定需要删除的事件，单击 - 按钮，事件将被删除。

应用行为时，有时在事件列表中不显示选定的事件。这是由于当前选定的浏览器中不支持相应的事件。如果想使用一般的事件，则可以在“行为”面板中单击“添加”按钮后，选择 Show Events For（显示事件）IE5.0 或 IE5.5。如今，大部分用户都使用 Explorer，因此只要选择“IE5.0”或“IE5.5”就可以了。

“增加事件值”：单击▲按钮，可以将所选事件在“行为”面板中向上移动，运行时将根据先后顺序执行。如不能在列表中继续向上移动，该按钮不起作用。

“降低事件值”：单击▼按钮，可以将所选事件在“行为”面板中向下移动，运行时将根据先后顺序执行。

知识 12.1.3 基本动作和事件

1. 动作

在“行为”面板中可以选择应用的行为，也就是 Dreamweaver 中常说的动作，常见的行为动作的功能请看表 12.1。

表12.1 动作功能

动 作	描 述
播放声音	可以为网页加入声音
打开浏览窗口	可以打开一个小窗口（和网上的弹出窗口一样）
弹出信息	可以弹出一条警告信息
调用 JavaScript	调用网页中包含的 Javascript 程序
交换图像	实际上是交换图像
恢复交换图像	把已经交换的图像恢复过来
设置文本	在特定的地方显示文字
显示或隐藏层	设置图层的显示或隐藏
检查表单	检验网页中的表单是否合法
转到 URL	跳转到其他页面
时间轴	可以制作更多的动态效果
拖动层	设定图层是否允许拖动
预先载入图像	在网页装载前先预先载入图像
跳转菜单	插入跳转导航菜单
显示事件	设定显示 IE 或 NS 各个版本的事件
下载更多的行为事件	打开网页，去下载更多的事件

2. 事件

事件用于指定选项的行为动作在什么情况下发生，例如，想应用单击图像时跳转到指定网站的行为，则要把事件指定为 onClick。在“行为”面板的事件栏中，可以显示许多事件，几个常见事件的具体功能见表 12.2。

表12.2　事件功能

事　件	描　述
onMouseOver	鼠标移到目标上
onMouseUp	按下鼠标再放开左键时
onMouseOut	鼠标移开时
onMouseDown	按下鼠标时（不需要放开左键）
onClick	鼠标点击时
onDblClick	鼠标双击时
onLoad	载入网页时
onUnload	离开页面时

任务 12.2　行为效果

理解了“行为”的相关概念后，就可以开始学习 Dreamweaver 的具体行为了，在每种行为实现的过程中，要注意添加行为的几个要点：选择给谁添加行为（行为的对象）、定义添加什么行为（行为动作）和什么时候触发行为（行为事件）。

知识 12.2.1　播放声音

使用“播放声音”行为可以播放声音，例如：用户可以在每次鼠标指针滑过某个链接时播放一段声音效果，或在页面载入时播放音乐剪辑，要想添加本行为，可在“行为”面板中单击“+”按钮，在弹出的菜单中选择“播放声音”命令，在打开的对话框中设置声音文件的路径即可，如图 12.2 所示。

图 12.2　“播放声音”对话框

案例 12.1　播放声音（瑜珈网）

本案例任务为网页添加背景音乐效果，打开页面后会自动播放背景音乐。

操作步骤

（1）选择应用行为的对象

① 将文件夹“12”创建为站点，或拷贝到当前站点根文件夹下，打开文件“12.1lx.htm”，

在页面左下角<body>标签处单击，如图 12.3 所示，表示将给素材页面应用播放音乐行为。

② 执行菜单“窗口→行为”命令，打开“行为”面板，如图 12.4 所示。

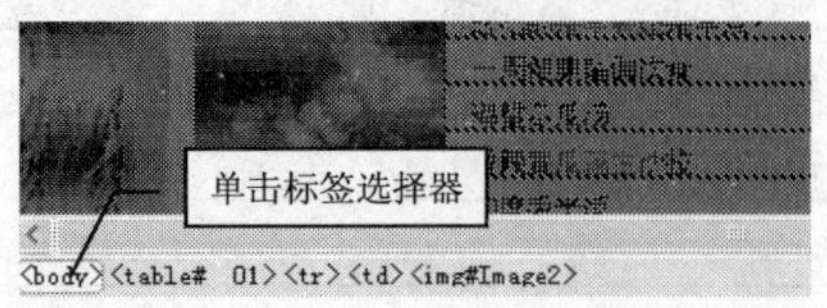

图 12.3 选定标签

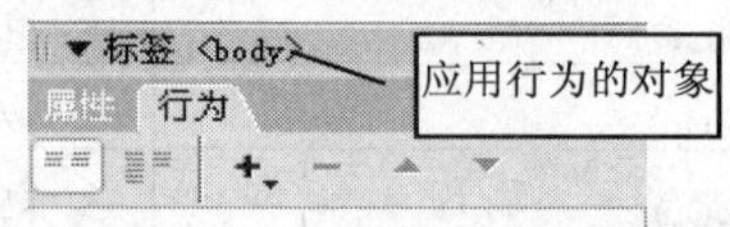

图 12.4 显示“行为”面板

（2）添加行为动作

① 单击按钮，从弹出的下拉菜单中选择“播放声音”命令，如图 12.5 所示，弹出“播放声音”对话框。

② 在“播放声音”选项中，浏览选择“music / yoga.mp3”声音文件，如图 12.6 所示。

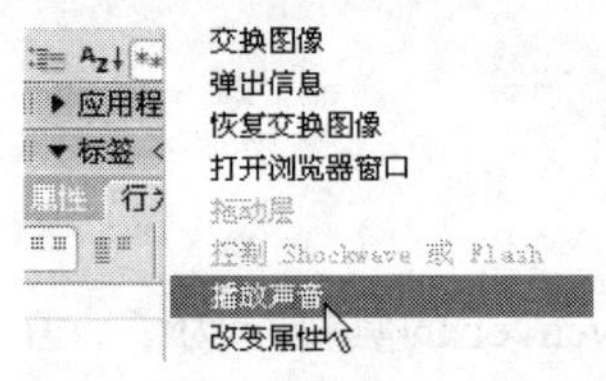

图 12.5 添加行为动作

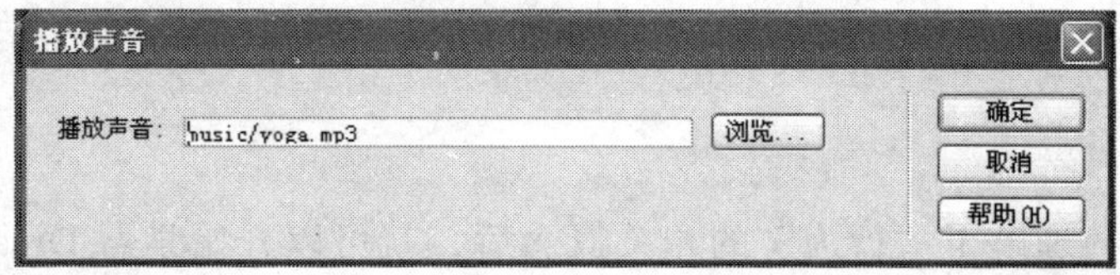

图 12.6 插入声音文件

（3）设置触发事件

① 单击面板中“事件”栏的按钮，在弹出的菜单中选择行为的触发事件：onLoad，如图 12.7 所示。

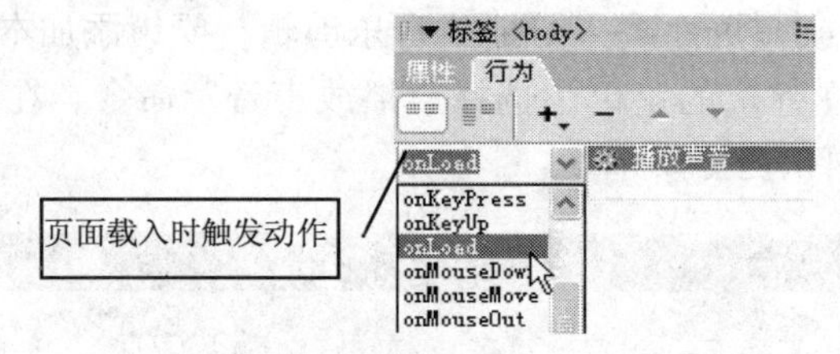

图 12.7 设置事件

② 在编辑窗口选中插入的插件，如图 12.8 所示，单击其“属性”面板中的“参数”按钮，在打开的对话框中设置“AUTOSTART”的值为“true”，“LOOP”的值为“true”，表示打开网页时“自动→循环”播放，预览页面，即能欣赏到优美的瑜珈音乐。

图 12.8 设置参数

知识 12.2.2 打开浏览器窗口

使用“打开浏览器窗口”将打开一个新的浏览器窗口，在其中显示所指定的网页文档。可以指定这个新窗口的尺寸、属性、菜单条和名称等，如果不为窗口设置任何属性，它将以 640×480 像素的大小打开并具有导航条、地址工具栏、状态栏和菜单栏。要想应用本行为动作，可选择“行为”面板→“打开浏览器窗口”，弹出对话框如图 12.9 所示。

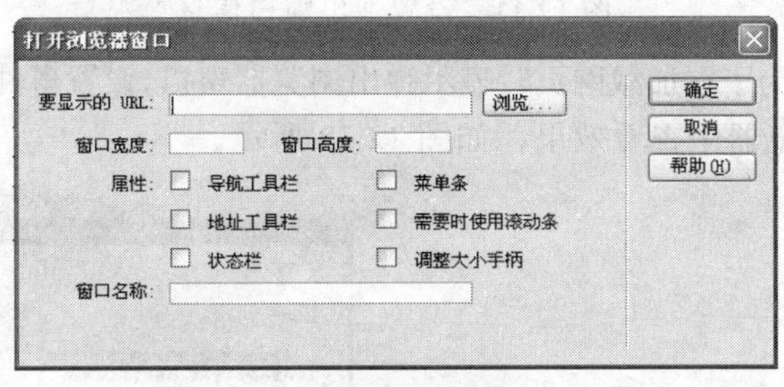

图 12.9 “打开浏览器窗口”对话框

“要显示的 URL”：设置要打开的页面的网址。

“窗口宽度、窗口高度”：设定窗口的大小，单位为像素。

“导航工具栏”：包括前进、后退、主页和刷新等浏览器按钮的工具栏。

“地址工具栏”：浏览器中包含网址等的工具栏。

“菜单条”：包括“文件”“编辑”“查看”“收藏”等下拉菜单。

“需要时使用滚动条”：指定如果内容超过可见区域时，滚动条会自动出现 。

“窗口名称”：指新窗口的名称。如果要通过 JavaScript 使用链接指向新窗口或控制新窗口，则应该对新窗口进行命名。此名称不能包含空格或特殊字符。

案例 12.2 打开浏览器窗口（瑜珈网）

本案例任务为在一个新浏览器窗口中打开 URL，制作弹出窗口。

操作步骤

① 打开练习文件“12.2lx.htm”，在页面左下角<body>标签处单击，如图 12.10 所示。

② 打开“行为”面板，从“动作”下拉菜单中选择“打开浏览器窗口”，在弹出的对话框中“要显示的 URL”中选择文件“note.html”，弹出窗口大小设定为“500×325”，如图 12.11 所示，显示指定大小的弹出窗口。

图 12.10 选定对象

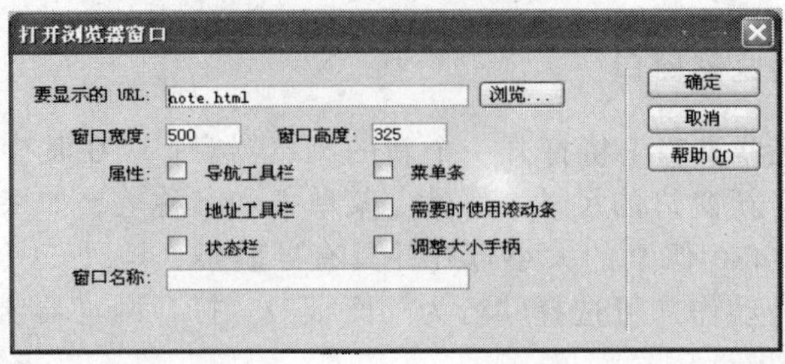

图 12.11 设置弹出窗口信息

③ 应用行为后，为了在加载网页时显示弹出浏览器窗口，设置事件 onLoad，如图 12.12。

④ 最后，在浏览器中查看效果，如图 12.13 所示。

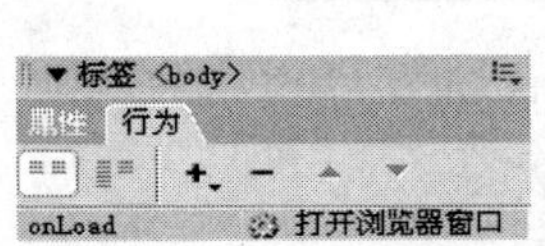

图 12.12 检查事件

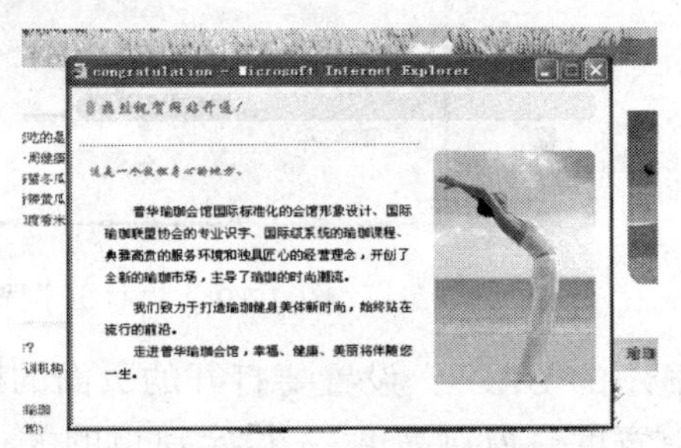

图 12.13 完成效果

知识 12.2.3 交换图像

“交换图像”行为是通过更改图像标记 img 的 src 属性值（即图片的路径），来将一个图像和另一个图像进行交换。使用该行为必须用一幅与原图大小一样的图像来交换原来的图像，否则交换的图像将被压缩或扩展以适应原始图像的尺寸，从而影响图像的显示效果。

要想使用“交换图像”行为，可在“行为”面板中单击“+”按钮，在弹出的菜单中选择“交换图像”命令，在打开的对话框中设置原始图像和更新图像即可。

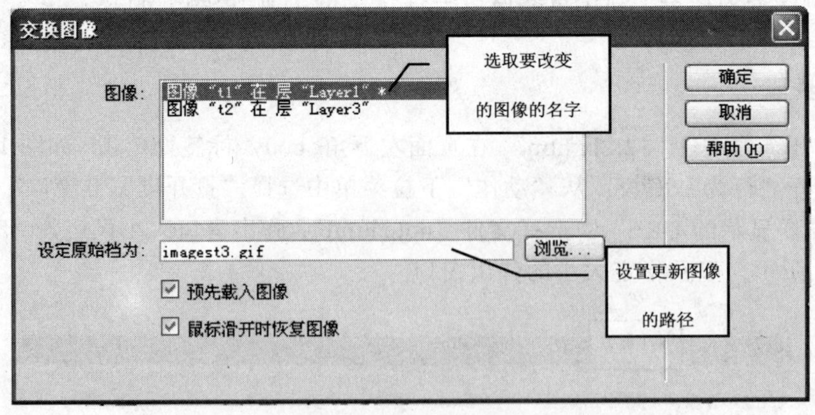

图 12.14 交换图像

案例 12.3　交换图像（瑜珈网）

本案例任务为利用行为制作出能够交互显示的图像效果。

操作步骤

① 打开文件“12.3lx.htm”，选定要运用行为的图片，并在“属性”面板中给图片命名为 tu1，如图 12.15 所示。

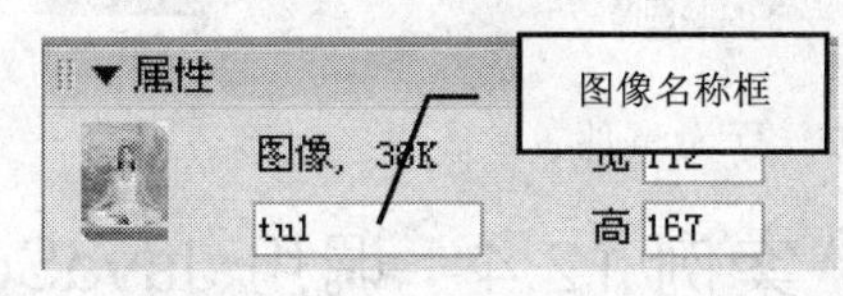

图 12.15　选定图像

 提　示　如果没给图像命名，“交换图像”动作仍将起作用，并给未命名的图像自动命名。但是，如果所有图像都预先命名，则在“交换图像”对话框中就更容易区分它们。

② 打开“行为”面板，选择行为“交换图像”，在弹出的对话框中选择“图像”为“tu1”，设定原始图像，在“设置原始档为”中单击“浏览”按钮选择“images　tu2.jpg”，设定交换图像，如图 12.16 所示。

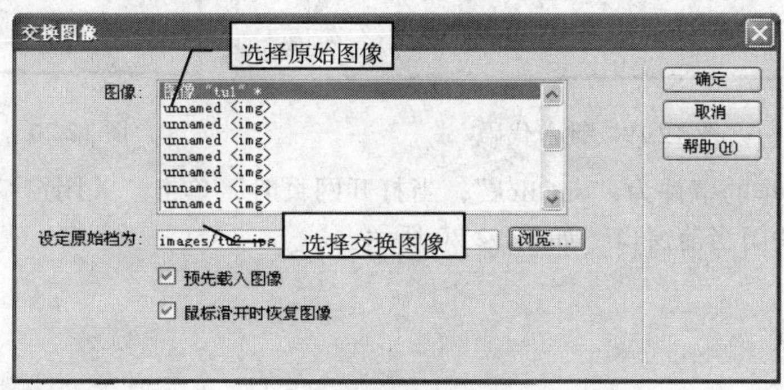

图 12.16　设置图像交换

提　示　勾选“预先载入图像”项，可提高图像的显示效果。勾选“鼠标滑开时恢复图像”项，则鼠标移开时，即 onMouseOut 事件发生时，再次交换成原始图像。

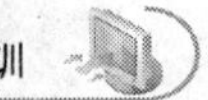

③ 在“行为”面板，看到本动作的事件 onMouseOver（鼠标经过）和自动添加的“恢复交换图像”动作的事件 onMouseOut（鼠标移开），如图 12.17 所示。

④ 继续添加交换图像行为，给第二张素材图命名为“tu2”，交换图像为“images tu4.jpg”，预览看效果，如图 12.18 所示。

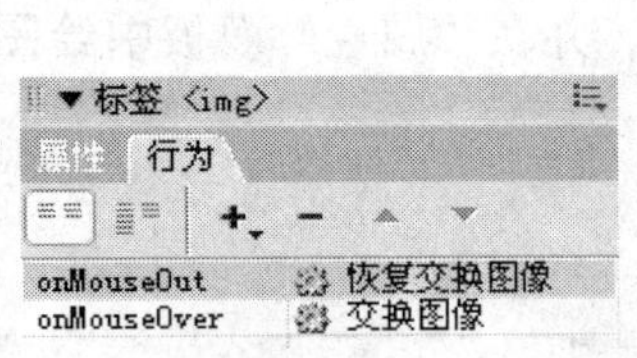

图 12.17 行为事件

图 12.18 最终效果

案例 12.4 调用 JavaScript（瑜珈网）

本案例任务为调用 JavaScript 来关闭页面窗口。

操作步骤

① 打开“12.4lx.htm”，选择页面下方的“关闭窗口”文字，并给文本添加空链接“#”。

② 在“行为”面板中添加“调用 JavaScript”行为，在弹出的对话框中输入需要执行的 JavaScript 代码，“window.close（）”，如图 12.19 所示，执行关闭窗口操作。

图 12.19 键入代码

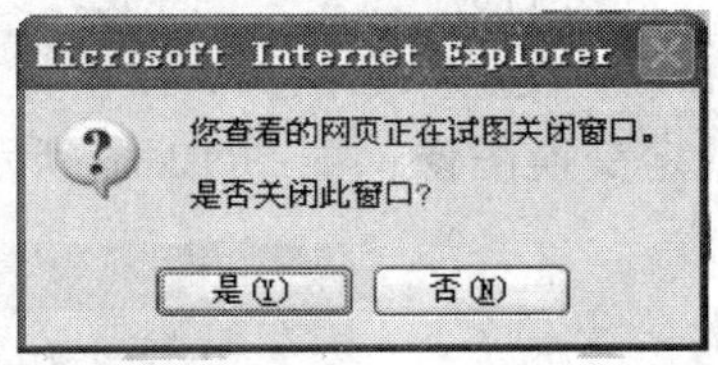

图 12.20 关闭窗口

③ 设置动作的事件为“onClick”，当打开网页时，单击“关闭窗口”，会弹出提示框，询问是否关闭当前窗口，如图 12.20 所示。

案例小结

本任务中讲解了几个简单行为，并通过设置 onLoad、onclick、onmouseover 等事件调用行为。再次总结一下行为的用法：首先选取添加行为的元素，例如图片、带链接的文字、层等；然后打开行为面板，按 +按钮选择一种动作，并在随后的对话框中设置动作的相关属性；最后给动作设置触发的事件。在下面的知识拓展和实战演练中，还将介绍 JavaScript脚本和弹出信息行为，最后所有案例的效果如图 12.21 所示。

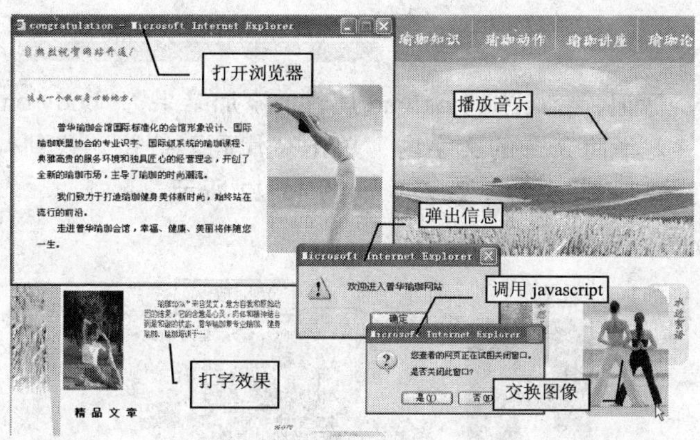

图 12.21　练习效果

插入 JavaScript 脚本

在 Dreamweaver 中，如果用户希望制作除了行为之外的更多特效，可以直接插入编写好的 JavaScript 脚本，本案例将利用 JavaScript 脚本编程来实现页面打字效果。

① 打开“12.5lx.htm”，单击“拆分”按钮切换到“代码”视图，将光标放在头标记结束标记</head>前，将 typewrite.txt 中的代码拷贝到当前光标处。

```
<script language="javascript">
<!--
var count=0
function play () {
msg=typewriter.innerText
comp=msg.length
type ()
}
function type () {
if (count<=comp) {
typewriter.innerText=msg.substring (0, count)
count++
setTimeout ("type () ", 150) }
else{
count=0
play ()
}}
function MM_callJS (jsStr) {// v2.0
return eval (jsStr)
}
```

```
//-->
</script>
```

② 找到<body>标记，给其添加 onload 属性，添加结果为<body onLoad="play( )">。

③ 光标放在“普华简介”的文字内，单击“代码”按钮，找到<div>标记，给其添加属性，预览网页，就能看到打字效果，如图 12.22 所示。

```
<div id="typewriter">…</div>
```

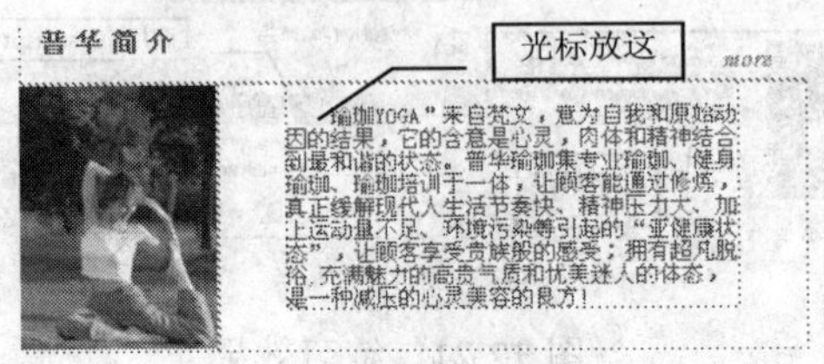

图 12.22 设置代码

项目小结

本项目讲解了行为的概念和组成，并通过一个网站的练习，讲解了在页面中播放背景音乐、弹出信息、打开浏览器窗口等行为的设置方法，在知识拓展中通过一段 JavaScript 编码，实现了特殊的打字效果，强化了知识技能的操作。

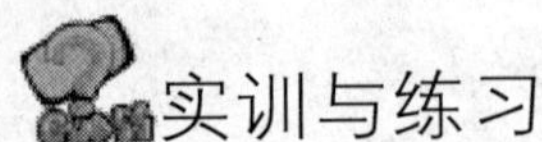

实训与练习

一、填空题

1. 事件是由__________生成的有效消息，指示该页的访问者执行的操作。
2. 打开“行为”面板的快捷键是__________。
3. 在 Dreamweaver 8.0 中，应用于图像的行为有__________、__________和__________。

二、选择题

1. 下面（　　）事件不是访问者对网页的操作。

   A. onMouseOver　　B. onMouseOut　　C. onLoad　　D. onClink

2. 下面关于行为的描述中不正确的是（　　）。

   A. 行为就是事件，事件就是行为

   B. 行为是由对象、事件和动作三个要素所组成的

   C. 通过行为可以播放声音、打开浏览器窗口和弹出信息框

D. 行为在设计上使用 JavaScript 语法，使我们不懂 JavaScript 也可以为网页对象添加简单的交互功能

三、简答题

1. 在行为中，事件与动作是什么关系？
2. 如何使用行为给网页播放音乐？

四、实训题

1. 弹出信息行为（瑜珈网）

图 12.23　实战效果

【实训要求】　给网页添加弹出信息行为，使加载和离开网页文档时弹出显示相应的信息框，如图 12.23 所示。

【实训提示】

① 打开文件“12.6lx.htm”，选定 <body> 标签，选择整个网页。

② 单击“添加行为”按钮，选择“弹出信息”命令，在“消息”框内输入加载网页时要显示的文字：“欢迎进入普华瑜珈网站”，单击“确定”按钮，退到“行为”面板，检查本行为的事件是否为 onLoad（图 12.24）。

图 12.24　“弹出信息”行为 1

③ 离开网页时弹出信息：再次选中<body>，给其添加“弹出信息”行为，将触发事件更改为表示离开网页的 onUnload（图 12.25）。

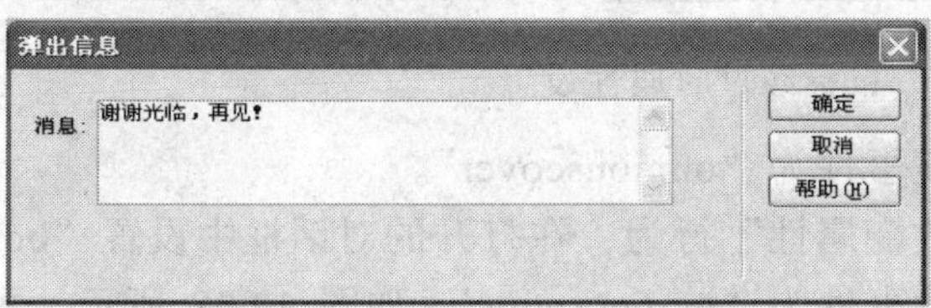

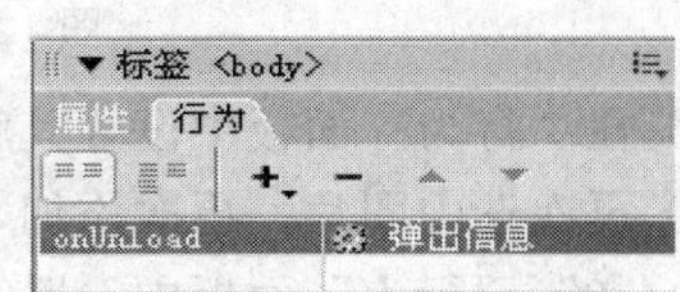

图 12.25　“弹出信息”行为 2

2．综合实训：改变属性和状态栏文本行为（鲜花网）（图 12.26）

图 12.26　实训效果

【实训要求】

给网页添加“改变属性”行为，使鼠标经过鲜花图片上时出现边框。添加“状态栏文本”行为，使网页的状态栏中出现欢迎文字。

【实训提示】

① 打开文件“12.7lx.htm”，选中一张花的图片，在“属性”面板中给它其名，如“f1”，继续选中图片，在“行为”面板中给其添加行为“改变属性”，在打开的对话框中做如下设置：“对象类型”中选“IMG”，“命名对象”中选择已命名的当前图片，“属性”中选择“输入”，输入属性为“border”，该属性表示图片的边线，“值”输入“2”，如图 12.27 所示。这些设置的含义为改变图片“f1”的边框属性“border”的值为“2”，单击“确定”后退出。

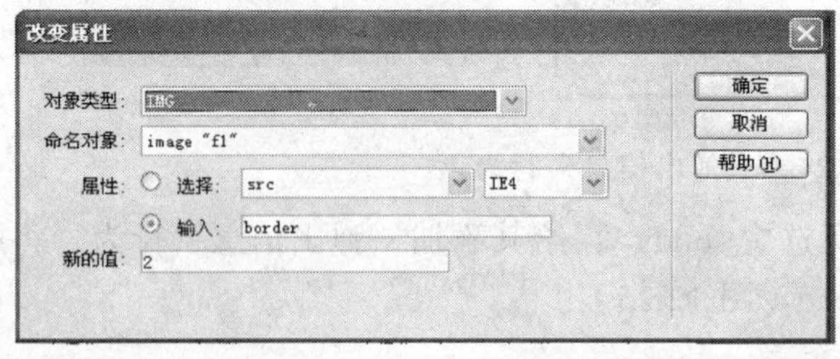

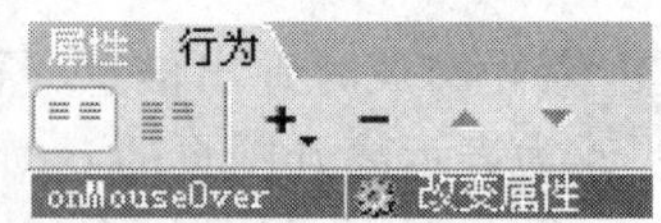

图 12.27　鼠标经过时属性设置

② 在“行为”面板中设置其触发事件为“onmouseover”。

③ 再次选中图片，再次添加“改变属性”行为，在打开的对话框中设置“border”的值为“0”，“行为”面板中设置触发事件为“onmouseout”，如图 12.28 所示，预览看效果。

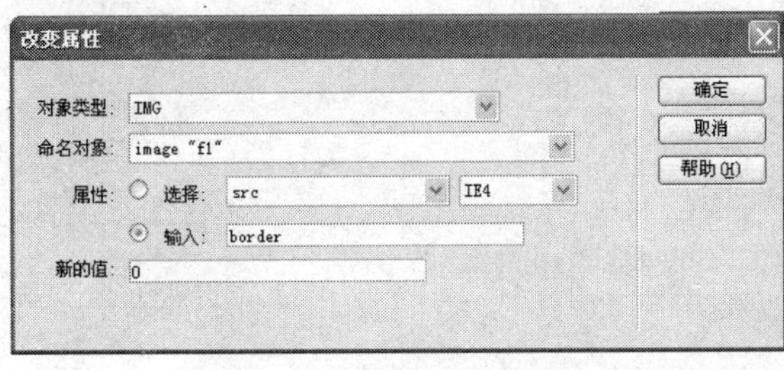

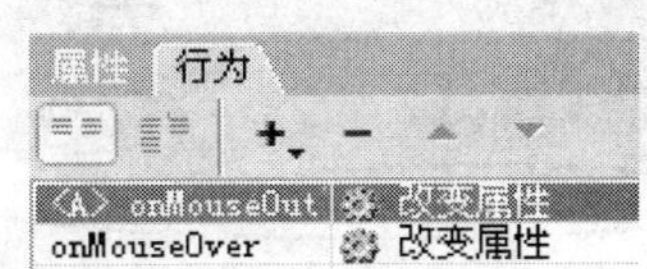

图 12.28　鼠标离开时属性设置

④ 还可以尝试给网页添加“设置状态栏文本”行为，方法为选中<body>标记，添加行为“设置文本→设置状态栏文本”，在其中输入文本如“欢迎来到浓情小屋”，设置触发事件为“onload”预览网页就可以在状态栏中看到效果了，效果如图 12.29 所示。

图 12.29　状态栏文本效果

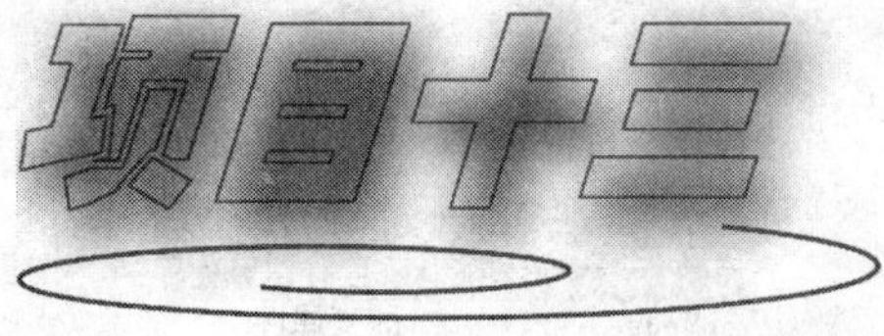

层和时间轴

知识目标

- 理解层的概念及作用
- 掌握关于层的行为
- 掌握利用层布局网页的方法

技能目标

- 掌握层的基本操作
- 掌握设置文本行为的设置
- 掌握显示—隐藏层行为的设置
- 掌握拖动层行为的设置
- 掌握时间轴的使用

任务 13.1　层

层是 CSS 的定位技术，它可以放在网页中的任何位置，不受任何限制；可以任意拖动，上下重叠；可以进行页面元素的布局并和表格互换，为不支持的浏览器提供解决的方法；通过层、时间轴、行为的配合应用，还可以制作出神奇的动画效果。

知识 13.1.1　创建层

首先学习如何创建层，可以通过两种方法来实现。

1. 利用插入栏按钮创建层

利用插入栏“布局”面板中的“绘制层”按钮，可以快速地用鼠标绘制一个层。

跟我操作

① 单击“插入栏”，转换到“布局”面板，单击其中的“绘制层”按钮。

② 此时将鼠标移至编辑窗口中，当其变成“十”字的时候，直接拖动鼠标就可以绘制出一个层，左上角为层的控制柄，单击它可以选择移动层，如图 13.1 所示。

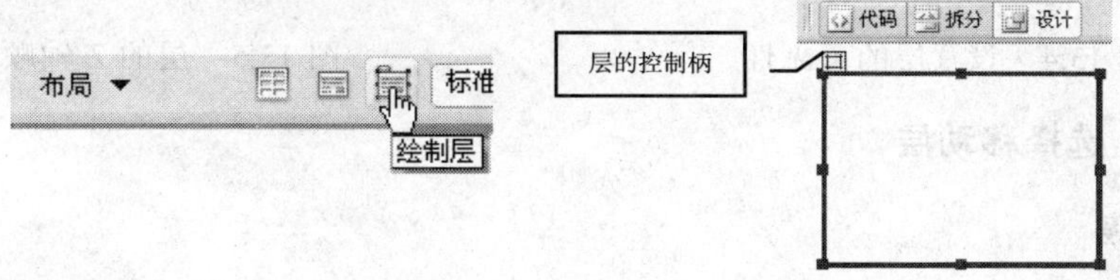

图 13.1　利用“绘制层”按钮插入层

2. 利用菜单命令创建层

选择“插入→布局对象→层”，用此种方法插入的层在网页的左上角且大小固定，如图 13.2 所示。

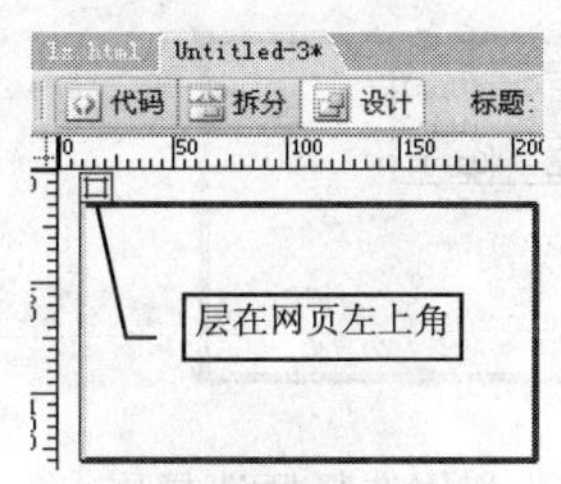

图 13.2　层的位置

图 13.3　层的首选参数设置

通过选择菜单“编辑→首选参数”，在左边的分类选项框中选中“层”，即可以改变层的“默认大小”和设置“插入层时是否固定大小”，如图 13.3 所示。

3. 连续绘制多个层

按住 Ctrl 键并拖动鼠标可以同时绘制多个层，这样就不必每次绘制一个层时，须重新点取一次“绘制层”按钮。

知识 13.1.2 层面板

通过“层”面板可以有效地管理文档中的层。

跟我操作

① 打开层面板：选择“窗口→层”。
② 更改层的可见性：单击一个层的眼形图标以更改其可见性，如图 13.4 所示。
③ 设置 Z 轴顺序：Z 轴值越大的层越在上面，越小的层越在下面，如图 13.5 所示。
④ 防止层重叠：勾选“防止层重叠”选项可使层与层之间不重叠。

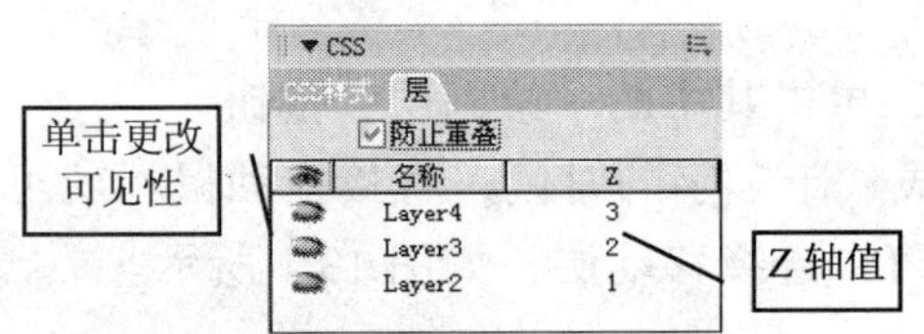

图 13.4 设置层的可见性

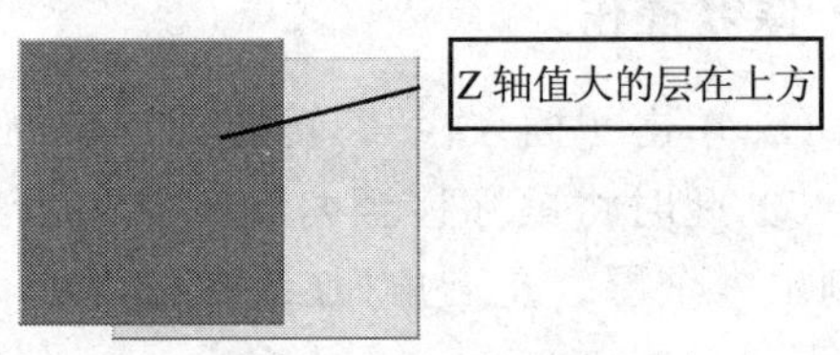

图 13.5 层的 Z 轴顺序

知识 13.1.3 选择移动层

1. 选择层

（1）利用层面板选择层

在“层”面板中单击该层的名称可以选择一个层，如图 13.6 所示。

（2）直接选择层

鼠标移到层的边框，变成⊕时单击，即可选中层；或点取控制柄，也可快速选择一个层，如图 13.7 所示。

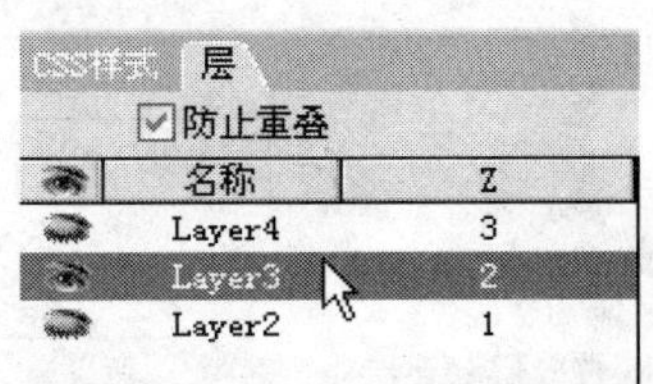

图 13.6 利用层面板选择层

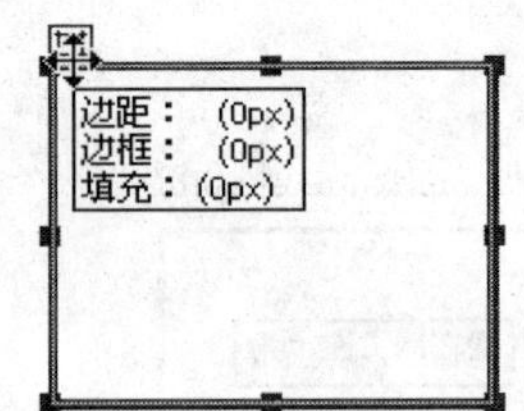

图 13.7 利用选择柄选择层

（3）同时选择多个层

按住 Shift 键的同时在多个层中单击鼠标，可同时选取多个层。

2. 更改层大小

（1）通过拖动来调整大小

拖动层的任一调整柄可以快速地改变层的大小，如图 13.8 所示。

（2）通过属性栏更改大小

在属性面板中，直接键入宽和高的值可精确地设定层的大小，如图 13.9 所示。

图 13.8　改变层大小　　　　图 13.9　层属性面板

3. 对齐层

按住 Shift 键同时选择多个层，然后选择“修改→排列顺序”，在弹出的快捷菜单中选择一个对齐选项即可，如图 13.10 所示。

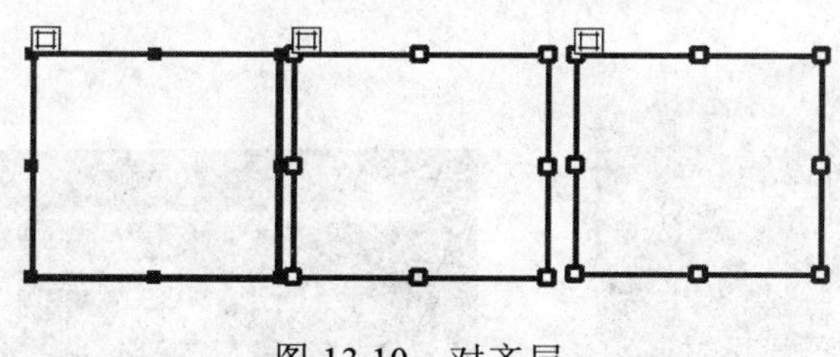

图 13.10　对齐层

知识 13.1.4　层属性

可以通过层属性面板来查看和设置层的相关属性，点击层的边框，鼠标变成✥时，选中层，在窗口下面会显示“层”属性面板，如图 13.11 所示。

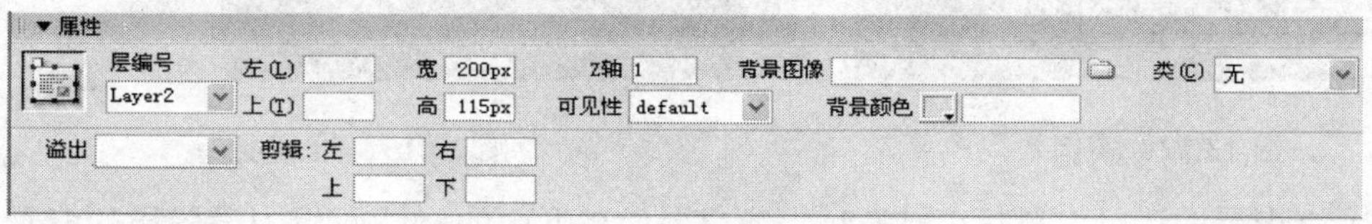

图 13.11　层属性面板

“层编号” Layer2：层的名称，可自己起，默认为 layer1，layer2……以此类推。

“左和上” 左(L) 188px 上(T) 168px：用于设置层的左边界与浏览器窗口左边界和上边界的距离。

“宽和高” 宽 200px 高 115px：用于设置层的宽度和高度。

“Z 轴” Z轴 1：指的是在垂直平面的方向上层的顺序号，值越大的层越在上方。

“背景图像” 背景图像 images/17.gif：用来为层设置背景图片。

“背景颜色” 背景颜色 #99CC66：用来为层设置背景颜色，不填为透明。

“溢出” 溢出 scroll：是层内容超过层大小时的显示方式，其下拉菜单中包括 4 个选项。

visible：按照内容的尺寸向右、向下扩大层，以显示层内的全部内容。

hidden：只能显示层尺寸以内的内容，超过层大小的内容不显示。

scroll；在层中添加滚动条，用户可以通过滚动来浏览整个层。该选项只在支持滚动条的浏览器中才有效，而且无论层是否够大，都会显示滚动条。

auto：只有在层不够大时才出现滚动条 。

案例 13.1　制作滚动文字（游戏网）

本案例任务为利用层制作页面文字的滚动效果，该效果可以有效地节省页面空间，如图 13.12 所示。

操作步骤

① 将文件夹“13”创建为站点，或拷贝到当前站点根文件夹下，打开文件“13.1lx.htm”，单击“布局”面板的“描绘层”按钮，在网页中的空白单元格内绘制一个层，如图 13.13 所示。

图 13.12　实例效果

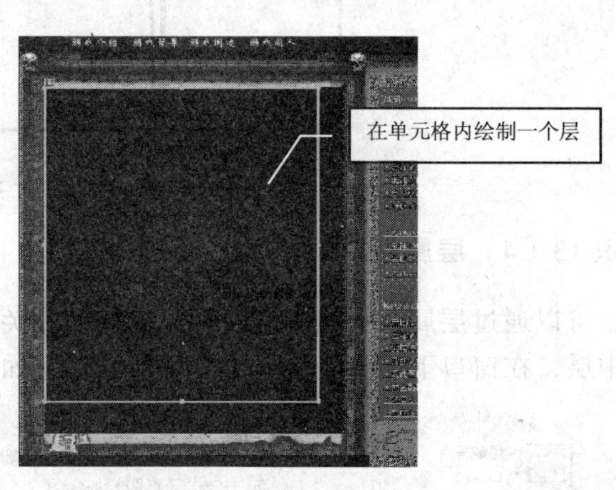

图 13.13　绘制层

② 点击层的边框，鼠标变成⊕时，选中层，在下面的属性面板中设置层的背景图像为“index_13_02.jpg”，并修改层的高度、宽度、左边距和上边距的值，如图 13.14 所示，或者用鼠标拖动改变层的大小和位置，只要层铺满单元格即可。

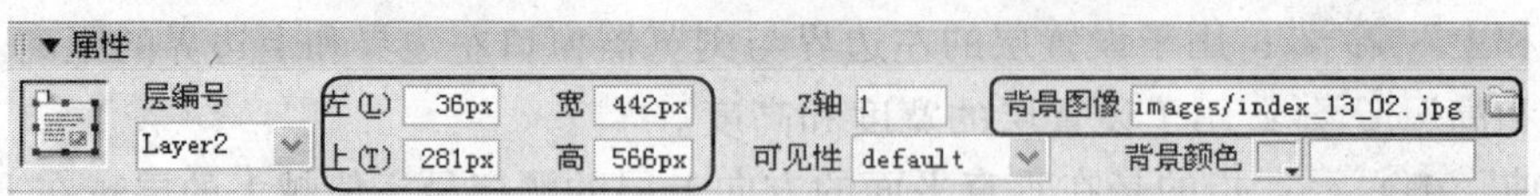

图 13.14　设置层的属性

③ 在层内插入图像“kehan.jpg”，打开文件“游戏简介.txt”，将文字粘贴到层中，文本大小设为 12px，由于文字较多，所以层的高度被拉大，如图 13.15 所示。

④ 选中层，在其属性对话框中，设置层溢出为 scroll 滚动状态或为 auto 自动状态，如图 13.15 所示。这样做的目的是在层中添加滚动条，网页预览时层保持原大小，而超出的部分可以拖动滚动条来显示。

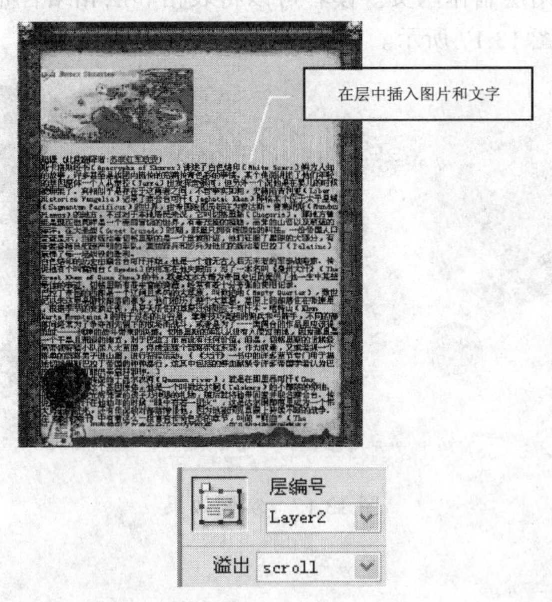

图 13.15　设置层滚动

提　示　scroll 与 auto 的区别是：前者无论层的内容是否超出，都添加滚动条;后者视内容是否超出来决定是否添加滚动条。对于本例来说，由于内容已超出，所以二者效果一样。

⑤ 保存文件，按 F12 键预览，效果如图 13.16 所示，如果层的位置有误差，可回到编辑状态调整其位置和大小。

图 13.16　在 IE 中预览效果

案例 13.2　利用层制作网页

本案例任务为利用层制作网页。读者可以将表格和层相结合布局网页，也可以全部用层来布局网页，如图 13.17 所示。

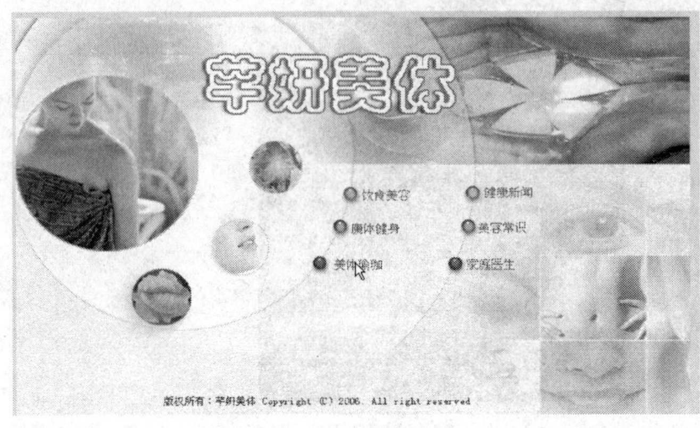

图 13.17　实例效果

操作步骤

① 打开文件“13.2lx.htm”，看到网页的表格中已插入背景图，只需在表格上添加按钮即可。

② 在表格中绘制一个层，在层中插入图片“bt1.gif ”，按住 Ctrl 键连续绘制其他 5 个小层，分别插入图片“bt2.gif ~ bt6.gif ”，最后在表格底部绘制一个层，在其中输入版权文字“版权所有：芊妍美体 Copyright（C）2006 All right reserved”，如图 13.18 所示。预览，观看网页效果。

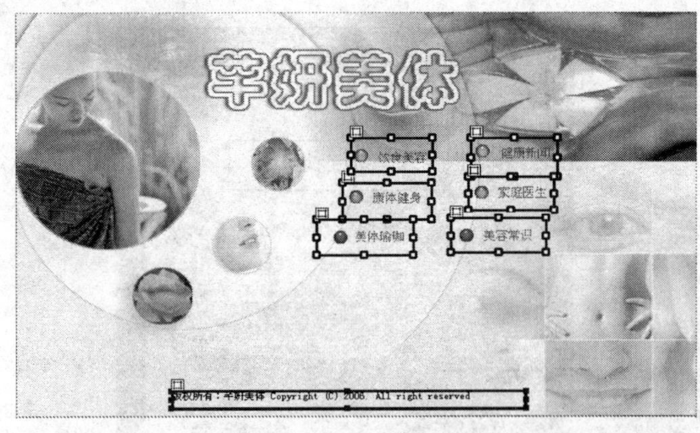

图 13.18　插入多个层

提　示　也可新建一空白文件，绘制一个层，在其中插入背景图“bt1.jpg”，然后再绘制其他按钮层，这样整个网页就都是用层布局的。

本任务讲解了层的排版，从中读者可以体会到绘制层和放置层的自由，将层的灵活和表格的规范相结合，可以扬长避短，使制作网页更加方便。

任务 13.2　和层有关的行为

在行为特效中，有很多是和层有关的，通过这些行为的使用，可以制作出很多的特殊效果，下面就来逐一进行讲解。

知识 13.2.1　设置层文本动作

“设置层文本”动作是用指定的内容替换层的内容和格式设置，该内容可以包括任何有效的 HTML 源代码，但层的属性比如颜色等将被保留。

要想添加“设置层文本”动作，可采用以下方法：

① 选中要应用“设置层文本”行为的对象，如一张图片。

② 在“行为”面板的下拉菜单中单击“设置文本”命令，在弹出的级联菜单中单击“设置层文本”命令，弹出“设置层文本”对话框，如图 13.19 所示。

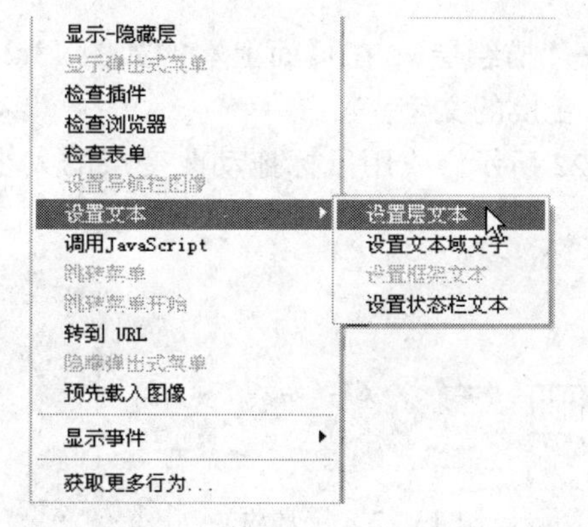

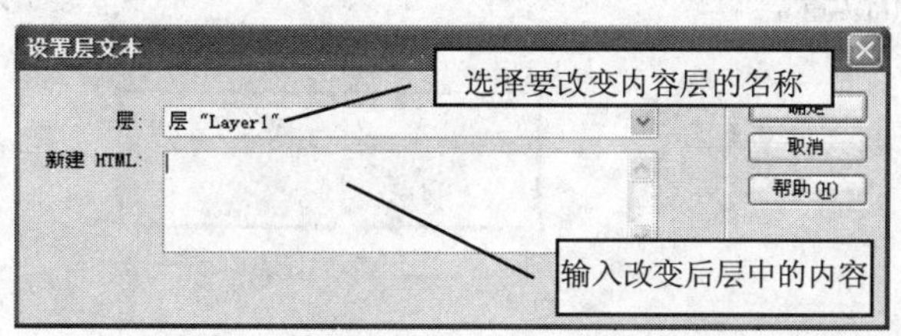

图 13.19　层文本行为对话框

③ 在“层”下拉列表框中选择需要改变内容的层，在“新建 HTML”中输入设置改变后层的内容，这里可以使用 HTML 代码，然后单击 “确定”按钮，即完成“设置层文本”动作的设置。

案例 13.3　设置层文本（购物网）

本案例效果是当鼠标分别经过四张图片时，在层“layer1”中变换显示对应图片的说明文字，如图 13.20 所示。

图 13.20 实例效果

操作步骤

（1）设定层文本行为

① 打开文件“13.3lx.htm”，单击“布局”面板→“描绘层”，在页面上端的如图 13.21 所在位置插入一个层 Layer1，将来在这个层中显示变换的文字。

② 修改层属性：调整层的大小和位置如图 13.22 所示，或用鼠标拖动改变层的大小和位置。

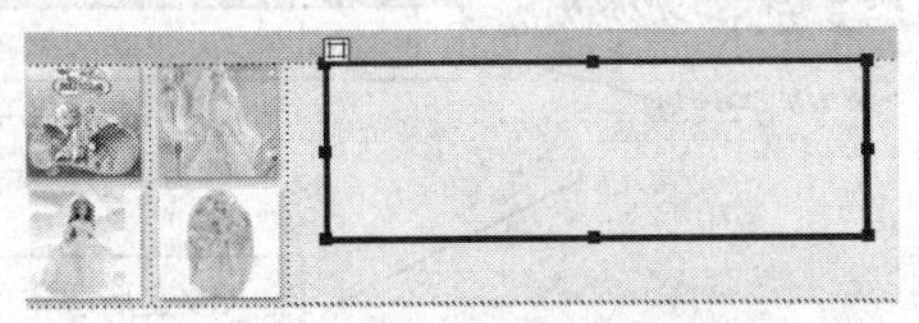

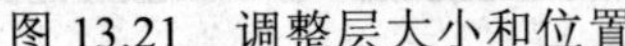

图 13.21 调整层大小和位置

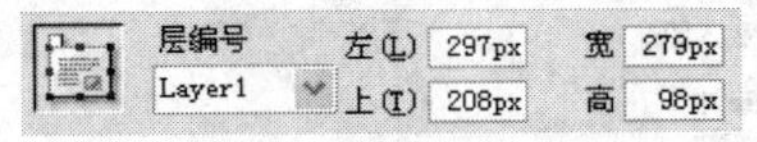

图 13.22 层属性

③ 选择“窗口→行为”，打开行为面板；再选中左上角的图片，表示要给该图片添加行为，如图 13.23 所示。

图 13.23 选中左上角的图片

④ 接下来就该为这幅图片设置文本了。选中“行为”面板上的 按钮，从“动作”弹出菜单中选择“设置文本→设置层文本”命令，打开“设置层文本”对话框。

⑤ 在“层”下拉列表中选择要设置的层“Layer1”，打开“芭比.txt”，然后在下面的“新建 HTML”列表框内粘入下面的文字，如图 13.24 所示，单击“确定”退出。此行为的作用：改变层“layer1”的内容为图片 1 的说明文字。

⑥ 在“行为”面板中将触发事件更换为“onMouseOver”，如图 13.25 所示，这样就给图片 1 添加了行为：鼠标经过（onMouseOver）它的时候，改变层 layer1 的内容为该图片的说明文字。

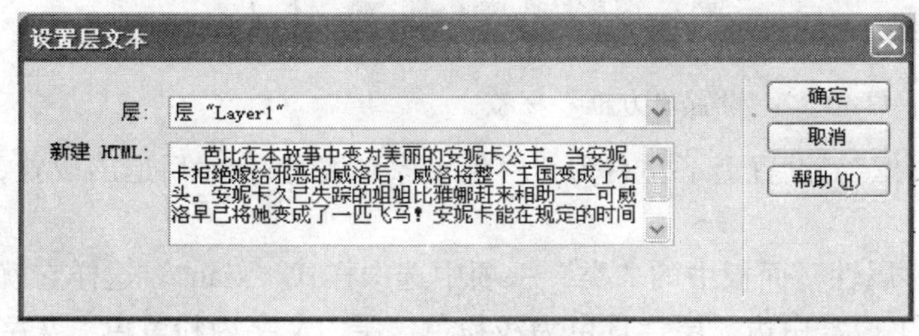

图 13.24　输入层的显示文本内容

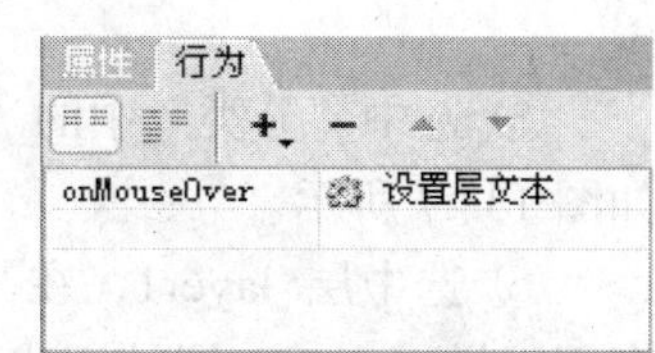

图 13.25　更改触发事件

⑦ 分别选中图片 3 和图片 4，重复第 3 步~第 6 步，分别给它们添加说明文字，最后预览看效果，如图 13.26 所示。

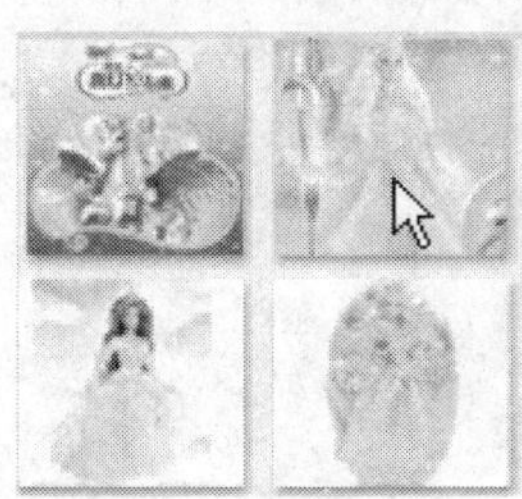

图 13.26　在 IE 中预览效果

（2）利用 CSS 样式美化层

现在简单的“设置层文本”行为已设置完毕，可显示效果上不是很美观，下面利用 CSS 样式美化一下层的外观。

① 单击“CSS 样式”面板上的 按钮，新建一个名为.xian 的样式。在打开的对话框中，选中对话框左边“分类”中的“类型”，设置文本的行高为“18 像素”、颜色为“#D9A7DE”。

② 选中“分类”中的“背景”，设置“背景色”为“#FBEEF2”。

③ 选中“分类”中的“区块”，设置“文本缩进”为“20 像素”，其作用是使文字首行缩进。

④ 选中“分类”中的“方框”，设置“填充”的“右”和“左”为“10 像素”，如图 13.27 所示，其作用是设置对象的左、右边界各为 10px。

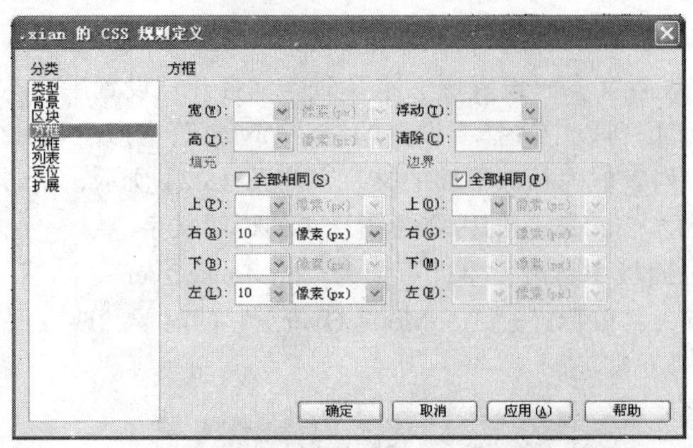

图 13.27　设置“方框”标签

⑤ 选中“分类”中的“边框”，设置上下左右为“白色 1 像素实边”，然后退出设置，如图 13.27 所示。

⑥ 选中层 layer1，在其“属性”面板中的“类”一项中选中样式“xian”。这样它就套用了样式 xian：层的四边为 1 像素白边，层背景色为浅粉色，层内文字为粉紫色，文字行距为 18 像素，首行缩进 20 像素，文字左右边距各缩进 10 像素，效果如图 13.28 所示。

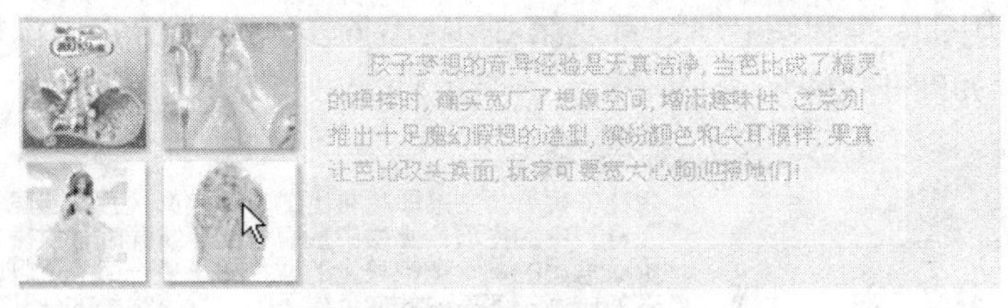

图 13.28　预览效果

知识 13.2.2　显示-隐藏层行为

该行为可以显示、隐藏或恢复一个或多个层的默认可见性。例如，当用户将鼠标滑过栏目的文字时，可看到相关的图片等信息，鼠标滑出时，信息又消失。

要想添加“显示-隐藏层”行为，可采用以下步骤：

① 在文档窗口创建要附加该行为的层，然后在层中放置要隐藏、显示的图像或文字。

② 打开“行为”面板，单击按钮+并从“动作”下拉列表中选择“显示-隐藏层”，打开如图 13.29 所示的对话框。

图 13.29　预览效果

“命名的层”：在列表中选择要更改其可见性的层。

“显示”：单击“显示”按钮可以显示该层。

“隐藏”：单击“隐藏”按钮可以隐藏该层。

“默认”：单击“默认”按钮恢复层的默认可见性。

案例 13.4　利用显示-隐藏层制作下拉菜单（购物网）

本案例的效果是当鼠标移到导航栏中的项目时，便会出现下拉菜单，当鼠标移开导航栏时，菜单即消失。这里使用层、“显示-隐藏层”行为制作。在页面中制作这种页面效果不仅可以增强其动态效果，还可以节约很多的页面空间。

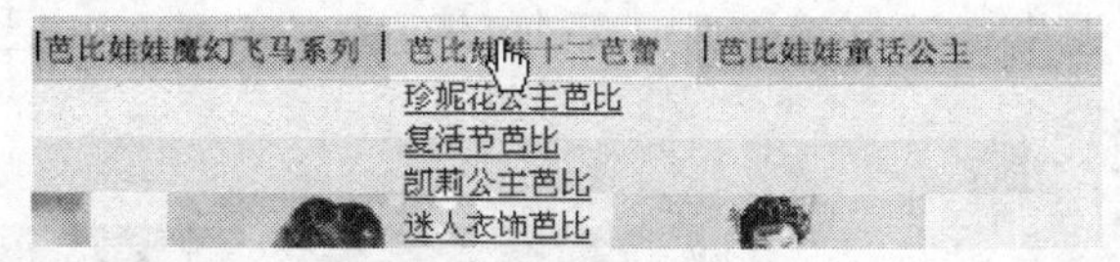

图 13.30　设置层文本效果

**操作步骤**

（1）添加显示-隐藏层行为

① 打开文件“13.4lx.htm”，单击“布局”面板→“描绘层”按钮，在导航菜单下面绘制 4 个独立的层，使之正好在导航菜单之下，如图 13.31 所示。

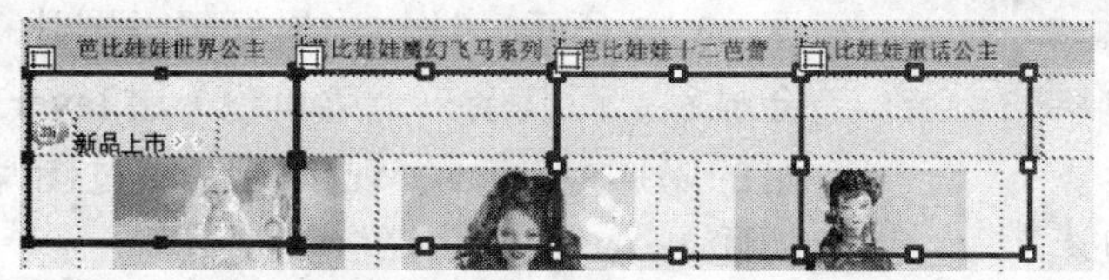

图 13.31　绘制层

② 选择“窗口→层”，打开层面板，看到在层面板中多了 layer2～layer5 四个层，（layer1 为网页中原有的层，是在任务一设置层文本中使用的）。

③ 将插入点移动到新插入的第 1 个层中，执行“插入→表格”命令，在层内插入一个 4 行 1 列，宽度为 100%的表格，其他三个层也依此进行。

④ 分别在表格内输入文字，并可添加空链接和适当调整单元格高度，如图 13.32 所示。

芭比娃娃世界公主	芭比娃娃魔幻飞马系列	芭比娃娃十二芭蕾	芭比娃娃童话公主
灰姑娘公主芭比	芭比魔幻系列套装	珍妮花公主芭比	芭比欢乐俱乐部
时尚狂热亮发芭比	魔幻飞马之安妮公主	复活节芭比	芭蕾灰姑娘芭比
睡美人芭比	白芸皇后瑞拉	凯莉公主芭比	睡美人芭比
杜雷斯公主芭比	生日舞会芭比	迷人衣饰芭比	圣诞节凯莉芭比

图 13.32　添加菜单项

⑤ 选择“窗口→层”，打开层面板，设置层 4 个层均为隐藏状态，如图 13.33 所示，这样做的目的是设置页面初始打开时 4 个菜单都是隐藏的，后面将通过行为的设置再来

触发不同情况下相应层的显示和隐藏。

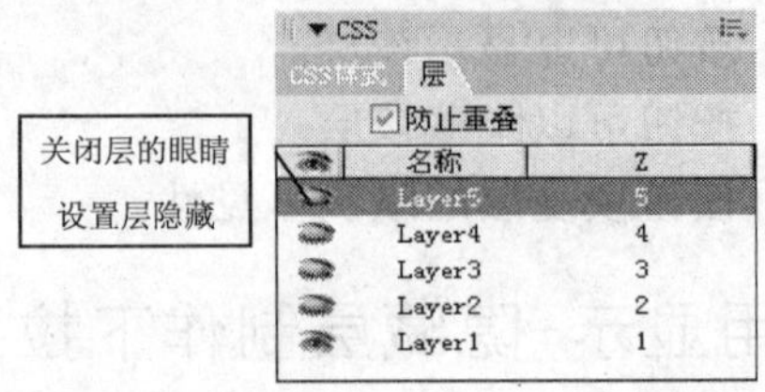

图 13.33 设置层隐藏

⑥ 选中导航菜单第 1 张图片“芭比世界公主”，单击行为面板的“+”号，在弹出的菜单中选择“显示-隐藏层”，在打开的对话框中设置层 layer2 为“显示”，如图 13.34 所示，单击“确定”退出，这样给图片 1 添加的行为是“显示”层 layer2。

图 13.34 添加显示层行为

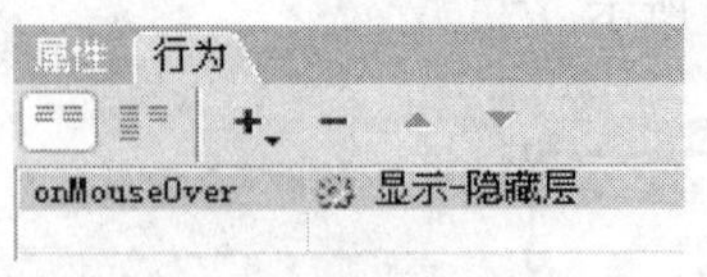

图 13.35 鼠标事件

⑦ 在行为面板中设置鼠标事件为 onMouseOver，如图 13.35 所示。这样当鼠标经过图片 1 时，层 layer2 就会显示，而其余三个菜单项（层 layer3 ~ layer5）保持初始的隐藏状态，实现了鼠标经过图片弹出下拉菜单的功能。

⑧ 下面给图片 1 再添加菜单隐藏的行为：选择图片，选择“显示-隐藏层”行为，在打开的对话框中设置 layer2 为“隐藏”，如图 13.36 所示。

图 13.36 设置层隐藏

⑨ 在行为面板中设置鼠标事件为 onMouseOut。这样当鼠标离开图片 1 时，下拉菜单所在层 layer2 就会隐藏，如图 13.37 所示。

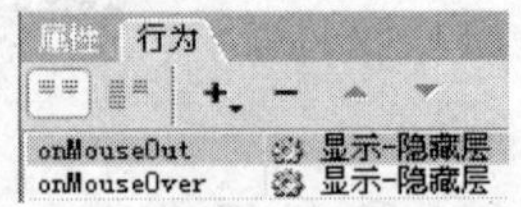

图 13.37 鼠标事件

⑩ 保存文件，在浏览器中预览调试，重复第 7 ~ 10 步，为其他三个层也添加相应的行为和设置鼠标事件。

（2）利用 CSS 样式美化下拉菜单

经过以上步骤的制作，导航图片已经具有了下拉菜单的功能，但是菜单还欠美观，下面就用 CSS 样式给表格做一下美化。

① 在层面板选中层“layer2”，在层中表格的每 1 行文字前面插入图片“13.3_files/dot2.gif ”，来添加菜单项，如图 13.38 所示。

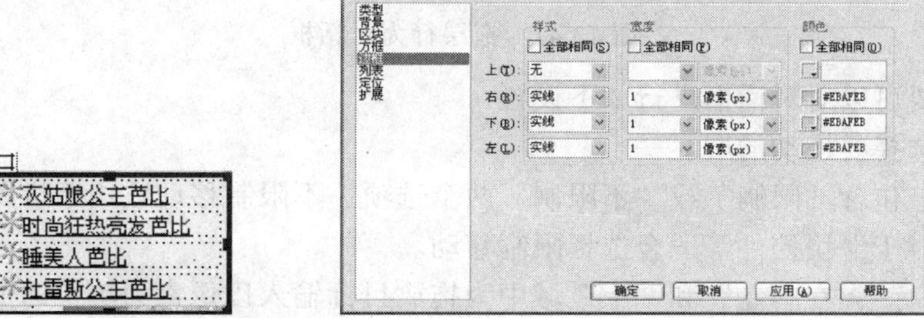

图 13.38　插入菜单图片　　　　图 13.39　设置边框选项

② 新建一个名为 xian2 的样式，选中“分类”中的“背景”，设置“背景色”为“#FBEEF2”；选中“分类”中的“边框”，设置其下左右为“粉色 1 像素实边”，如图 13.39 所示，然后单击“确定”退出设置。

③ 选中层 layer2 中的表格，对其套用该样式。这样它就具备了样式 xian2 的特性，给其他 3 个下拉菜单也套用相同的样式，预览看效果，如图 13.40 所示。

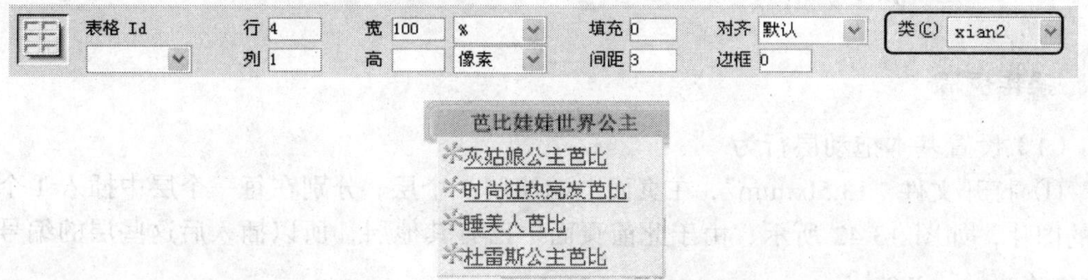

图 13.40　套用样式后的效果

知识 13.2.3　拖动层行为

“拖动层”行为允许访问者拖动层，可以使用此行为创建拼图游戏、滑块控件和其他可移动的界面元素，可以指定访问者向哪个方向拖动层（水平、垂直或任意方向），访问者应将该层拖动到哪个目标，如果层在目标范围内是否将层靠齐目标，当层接触到目标时应该执行的动作和其他更多选项。

要想添加“显示—隐藏层”行为，可采用以下步骤：

① 选取要添加行为的对象。

② 打开“行为”面板，单击按钮 +. 从下拉列表中选择“拖动层”，在打开的对话框中包括“基本”与“高级”两个标签，默认状态为“基本”，如图 13.41 所示。

图 13.41 拖层行为对话框

根据需要可以对对话框进行如下设置：

"层"：选择要拖动的层。

"移动"：包含"限制"或"不限制"两个选项。不限制移动适用于拼图游戏和其他拖放游戏，对于滑块控件等适合选择限制移动。

"放下目标"：在"左"和"上"域中为拖放目标输入以像素为单位的值。

"取得目前位置"用层的当前位置自动设置"放下目标"、"靠齐距离"文本框。

"靠齐距离"输入一个以像素为单位的值，确定访问者必须放目标多近，才能将层靠齐到目标。

案例 13.5 芭比换装游戏（购物网）

本案例效果为利用拖动层行为来做芭比换衣服的小游戏，效果是用鼠标拖动衣服到芭比的身上，实现换衣服的操作。

操作步骤

（1）设置基本拖动层行为

① 打开文件"13.5lx.htm"，在页面上端绘制 7 个层，分别在每一个层中插入 1 个衣服的图片，如图 13.42 所示，由于此前页面中已有其他层，所以插入后这些层的编号为"Layer6"～"Layer12"。

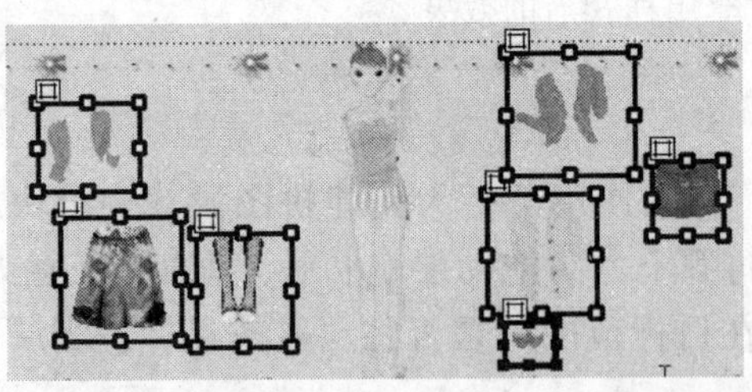

图 13.42 在层中插入图片

② 在标签选择器中选择<body>标签，表示给整个网页加行为，在"行为"面板中添加"拖动层"行为，在打开的对话框中设置第 1 个衣服层"Layer6"可"不限制"移动，如图 13.43 所示。

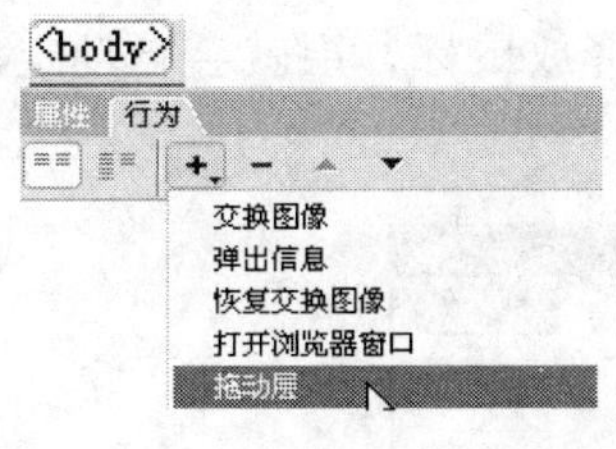

图 13.43　设置拖动层行为

③ 下面给“Layer7”也添加同样的行为：选中<body>标签→添加“拖动层“行为→设置层“Layer7”可移动。

④ 重复以上步骤，给“Layer8”~“Layer12”也添加同样行为，然后观察行为面板，看到共添加了 7 个“拖动层”行为，如图 13.44 所示，其触发事件均为“onload”（网页加载时），因为就是这个事件，所以不必更改它，至此行为添加完毕。

⑤ 保存文件，按 F12 键预览看效果，看看层是不是可以拖动了，试着给芭比换几身衣服，如图 13.45 所示。

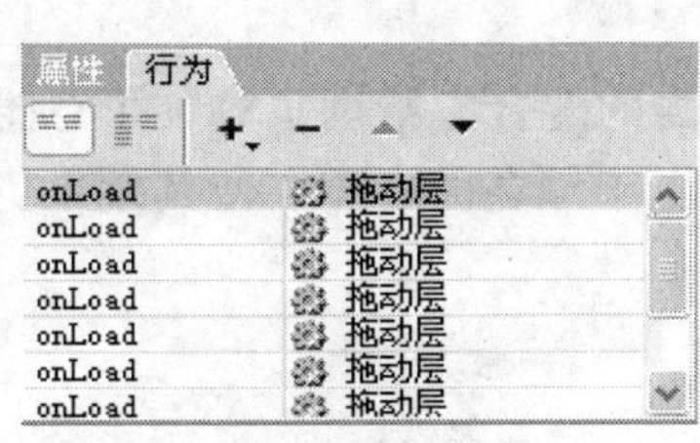

图 13.44　添加后的行为面板

图 13.45　添加行为

（2）设置拖动层的目标

“拖动层”行为还可以实现一种操作，鼠标拖动层到固定点，释放鼠标后层可以自动吸附到这个点上，可以利用它让衣服自己穿到芭比身上。

① 选取一件衣服所在的层，将其放在芭比上，调整层的位置，使衣服穿在正合适的位置，如图 13.46 所示，看一下属性面板，记住该衣服所在层的编号，观察层的“左”和“上”的值，这两个值记录了层的位置。

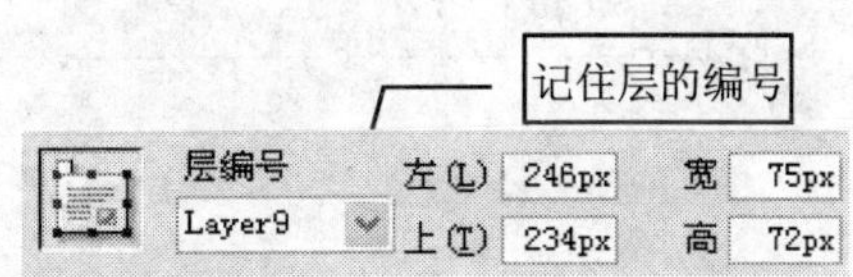

图 13.46　确定层的位置

② 选定<body>标签，添加“拖动层”行为，在打开的对话框中选择“层”为刚才记住的层，单击“取得当前位置”按钮，则 Dreamweaver 会自动获取当前层所在的位置，

“靠齐距离”默认为“50”像素，这样当离目标 50 像素时释放鼠标，层就会自动定位到“放下目标”中的位置，如图 13.47 所示。

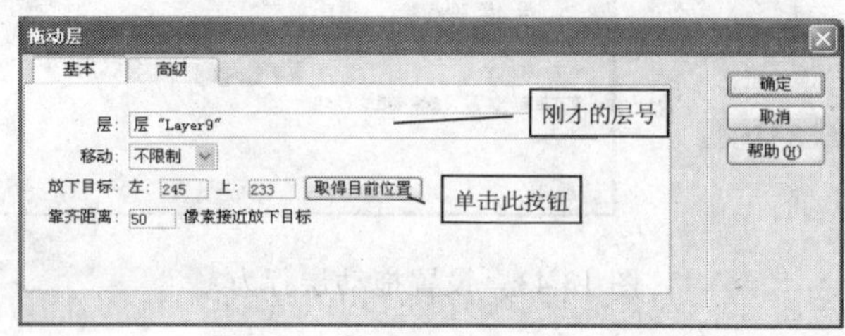

图 13.47 拖动层的位置

③ 下面把刚才的层移到其他位置，保存网页，预览看效果，拖动这个层到芭比身上，当还有一段距离时释放鼠标，层会自动定位穿到芭比身上。

④ 重复 1 ~ 3 步，给每件都衣服所在层都添加这样的行为，预览，看看这样的效果是不是比原来更好了呢？

案例小结

本任务讲解了与层相关的三个行为，通过这些行为的配合，给网页添加了意想不到的动态效果，同时通过给层应用 CSS 样式，也给层穿上了漂亮的衣服，使其效果更加的美观和实用。

任务 13.3 层与时间轴

在网页设计过程中，使用时间轴技术能使网页中的对象随时间变化而产生动感，从而创建出多姿多彩的动感网页。时间轴动画是通过“时间轴”面板来制作完成的。

选择“窗口→时间轴”命令，在编辑窗口正下方打开“时间轴”面板。“时间轴”面板中的每一列代表帧，帧的显示速度是由频率（Fps）决定的，如图 13.48 所示。

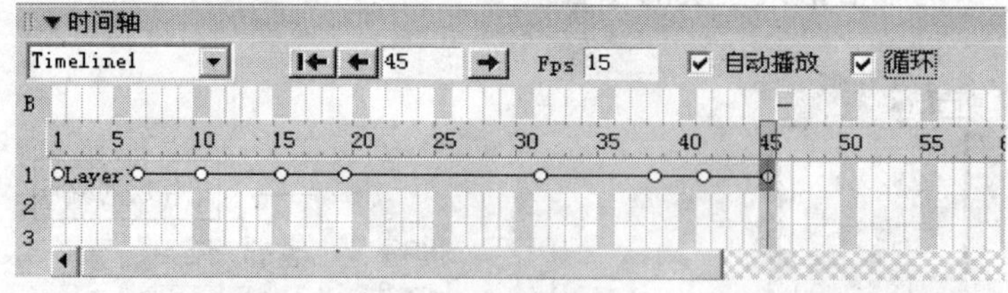

图 13.48 时间轴面板

“时间轴”面板中最上面的是控制栏，在控制栏中可设置时间轴动画的各项参数。标有大写字母 B 的是行为通道，在行为通道中带有行为标记的帧附加了行为。面板中间是时间标尺，标尺上有个红色小块是当前帧标记，表明了当前帧的状况。再往下就是动画条了，在一个 Web 页面上可设置描述多个对象运动的动画条。

在“时间轴”面板可以进行如下设置：

Timeline1：时间轴选择列表，在同一个文档中可以设置多个时间轴，当用户创建多个时间轴时，利用该下拉列表可选择当前时间轴。

45：这 3 个按钮的功能分别是切换到第一帧、当前帧的上一帧或下一帧，文本框中是当前帧的序号。若输入某个帧序号值，便可切换到该帧。

Fps 15：Fps 文本框中设置每秒要播放的速度，默认值是 15fps。该数值越小，播放速度越慢。

“自动播放”：若选中该复选框，表示网页打开后，时间轴动画自动开始播放。

“循环”：若选中该复选框，则网页打开后，循环播放时间轴动画。

案例 13.6　飘浮的广告（购物网）

本案例任务是制作漂浮的广告，鼠标经过时广告停止飘动，单击可链接到相应网页，它主要用层和时间轴动画来完成，如图 13.49 所示。

图 13.49　拖动层行为效果

操作步骤

① 打开文件“13.6lx.htm”，在布局面板上选择“描绘层”，在页面中绘制一个层，在层中插入图片“13.7_files/qiu.gif ”，如图 13.50 所示，给图片加空链接。

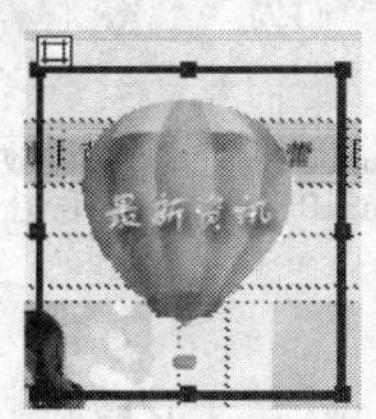

图 13.50　拖动层行为效果

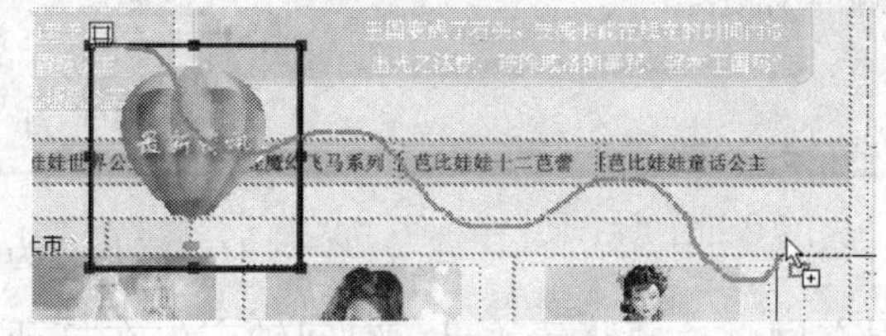

图 13.51　录制层路径

② 选择“窗口时间轴”命令，打开时间轴面板。选中刚才绘制的层，选择“修改→时间轴→录制层路径”命令（或单击“时间轴”面板右上角的“选项”菜单按钮，再选择“录制层路径”也可以）。

③ 拖动层在页面上绘制，看到移动过处出现灰色的曲线，这就是层的运动轨迹了，

Dreamweaver 8 将其自动录了下来，如图 13.51 所示。

④ 观察下面的“时间轴“面板上，发现自动添加了动画条，勾选“循环”和“自动播放”，如图 13.52 所示，预览，看到广告图片能够在浏览器中自动循环播放。

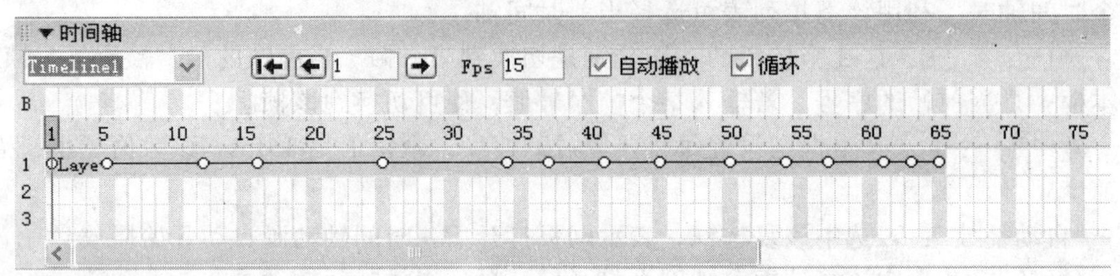

图 13.52　录制层路径

⑤ 选中层，在“行为“面板中给其添加“时间轴→停止时间轴行为。

⑥ 在打开的对话框中选择“Timeline1”作为要播放的时间轴，如图 13.53 所示，按“确定”退出，然后设置行为的触发事件为 onmouseover，这样就定义了一个行为：鼠标经过（onmouseover）时停止时间轴，此时用户可以点击时间轴中的图片，链接到相应的网页。

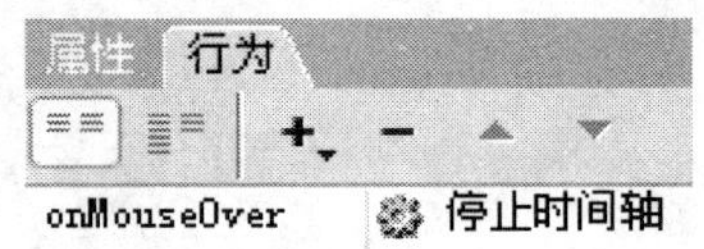

图 13.53　设置行为

⑦ 继续选中层，添加“播放时间轴”行为，给“Timeline1”设置：鼠标离开（onmouseout）时播放时间轴，如图 13.54 所示。

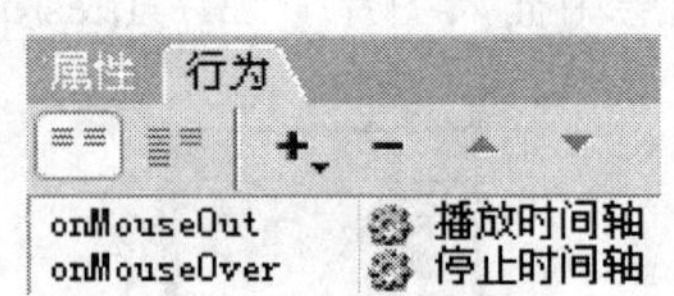

图 13.54　添加行为

⑧ 保存网页，预览看效果，时间轴广告在打开网页时自动播放，当鼠标经过其上时停止播放，鼠标离开时继续播放。

案例小结

本案例通过层、时间轴和行为的配合，制作了一个飘浮的广告，给页面添加了动感效果，是一个较实用的案例。

知识拓展

层与表格的转换

除了用层排版外，还可以将层转换为表格，来更好地对页面进行排版。

操作步骤

① 打开文件“13.7lx.htm”，选择“修改→表格→层到表格”，选中“最精确”“置于页面中央”和“防止层重叠”选项，如图 13.55 所示，这样层就转换为表格。

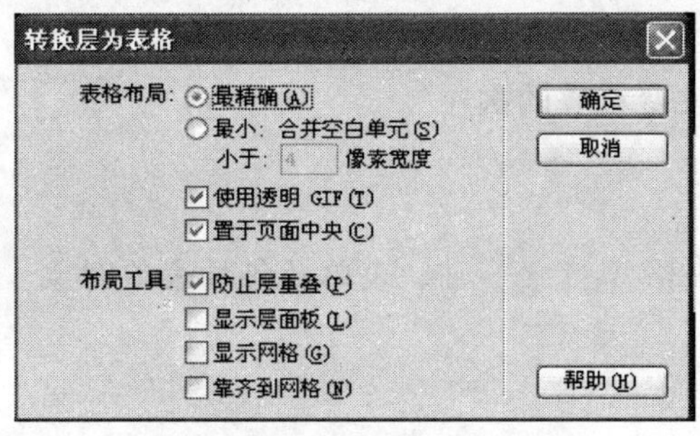

图 13.55　层到表格的转换

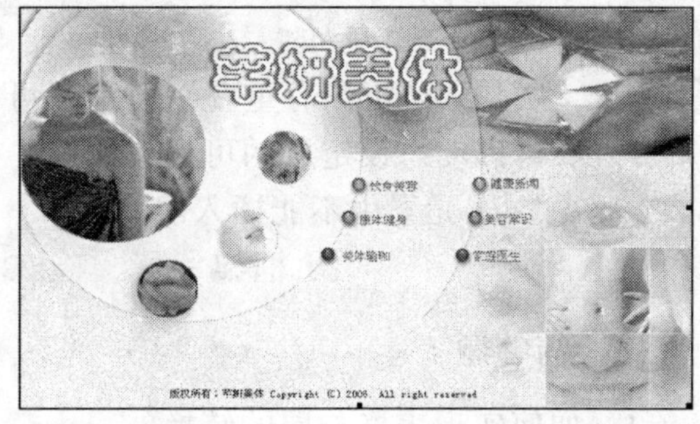

图 13.56　层转换为表格

提　示　*层转换为表格的前提是：网页中的层不能重叠。*

② 将层转换为表格后，如果仍希望利用层排版页面，可以将表格再转换为层，选择“修改→转换→表格到层”即可，如图 13.56、图 13.57 所示。

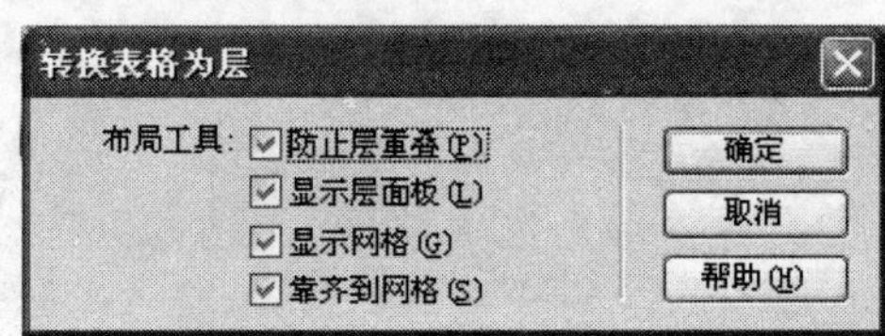

图 13.57　表格到层的转换

项目小结

本项目的内容主要是围绕层展开的，介绍了层的各项属性参数及和其相关的行为，还讲授了时间轴的基本功能和使用方法，并制作了飘浮的广告练习，使读者对层、行为

和时间轴有了更深的认识。

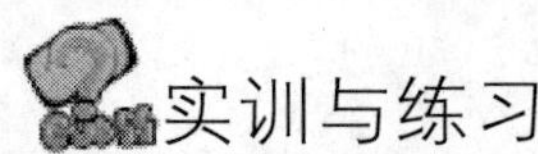

实训与练习

一、填空题

1. 层的_________值是按照层的创建顺序依次增加的，该值越大的层显示时越靠前。
2. 按_________键可一次选择多个层。

二、选择题

1. 在 Dreamweaver 中，下面关于层的说法错误的是（　　）。
   A. 层可以被准确地定位于网页的任何地方
   B. 还可以规定层的大小
   C. 层与层还可以有重叠，但是不可以改变重叠的次序
   D. 可以动态设定层的可见与否
2. （　　）元素中不能插入层。
   A. 层　　B. 框架　　C. 表格　　D. 表单及各种表单对象

三、简答题

1. 如何实现表格与层的转换？
2. 有关层的行为都有哪些？

四、实训题

1. 制作栏目说明（购物网）

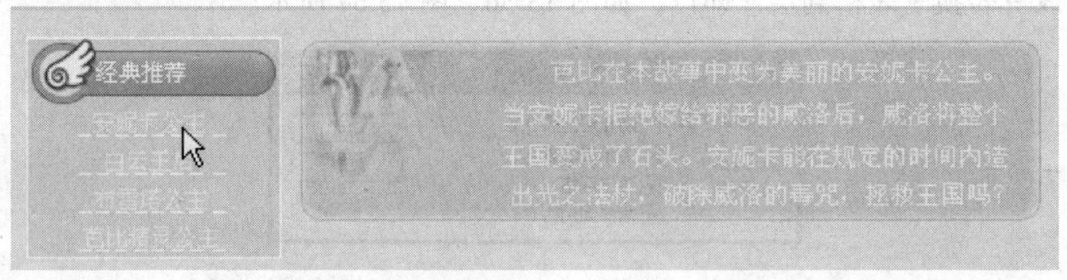

图 13.58　实训效果

【实训要求】　栏目说明：鼠标滑过不同的栏目时，在右侧显示该栏目的图片和说明文字，如图 13.58 所示。

【实训提示】　打开文件“13.8lx.htm”，在其中分别绘制 4 个层，里面分别插入“1.jpg~/4.jpg”，然后给左边的四个菜单项图片添加显示隐藏层行为，鼠标经过菜单项时，对应层显示，鼠标移出菜单项时，对应层隐藏。

2．综合实训：制作二级弹出式菜单（鲜花网）

图 13.59　实训效果

【实训要求】　利用“弹出式菜单”行为给导航图片 “花卉常识”和“鲜花传情”制作弹出式菜单。其中“鲜花传情”要求制作出二级菜单，如图 13.59 所示。

【实训提示】

① 打开文件“13.9lx.htm”，选中导航图片“鲜花传情”，在“行为“面板中添加“显示弹出式菜单”行为，在打开的对话框的“内容”标签中，单击“+”可添加下一菜单项，单击可缩进为二级菜单项，在每一菜单项输入“文本”和“链接”如图 13.60 所示。

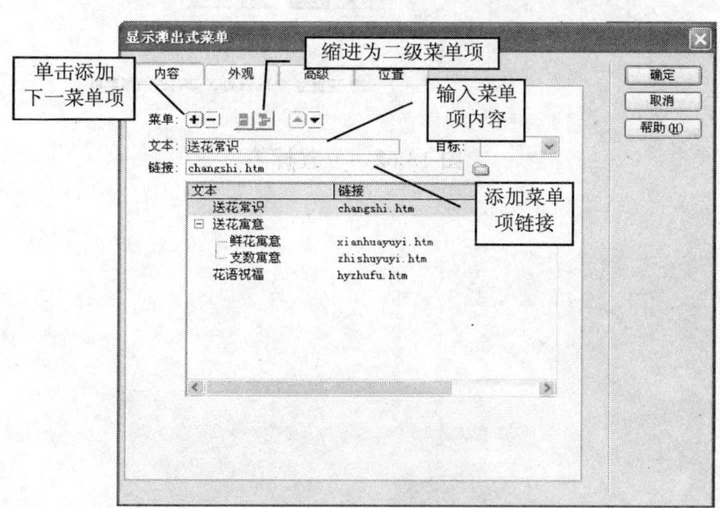

图 13.60　内容标签

② 在“外观”标签中，分别设置一般状态下文本、单元格背景的颜色和鼠标滑过状态时文本、单元格背景的颜色，如图 13.61 所示。

③ 选择“位置”标签，里面有 4 种选项，分别用图标形象地表示了菜单与项目的位置，选择一种，单击“确定”按钮退出，预览看效果，如图 13.62 所示。

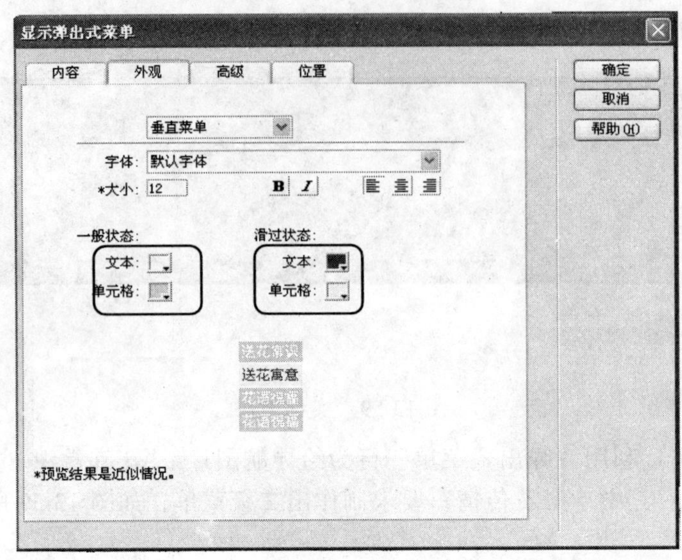

图 13.61 外观标签

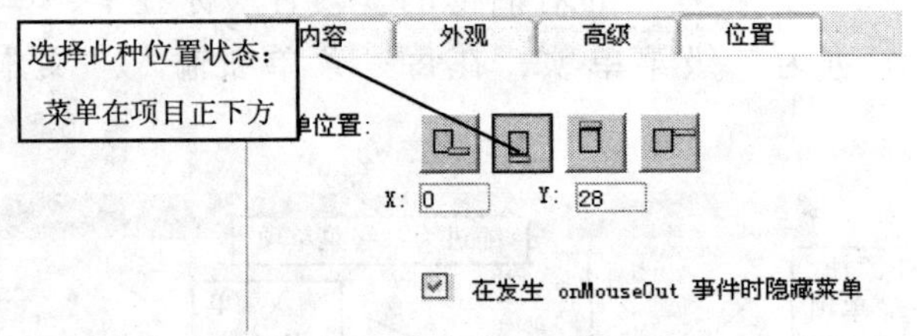

图 13.62 位置标签

整站建设、测试与上传

知识目标

- 掌握利用切片的生成网页的方法
- 掌握网页的表格布局方法
- 掌握模板的建立及应用

技能目标

- 掌握利用 Photoshop 切图的方法
- 掌握利用 Dreamweaver 布局网页的方法
- 掌握网站测试及上传的方法

在前面的几个项目中，以知识点为模块，具体地介绍了 Dreamweaver 8 的强大功能，但要制作一个完整的网站，仅仅利用它是完全不够的，就拿图像处理的功能说，Dreamweaver 就非常有限，而要设计出优秀的作品，没有图像呈现的效果是绝对不可能的。从网页美工的角度来说，一个网站的风格及配色是在对网站的类型及内容进行系统分析的前提下确定的，作为一个合格的网页设计者，也应对图像的处理、加工和美化有一定的基础知识。在网页 PSD 模板越来越丰富的今天，模板的切片也是网页制作的必学知识，下面就归纳一下网页从模板切片到制作的基本过程：

① 创建站点。

② 在 Photoshop 中对效果图进行切片操作，并输出 HTML 文档。

③ 参考切片输出文档，制作站点主模板。

④ 从模板创建新文档，在模板基础上制作各子页面。

⑤ 测试通过后进行站点上传。

任务 14.1 网 页 切 片

知识 14.1.1 Photoshop 切片工具

在网页设计的美工阶段，Photoshop 是一个非常常用的工具，利用它可以对网页的整体风格作出设计，从而绘制出美观的网页，而如何把网页的“美工图”转变为一个真正的 HTML 文件，需要一个转化的过程，这个过程的第一步就是将整个网页图像切割为一个个的切片，在切片前可以先在窗口中按照切片区域拖出参考线，依据参考线进行切片，切片后再将其转换为 Web 页，转换过程中每个切片也作为一个个独立的图像被导出，下面就首先来介绍一下 Photoshop 的切片工具。

在 Photoshop 的工具栏中有“切片工具”和“切片选择工具”，如图 14.1 所示，其中“切片工具”用来将图像切片，“切片选择工具”用来移动和调整切片的大小，在“右击切片→编辑切片选项”弹出的“切片选项”对话框中，如图 14.2 所示，还可以给切片命名、精确设置切片的宽度和高度以及其他选项的设置。而且除了 Photoshop 外，其他软件如 Fireworks 也可以进行网页的切片，有兴趣的读者可参考相关书籍进一步学习。

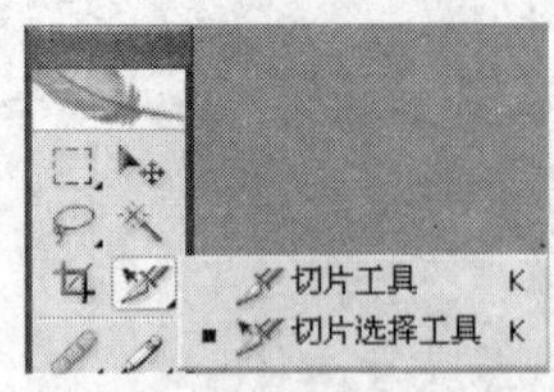

图 14.1 切片工具

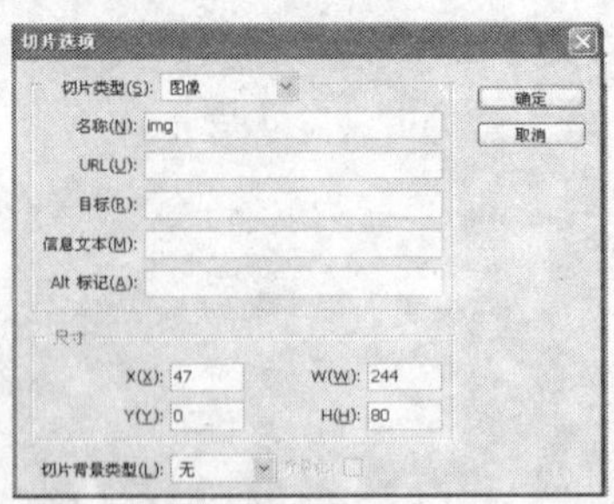

图 14.2 “切片选项”对话框

知识 14.1.2　网站结构

在本任务中将以一个儿童摄影网为例，讲解网站的切片及制作，该网站结构如图 14.3 所示。

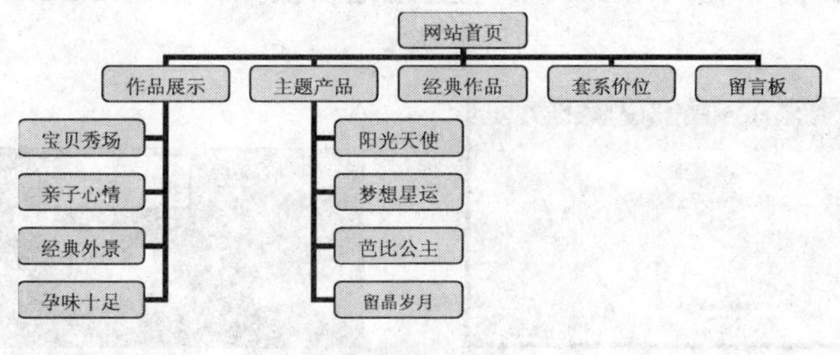

图 14.3　结构

案例 14.1　网页切片（儿童摄影网）

本案例任务为讲述从网页切片到导出为 Web 页的具体操作过程，效果如图 14.4 所示。

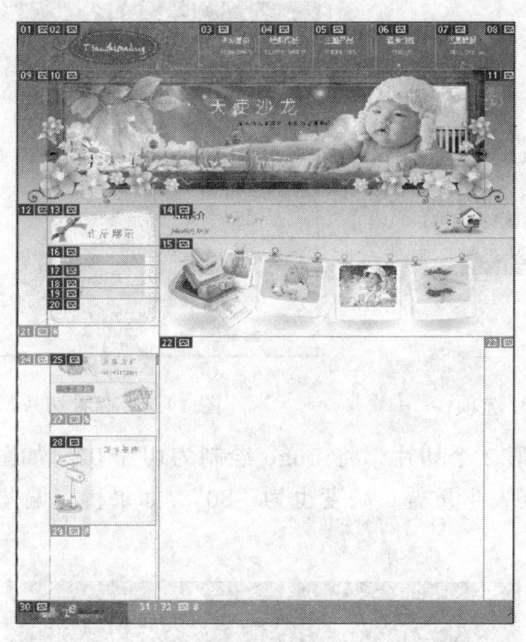

图 14.4　实例效果

操作步骤

（1）切导航栏

① 启动 Photoshop，选择“文件→打开”命令，打开文件“14.1lx\tianshi.psd”，

看到图 14.4 中已经绘制好了参考线，如想添加新参考线，选择“视图→标尺”，在显示的标尺上向图中拖动即可。

② 在窗口右侧的“导航器”面板拖动滑块，调整显示比例在 150%~200%左右，如图 14.5 所示，在左侧的工具箱中单击“切片工具”按钮，将鼠标移到文档窗口中，当光标变为时，在网站 LOGO 左上角拖动鼠标，框选 LOGO 左侧，绘制出第一个切片 01。

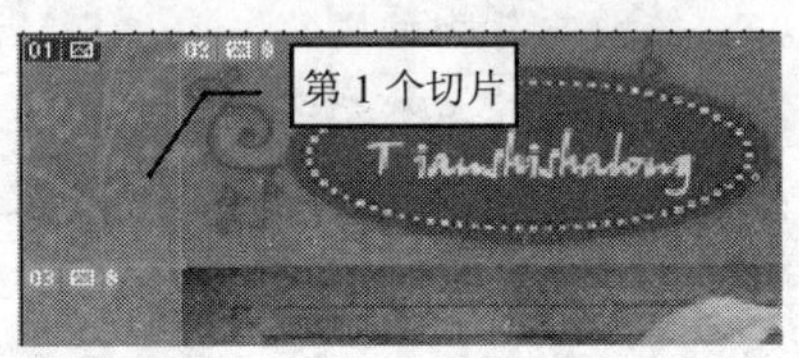

图 14.5 绘制切片

③ 右建单击该切片，在弹出的对话框中选择“编辑切片选项”，选项卡，如图 14.6 所示，在打开的对话框中给切片起名，观察一下其高度为“80”，如图 14.7 所示，后面一整行的切片都将切成这样的高度。

图 14.6 编辑切片选项

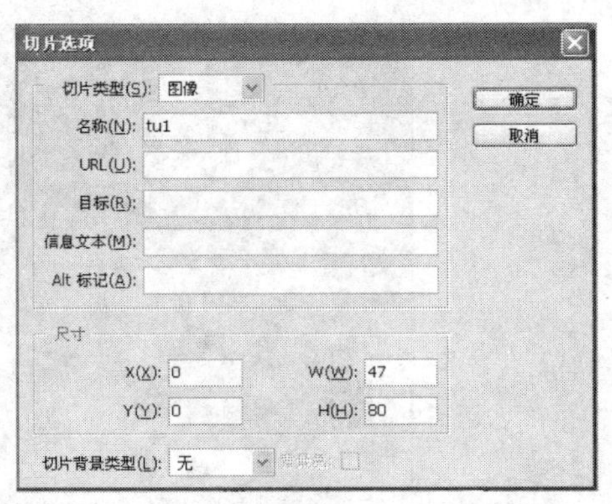

图 14.7 查看切片属性

④ 下面开始绘制第 2 个切片，将 Logo 绘制为切片 02，如图 14.8 所示，注意左边要紧挨切片 01，且不要发生重叠，高度也为“80”，如果稍有偏差，可以在“H”中直接输入高度值。

图 14.8 Logo 切片

 提 示 拖动切片四边的控点或者按键盘的上下左右键可调整切片的大小。

⑤ 下面继续将导航栏目切片，效果如图 14.9 所示，切时可再适当放大显示比例，

注意切片间要紧挨，不重叠，且高度一致。

图 14.9　导航栏切片

⑥ 下面检查一下切片大小，选择工具栏中的切片按钮，选择“切片选择工具”，如图 14.10 所示，在这个状态下可以选择各个切片，并做调整，将导航器调整到合适的比例比如 200%左右，观察切片之间是否有空隙，如果有进行调整，使之完全重合。

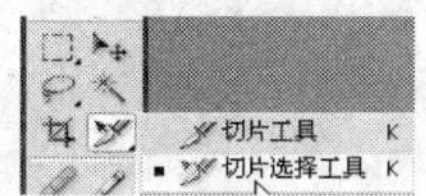

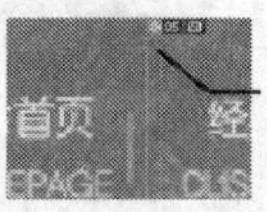
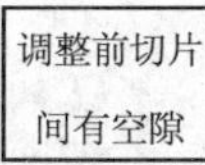

图 14.10　调整切片大小

（2）切 Banner 条

① Banner 一行将切为 3 个切片，先切左侧一部分，然后再切 Banner 和右侧，注意保持一样的高度，效果如图 14.11 所示，图中的切片号分别为 12，13，11。

图 14.11　Banner 切片

② 调整导航器到合适的比例比如 300%左右，细调切片间距离，由于这是第二行切片，所以除了注意左右外，还要注意上边，不要和上一行切片重合。

（3）切左侧导航

① 调整导航器到 200%左右，紧挨上一行切片，将“作品展示”左侧切片，如图 14.12 所示，在 Dreamweaver 中这个切片将作为背景图片在水平方向平铺。

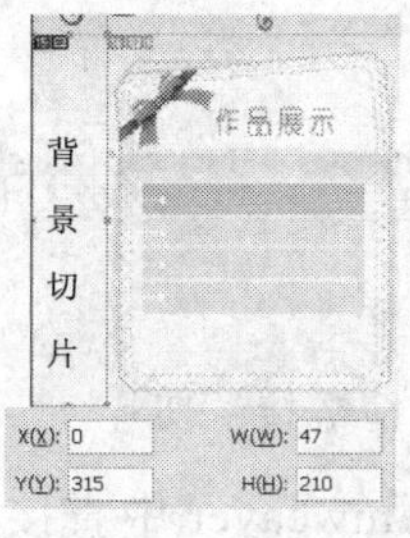

图 14.12　左侧切片

图 14.13　标题切片

② 下面切“作品展示”：首先将标题切片，如图 14.13 所示，注意左侧和上部与旁边切片紧挨。

③ 下面将栏目进行切片，先切第 1 行，如图 14.14 所示，宽度和上一切片保持一致，且切片底部尽量与栏目底部平齐，在 Dreamweaver 中会将此切片设为背景图片，这样在上面就可以输入文字了。

④ 继续切其他几行，注意宽度保持一致，如图 14.15 所示。

图 14.14 栏目切片

图 14.15 所有栏目切片

提 示 由于栏目左侧的渐变色不同，所以每行都要切片，如果不是这样，可以只切一行，因为它们的背景相同，将来在 Dreamweaver 中都可将第 2 行的切片作为背景图片，而且还可以自由添加更多行，这个技巧请读者在以后的练习中不断体会。

⑤ 适当调整显示比例，将各切片大小和位置进行检查和细调，至此作品展示切割完毕。

⑥ 下面将“联系我们”和“友情链接”切片，注意尽量只切栏目，不要切上过多的白色背景，且宽度保持一致，如图 14.16 所示。

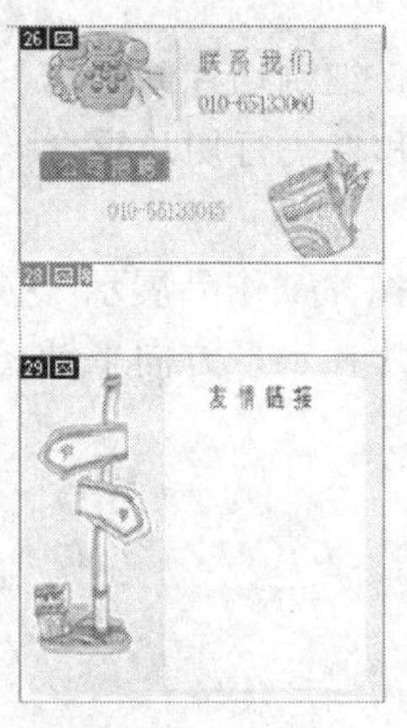

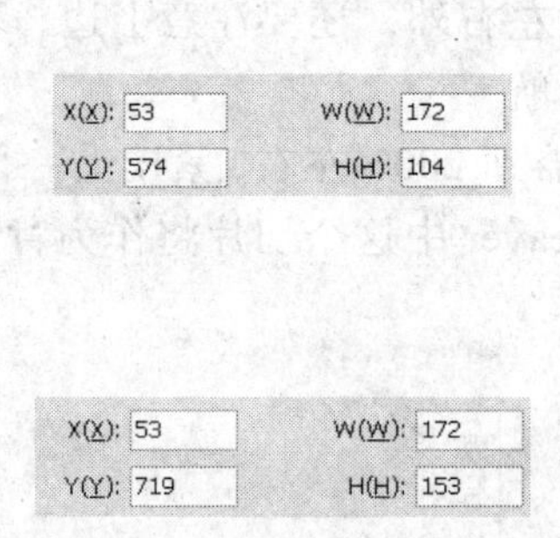

图 14.16 “联系我们”和“友情链接”切片

⑦ “友情链接”下面全部为白色，可以在 Dreamweaver 中直接通过背景色来设置，所以不必切片，至此左侧切割完毕。

（4）切正文区

① 调整导航器到150%左右，紧挨上一行和左侧切片，将“公司简介”和下一行“介绍图片”切片，注意“介绍图片”要将图中阴影部分切上，效果如图14.17中“切片14”和“切片15”所示。

图14.17 公司简介切片

② 下面的部分均为白色，所以不必切了，将来在Dreamweaver中直接设置背景色即可，调整使切片间对齐，至此正文区切片完毕。

（5）切底部

① 调整导航器到150%左右，切割底部左侧公司标志，注意将右下角的椭圆边角切上，如图14.18所示。

图14.18 公司标志

② 右侧均为浅褐色，所以不必切片，将来在Dreamweaver中直接设置背景色即可，最后再次调整和检查一下全部的切片，至此网页切片过程完毕。

（6）切背景图片

如果想使背景图扩展到整个网页，可以在整个图的右侧，切一个宽1-2像素，高1043像素的切片，在这个切片中包含了这个网页背景的渐变色，将来在Dreamweaver的“页面属性”中设置其为整个网页背景图片即可，如果不需要，可不必切此切片。

（7）将文件输出为网页

在Photoshop中，可以很方便地将切片后的文件输出为网页格式文件，并且所有的切片都会成为一个独立的图片文件，以便在Dreamweaver中使用，下面就来学习一下如何生成网页。

① 首先创建一个站点文件夹，如在D盘根目录创建一个文件夹D:\myweb。

② 选择“文件→存储为Web所用格式”，在打开的对话框中首先给所有的图片设置格式，在右侧图片格式的下拉菜单中选择“GIF”，如图14.19所示，看到中间Banner条的颜色效果比较差。

③ 下面为Banner单独设置格式：用鼠标点击Banner所在切片，在右侧设置格式为“JPEG”，在下面的压缩品质中选择“非常高”或“最佳”，观察图片质量的变化和对话

框左下角图片文件大小的变化，如图 14.20 所示，同理为“公司简介”下面的图片进行设置，使之效果更清晰。

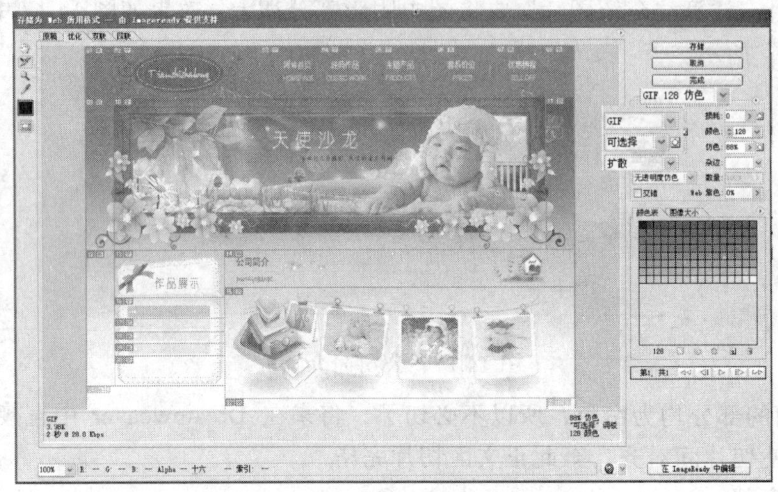

图 14.19 设置图像格式

图 14.20 单独设置 Banner 格式

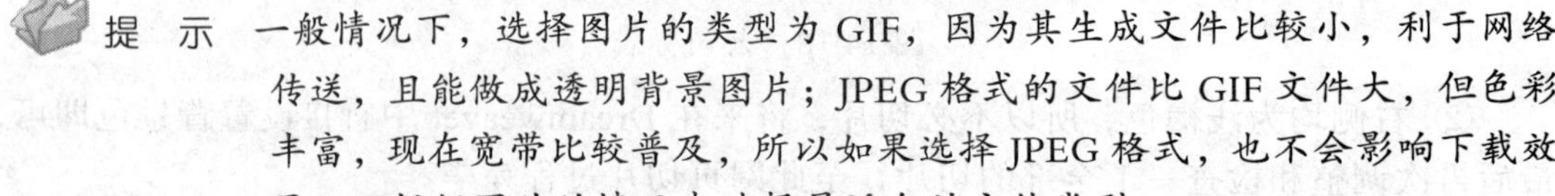

提 示 一般情况下，选择图片的类型为 GIF，因为其生成文件比较小，利于网络传送，且能做成透明背景图片；JPEG 格式的文件比 GIF 文件大，但色彩丰富，现在宽带比较普及，所以如果选择 JPEG 格式，也不会影响下载效果，可根据图片的情况来选择最适合的文件类型。

④ 右键单击“存储”按钮，打开“将优化结果存储为”对话框，在“保存在”的路径中选择站点文件夹 D:\myweb，在“文件名”中输入“tianshi”，“保存类型”默认为“HTML 和图像”，单击“保存”按钮，如有提示按“是”，这样网页就生成了。

⑤ 到“我的电脑”中打开 D:\myweb 文件夹，看到里面多了一个“images”文件夹和一个网页文件 tianshi.htm，双击该文件，查看网页效果；打开“images”文件夹，看到里面有很多图片，这些就是刚才的切片，如图 14.21 所示。

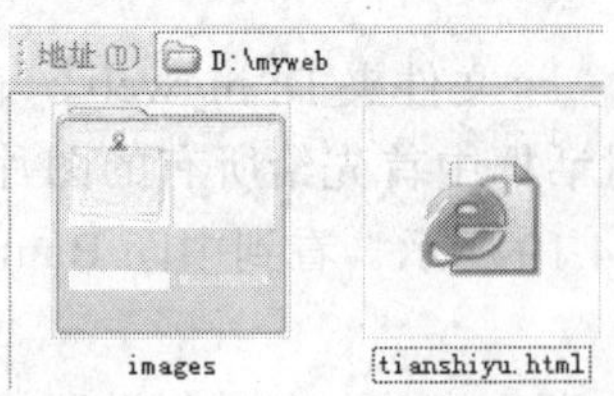

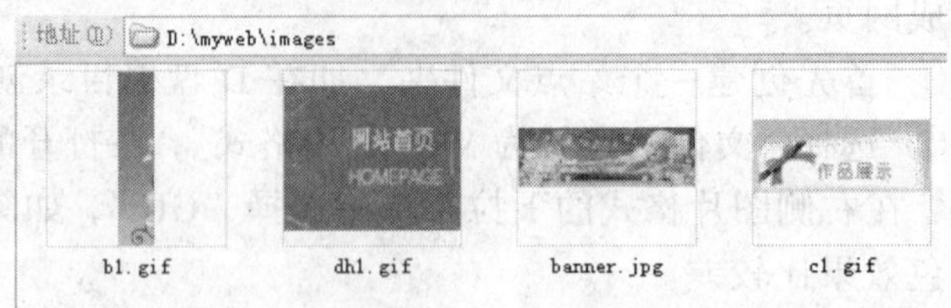

图 14.21 生成的网页

案例小结

经过这个案例的练习，相信读者已经初步掌握了切片的方法，其实切片没有一个特定的规则，经过了下一任务的网页制作之后，读者可以回头再看一下本任务，就更能理解切片是为了更好地进行网页的制作、减少图片文件的大小和提高传输速度，所以切片的技巧还需要读者在今后的练习中举一反三，总结经验，不断提高。

任务 14.2　模板的制作

知识 14.2.1　制作模板的步骤

在任务 14.1 中虽然生成了 HTML 文档，但是该文档并不具备实用价值，只是一个放置切片图片的容器，必须通过 Dreamweaver 才能将其转换为真正意义上的网页，这个过程的第一步就是制作模板，有了模板后，就可以基于它制作其他页面了，其制作步骤如下：

① 创建站点。

② 创建模板，根据切片输出文档，利用表格布局页面元素。

③ 对页面进行整体设置，定义超链接，创建外部 CSS 样式文件。

④ 定义可编辑区域。

⑤ 保存模板。

案例 14.2　制作网页模板（儿童摄影网）

本实例任务为将 D:\myweb 建立为站点，然后参考利用切片生成的网页文件制作模板。

操作步骤

（1）创建站点

创建站点是整个建站过程的第一步，现在要将“D:\myweb”建立为站点，并给其起名为“天使沙龙”，其步骤如下：启动 Dreamweaver 8，选择“站点→新建站点”，在打开的对话框中，选“高级”，由于暂时先不上传站点，所以先设置“本地信息”，在其中设置站点名称为“天使沙龙”，本地根文件夹为“D:\myweb\”，默认图像文件夹为“D:\myweb\images\”，如图 14.22 所示，单击“完成”退出“站点定义”对话框，回到 Dreamweaver 编辑窗口，看到右侧的“文件”面板中出现网站的结构。

（2）建立模板

① 选择“文件→新建”，在打开的“新建文档”对话框的“常规”中选择“模板页”，在右侧“模板页”中选择“HTML 模板”，单击“创建”按钮，如图 14.23 所示。

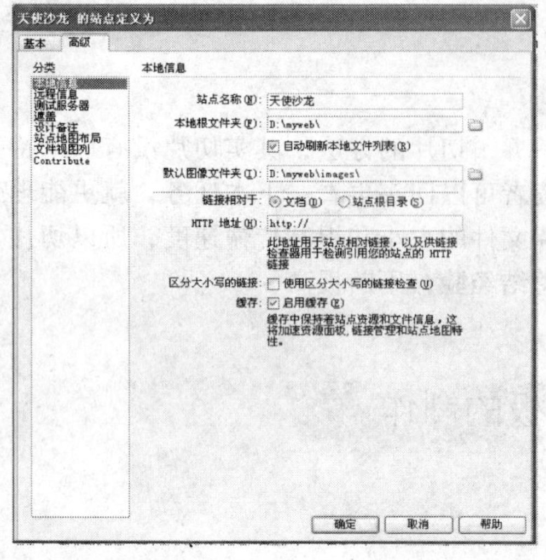

图 14.22 设置站点信息

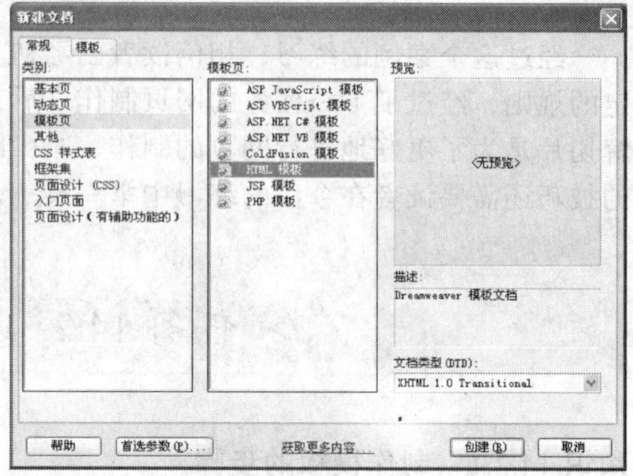

图 14.23 新建模板页

② 再选择菜单“文件→另存为”，在如图 14.24 的对话框中输入文件名”moban”，单击“保存”后退出。

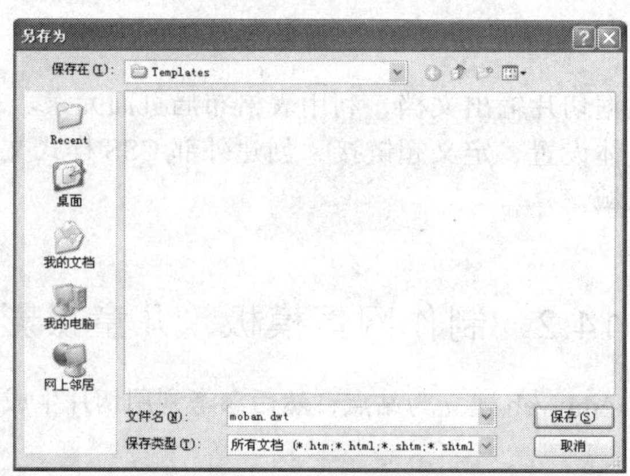

图 14.24 输入模板文件名

③ 观察右侧“文件”面板的站点中，出现了文件夹“Templates”及其中的模板文件“moban.dwt”，双击打开该模板文件，进入其编辑窗口，如图 14.25 所示，这样模板就建立成功了，当然还可以通过“资源”面板创建，请读者参考“模板和库”一章。

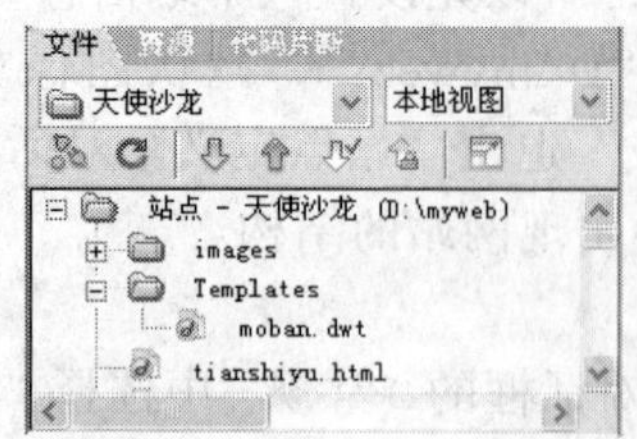

图 14.25 生成的模板文件

（3）页面设置

① 选择“修改→页面属性”，在打开的对话框中设置“大小”为“12 像素”，“背景图像”为给好的“14/back2.gif ”，左右上下边距均为“0”，如图 14.26 所示，单击“确定”回到编辑窗口，看到背景图片的平铺效果。

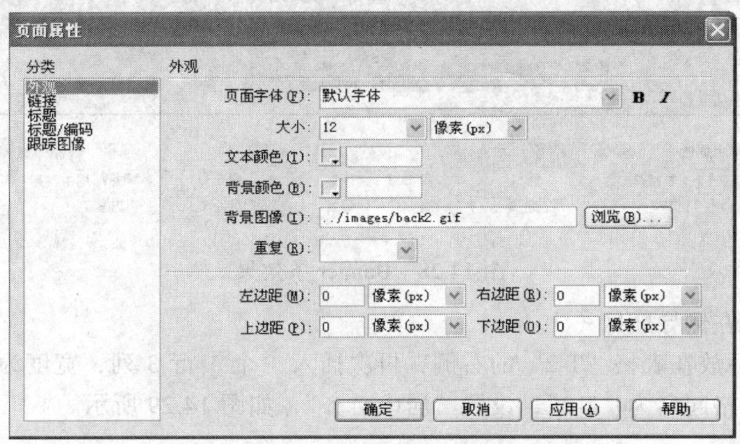

图 14.26　设置页面属性

② 在“分类”中选“链接”，设置其下划线样式为“始终无下划线”。在“分类”中选“标题/编码”，设置标题为“天使沙龙儿童摄影”。

（4）制作导航条

① 双击打开“文件”面板中由 Photoshop 生成的网页文件“tianshi.htm”，作为模板对照制作的参考，观察第 1 行导航栏共有 8 张图片。

② 进入模板页“moban.dwt”，首先制作导航栏所在的一行。插入一个 1 行 8 列，宽度为“800 像素”的表格，注意“边框粗细”“单元格边距”“单元格间距”均为“0”，在其“属性”面板中给表格起名为“T-1”，“对齐”为“居中对齐”。

③ 在表格的各个单元格中依次插入图片，或者从“tianshi.htm”将图片粘贴过来再设置路径也可，最后导航栏效果如图 14.27 所示。

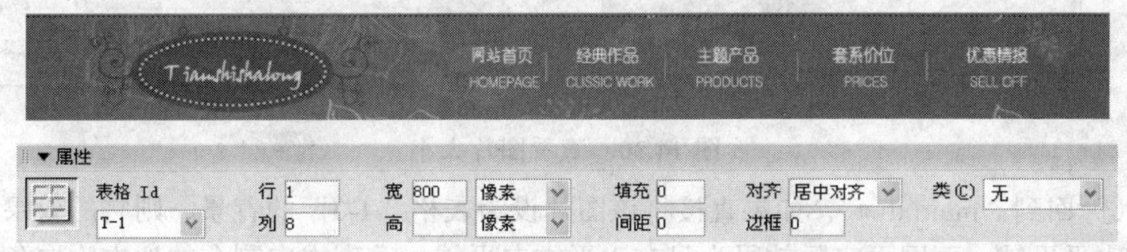

图 14.27　导航栏效果

（5）制作 banner 条

将光标放在表格“T-1”的右侧，再次插入 1 个 1 行 3 列，宽度为“800 像素”的表格给表格起名为“T-2”，“居中对齐”，依次插入 3 张图片，如图 14.28 所示，至此 banner 部分制作完毕。

图 14.28 Banner 条效果

（6）制作左侧导航区（上）

① 将光标放在表格“T-2”的右侧，再次插入 1 个 1 行 3 列，宽度为“800 像素”的表格，给表格起名为“T-3”，设置“居中对齐”，如图 14.29 所示。

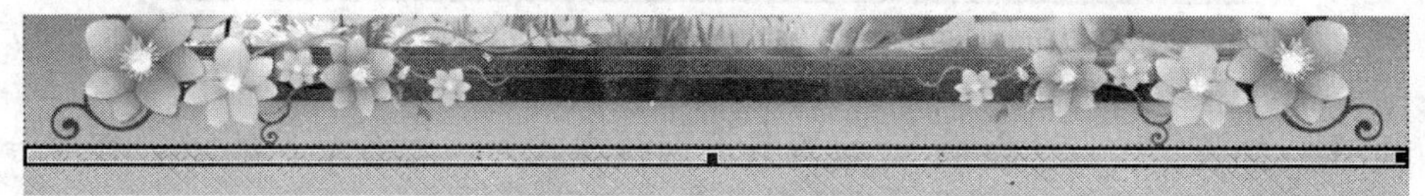

图 14.29 插入表格

② 打开文件“tianshi.htm”，点取“作品展示”左边的图像，如图 14.30 所示，记住其属性面板中的文件名。

图 14.30 查看图片大小

③ 回到“main.dwt”，如果直接将该图片设为表格“T-3”的背景，则它的效果为垂直和水平平铺，而网页实际效果为只在水平方向平铺，垂直方向剩余的地方为白色，所以此时需要先建立一个 CSS 样式。

④ 在 CSS 样式面板中，单击“新建 CSS 样式”按钮，在弹出的对话框中将选择器类型设为“类”，名称中输入“bg”，定义在设置为“仅对该文档”。在打开的对话框中，定义其背景图像为刚才记住的图片，背景颜色为“#FFFFFF”即白色，重复为“横向重复”，如图 14.31 所示，单击“确定”退出。

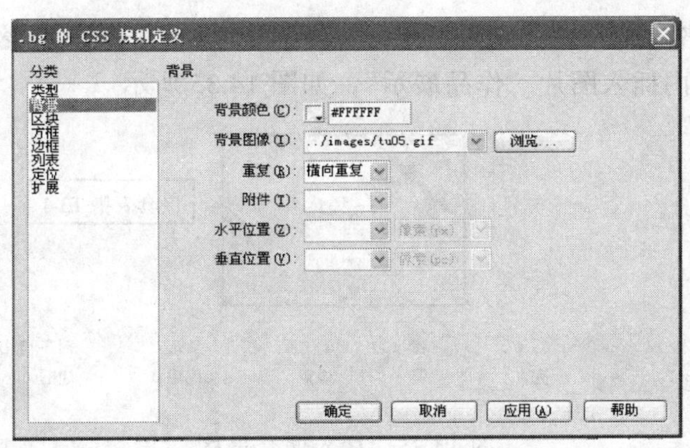

图 14.31　定义 CSS 样式

⑤ 选中表格“T-3”，在下面属性面板的“类”中选择“bg”，则表格应用了该背景属性，拉大表格的高度，发现在垂直方向上背景图片没有平铺，下面高出图片的部分显示为白色，这样就达到了只横向平铺的效果，如图 14.32 所示。

图 14.32　设置表格 CSS 样式

⑥ 再次打开文件“tianshi.htm”，点取图像“作品展示”，记住其属性面板中的“文件名”和“宽”度的值，本例中为“182”，如图 14.33 所示。

图 14.33　查看图片

⑦ 回到“moban.dwt”，单击表格“T-3”的第 1 列，设置其宽度为“45”，作为栏目的边距，单击表格第 2 列，设置其宽为刚才记住的宽度“182”，然后将其拆分为 3 行，将光标放在拆分后的第 1 行内，设置其垂直为“顶端”，效果如图 14.34 所示。

图 14.34　拆分单元格

⑧ 在该单元格内插入一个 6 行 1 列，宽度为 100%的表格，给表格起名为“T3-1”，在表格内的第 1 行内插入图片“作品展示”，如图 14.35 所示。

图 14.35 插入嵌套表格

⑨ 打开“tianshi.htm”，点取图像“作品展示”下面的第 1 个菜单图片，记住其“文件名”和“高”度的值，本例中为“33”，如图 14.36 所示。

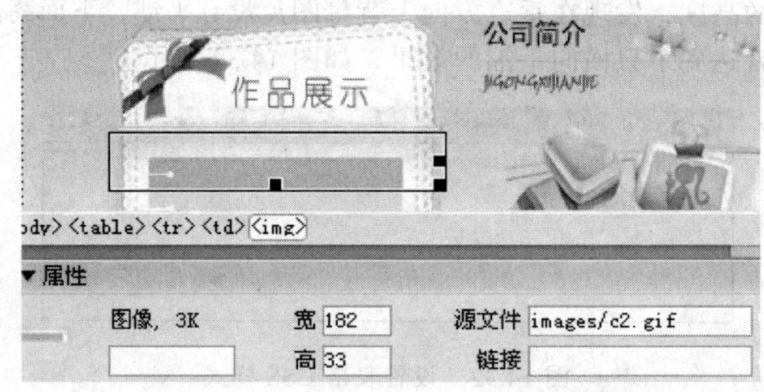

图 14.36 查看图片

⑩ 回到“moban.dwt”，将“作品展示”下面单元格的高度设置为“33”，“水平”设为“居中”，“垂直”设为“底部”，设置背景图片为刚才记住的文件，效果如图 14.37 所示。

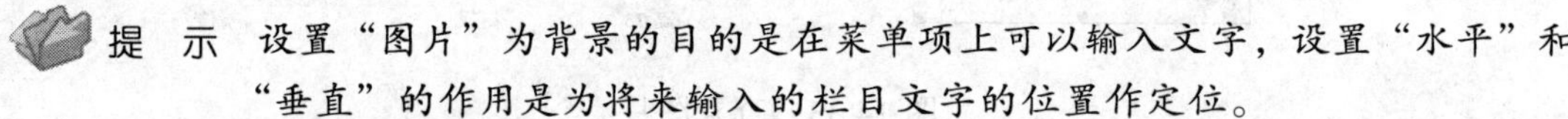

提 示 设置“图片”为背景的目的是在菜单项上可以输入文字，设置“水平”和“垂直”的作用是为将来输入的栏目文字的位置作定位。

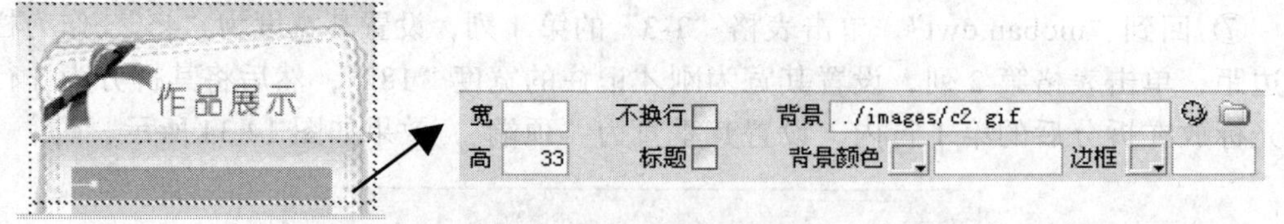

图 14.37 设置背景图片

⑪ 依次设置下两行的背景图片，最后一个单元格是栏目的尾部，上面没有文字，所以可以直接插入图片，然后试着在栏目输入文字并给文字加空链接，效果如图 14.38 所示，至此“作品展示”制作完毕。

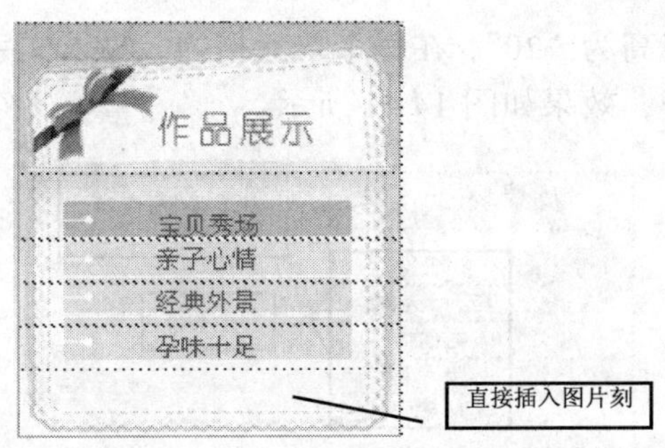

图 14.38　作品展示栏目

（7）制作左侧导航区（下）

① 将光标放在如图 14.39（a）所示的第 2 个单元格内，插入图片“联系我们”，效果如图 14.40（b）所示。

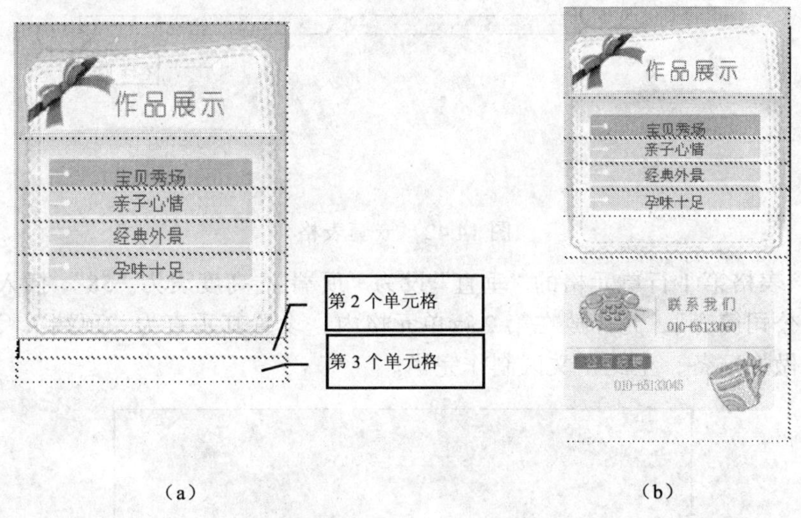

（a）　　　　（b）

图 14.39　制作联系我们

② 将光标放在图 14.38（a）所示的第 3 个单元格内，设置其高为“300”，垂直为“顶端”，在其内插入一个 2 行 2 列，宽度为 95%的表格“T3-2”，设置该表格的背景图片为如图 14.40 所示的整张图片。

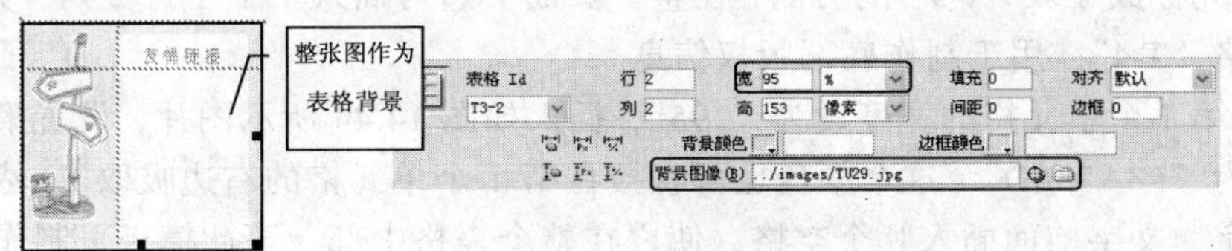

图 14.40　制作友情链接

③ 将该表格第 1 行高度设为“25”，这样正好和标题文字一样高，如图 14.40 所示，将光标放在第 2 行第 2 列单元格内，在其内插入一个 5 行 1 列，宽度为 100%的表格，

插入后设置其所有单元格高为“20”，在每个单元格内，输入文字，给文字加空链接，至此“友情链接”制作完毕，效果如图 14.41 所示。

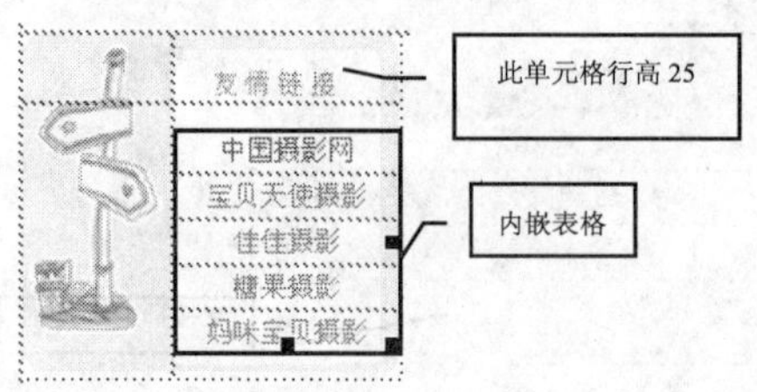

图 14.41　内嵌表格

（8）制作正文区

① 将光标放在表“T-3”的第 3 列，设置其“垂直”为“顶端”，插入一个 2 行 1 列，宽度为 100%的表格“T3-3”，效果如图 14.42 所示。

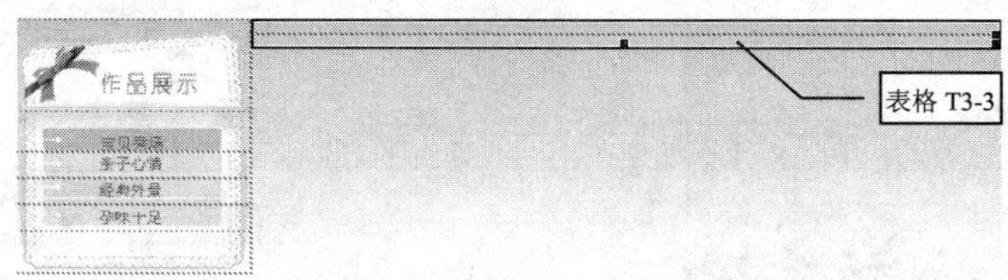

图 14.42　嵌套表格

② 将该表格第 1 行单元格的“垂直”设为“顶端”，高度设为“58”，插入如图 14.43 所示图片“公司简介”，光标放在第 2 行单元格内，设置其垂直为“顶端”，为将来在其中嵌套表格做好准备，至此正文区制作完毕。

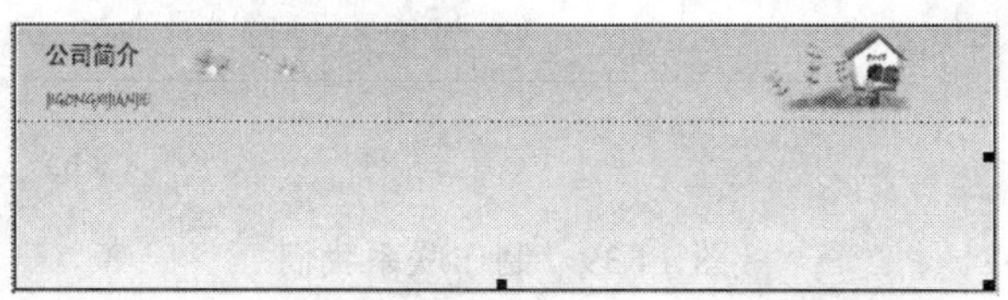

图 14.43　插入公司简介

（9）制作版权信息

① 将光标放在表“T-3”的右侧，在整个页面下边再插入 1 个 1 行 2 列，宽度为 800 像素的表格“T-4”，用于制作底部版权信息。

② 将第 1 个单元格的宽度设为“195”，插入如图 14.44 所示图片，设置第 2 个单元格背景色为“#8A736D”（这个颜色也可直接在第 1 个单元格的右边吸取），然后输入版权信息文字，文字前面插入几个空格，使之在整个表格中部，至此模板页制作完毕。

图 14.44　版权信息

（10）创建可编辑区域

选中如图 14.45 所示的表格“T3-3”，然后选择“插入→模板对象→可编辑区域”，给其命名为“正文”，设置后在表格上出现标签正文，表示建立成功，将来在利用此模板生成的网页中，这个区域将成为可以更改的部分。

图 14.45　插入可编辑区域

（11）建立 CSS 样式

外部 CSS 样式文件用来保存所有的 CSS 样式，以便将来由模板生成的所有页面都能使用这些样式。

① 单击“CSS 样式”面板的新建 CSS 样式按钮，在弹出的对话框中将“选择器类型”设为“类”，“名称”中输入“text1”，定义在设置为“新建样式表文件”，如图 14.46 所示。

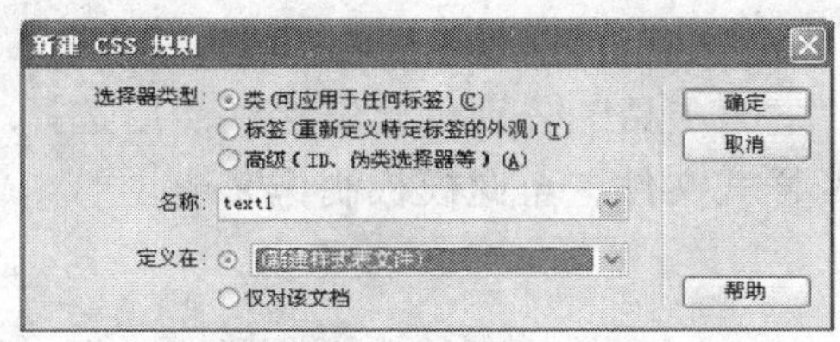

图 14.46　新建 CSS 样式

② 单击“确定”按钮后，会提示样式文件的存放位置，存到当前站点文件夹“D:\myweb”，给其取名为“main.css”。

③ 在“.text 的 CSS 规则定义”对话框中，定义文字大小为“12 像素”，颜色为“#7c7f6f”，行高为 20 像素，这个样式将来可用于公司简介或其他部分的正文。

④ 再次新建 1 个 CSS 样式，名称为“border1”，“定义在”为“main.css”，在其设置对话框的“分类”中选“边框”，样式为上下左右边均为“1 像素”“实线”，颜色为“#999999”（灰色），如图 14.47 所示，这个样式可为对象的四边划 1 像素灰色边线。

图 14.47　定义 border1 样式

⑤ 再新建一 CSS 样式，取名为“border2”，保存在“main.css”中，在其设置对话框的“分类”中选“边框”，样式为下边线为“1 像素虚线”，颜色为“#FF9999”（粉色），其余上、左、右无边线，如图 14.48 所示，这个样式可给对象的下边画 1 像素粉色虚线。

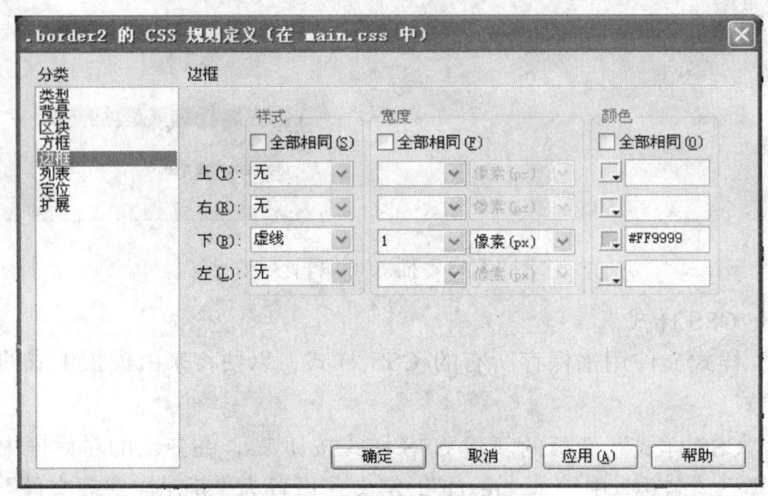

图 14.48 定义 border2 样式

（12）保存模板

给“网页首页”和“主题产品”分别创建链接，然后选择“文件→保存全部”，保存制作的模板和外部 CSS 样式文件，至此模板制作完毕。

案例小结

经过这个案例的练习，读者已经初步掌握了配合 Photoshop 生成的 Web 页制作模板的方法，理解了切片的原则是为了更好地进行网页的制作，同时也强化了表格的操作、CSS 样式的创建及页面属性设置等知识。这些操作没有一个特别的规定，只有一个大体的原则，更多的技巧还请读者在今后的尝试中不断体会和提高。

任务 14.3 页面的制作

制作好模板后，就可以利用它制作网页了。本任务中将利用刚才做的模板制作两个网页。

案例 14.3 制作首页（儿童摄影网）

本案例任务为利用模板制作网站首页，如图 14.49 所示。

操作步骤

① 选择“文件→新建”，在打开的对话框中选择“模板”标签，站点为当前站点，模板名为“moban”，单击“创建”退出，如图 14.50 所示。

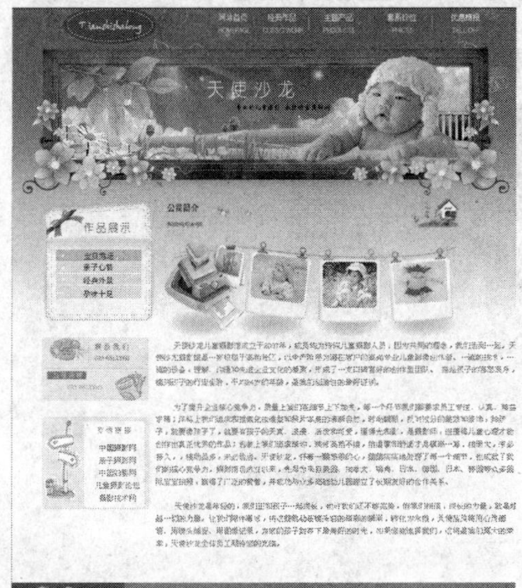

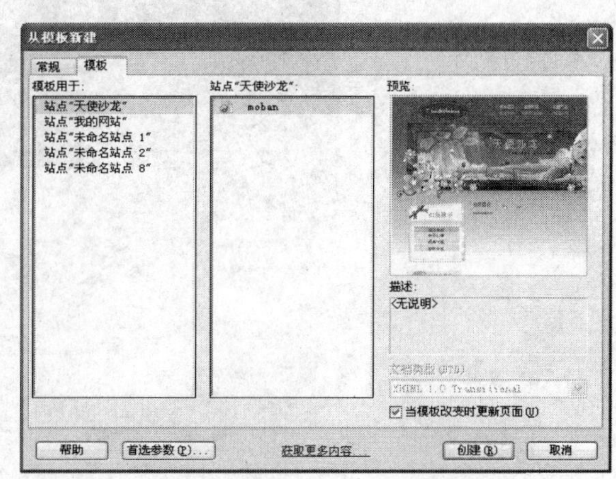

图 14.49　网页效果　　　　图 14.50　创建基于模板的文件

② 选择“文件→另存为”，将新建的文件另存为“index.htm”，则首页建立成功（也可以先建立一个首页文件，再选择“修改→模板→套用模板到页”，选择套用的模板为“moban”即可）。

③ 将光标放在可编辑区域的第二个单元格内，将其拆分为两行，拆分后的第 1 行插入如图 14.51 所示图片。

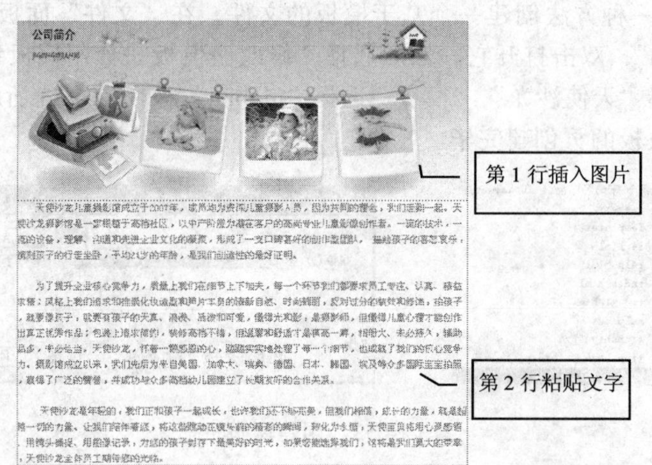

图 14.51　插入内容

④ 拆分后在第 2 行粘贴进素材文件“天使沙龙.doc”中的文字，如图 14.50 所示，选中所有文字，在其属性面板中设置其样式为“text1”，则文字的颜色和行距均发生了改变，效果如图 14.49 所示。至此正文制作完毕，保存网页，预览看效果。

案例 14.4　制作主题产品页（儿童摄影网）

本案例任务为利用模板制作主题产品页，效果如图 14.52 所示。

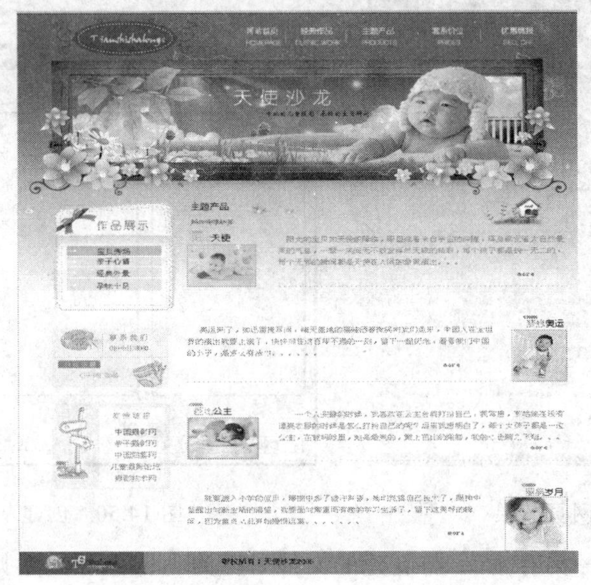

图 14.52　网页效果

操作步骤

① 首先用另一种方法创建一个基于模板的文件，在“文件”面板的站点中新建一个文件“zhuti.htm”，双击打开它，然后选择“修改→模板→套用模板到页”，在打开的对话框中站点选择“天使沙龙”，“模板”选择“moban”，如图 14.53 所示，单击“选定”后退出，则基于模板的页创建完毕。

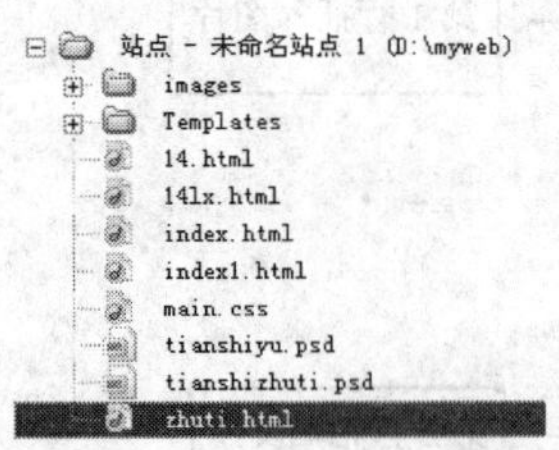

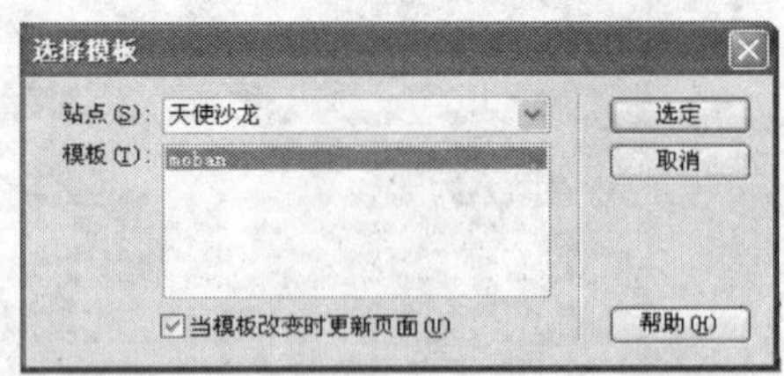

图 14.53　创建网页

② 将光标放在可编辑区域的第 1 行内，将图片更换为“image/tp2.gif ”，放入第 2 行内，插入 1 个 4 行 1 列，宽度为 100%的表格，如图 14.54 所示。

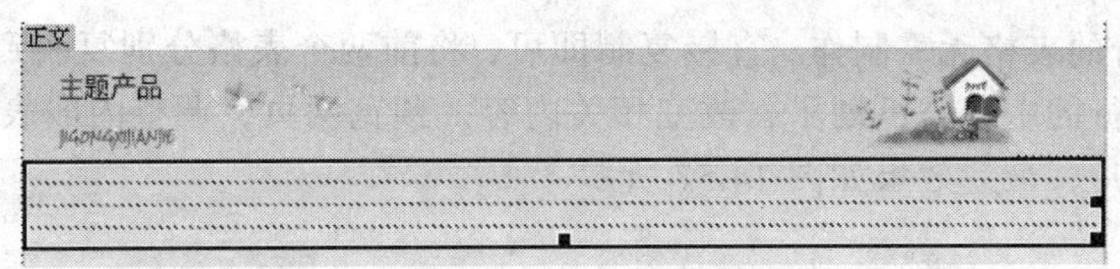

图 14.54　插入内嵌表格

③ 拖动选中这 4 行单元格，在属性面板一次设置其行高均为“150”，垂直为“顶端”，水平为“居中”，为在单元格中嵌套表格的位置作好设置准备。

④ 光标放到第 1 行单元格内，插入一个 1 行 2 列，宽度为 95%的内嵌表格，然后将第 1 个单元格拆分为两行，在单元格内分别插入图中的图片和“天使沙龙.doc”中的文字，如图 14.55 所示。

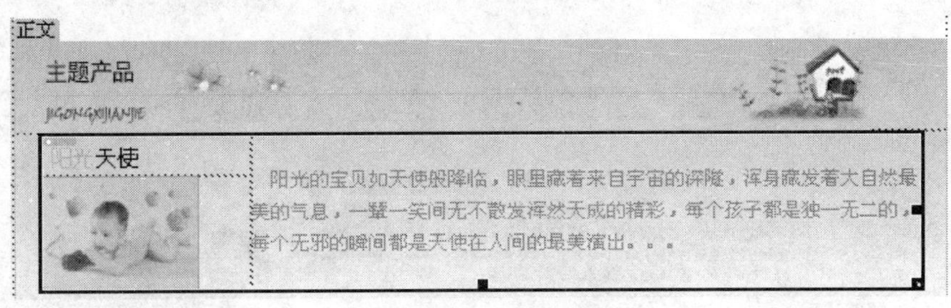

图 14.55　阳光天使

⑤ 下面应用样式：选中文字，在属性面板中设置样式为“text1”，则文字的样式和行距均发生改变，再选中文字所在单元格（按 Ctrl 键的同时在单元格内任意位置单击），设置其属性为“border2”，则单元格下边出现粉色虚线。

⑥ 光标放在第 2 行单元格内，插入一个 1 行 2 列宽度为 95%的内嵌表格，然后将第 2 个单元格拆分为两行，插入图片和文字，同样设置文字和单元格的样式，效果如图 14.56 所示。

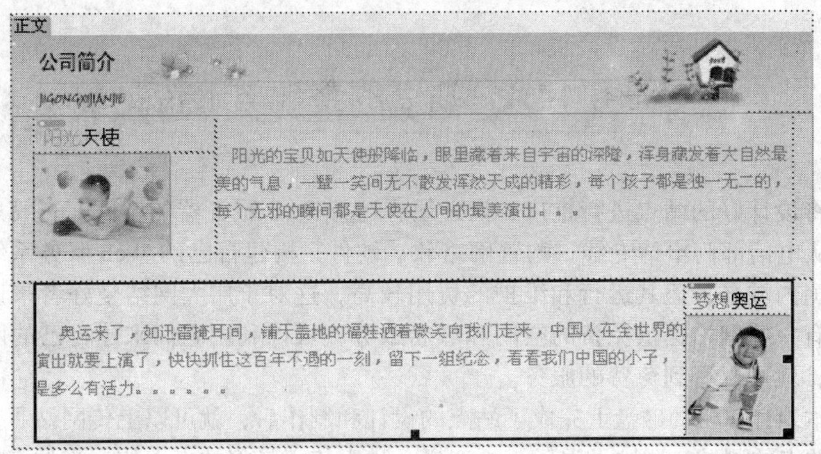

图 14.56　梦想奥运

⑦ 后两行的表格无需制作，直接复制即可，将前两个表格分别复制到第 3 行和第 4 行，且最后一行的虚线就不划了，改变相关内容，预览网页，调整内嵌表格的列宽，使虚线不紧靠图片，最后效果如图 14.57 所示。

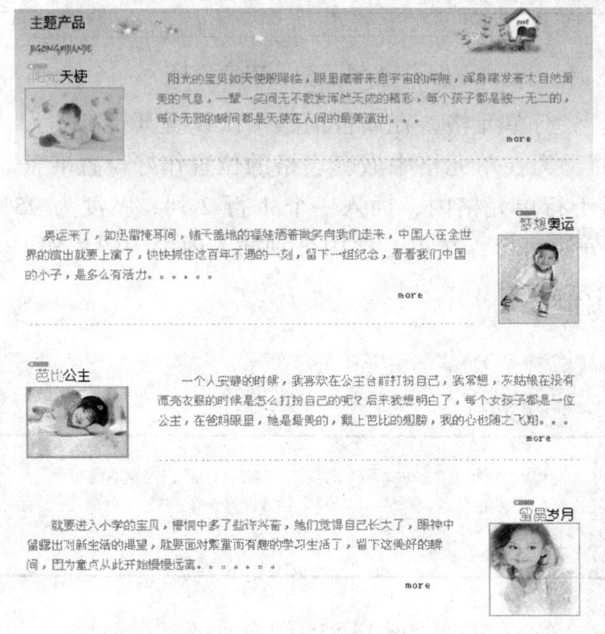

图 14.57 最后效果

案例小结

在本案例中利用模板制作了两个网页，相信读者已经从中体会出模板的好处，如果想单独编辑由模板生成的网页，可以选择“修改→模板→从模板中分离”即可，分离后的网页即可不受模板的控制和影响。

任务 14.4 站点的整理与上传

若要将设计好的站点进行推广，就必须有运行 Web 服务器的空间。一般大型公司的站点，都从电信部门申请专线，购置网络软、硬件，构建自己的 Web 服务系统，并且申请国际和国内域名，但其运行和维护的费用较高，这对于广大网络爱好者来说是不合适的，网上有一些网站提供免费的空间和域名服务，可以利用它们来建自己的网站，只要在线申请，就可以得到免费的服务。

当在本地计算机的磁盘上完成了站点的设计和制作后，就可以上传网站了，上传前，要先完成站点的测试，测试无误后，再选择一种上传工具将站点上传，当站点成功上传到 Internet 服务器上后，一个远端站点即建立成功，网上的用户可以通过互联网访问你的站点。

总结起来网站的整理及上传工作有以下几项内容。

1. 申请免费空间

对于个人和一些小型企业来说，拥有自己的主机是不太可能的事，但可以采用租用主机空间的方法，为自己创建网上家园。有很多网站出于自我宣传的目的，提供免费域名，广大网络爱好者可以为自己的站点进行申请。在申请的时候，有些网站只提供免费域名，所需要的空间还需要另外再申请。但通常情况下，提供免费域名的网页都提供免费空间，用户只需填写申请表单，就可以得到免费的主页空间。有兴趣的读者可以在网上搜寻，然后进行申请。

2. 检查站点

网站上传前，应在“本地”先检查一下是否有错误，比如，成百上千个网页之间可能存在的错误链接，在常规的方法下只有单击链接时，才能发现，为此 Dreamweaver 8 专门提供了检查功能以快速对站点中的错误进行检查，下面以检查链接为例进行讲解：

操作步骤

① 打开网页文件，执行“文件→检查页→检查链接”命令，在打开的“结果”面板中看到“链接检查器”选项卡中出现了检查到的链接错误，右击链接，在打开的菜单中选择“打开文件”，即可进行修改，图 14.58 所示。

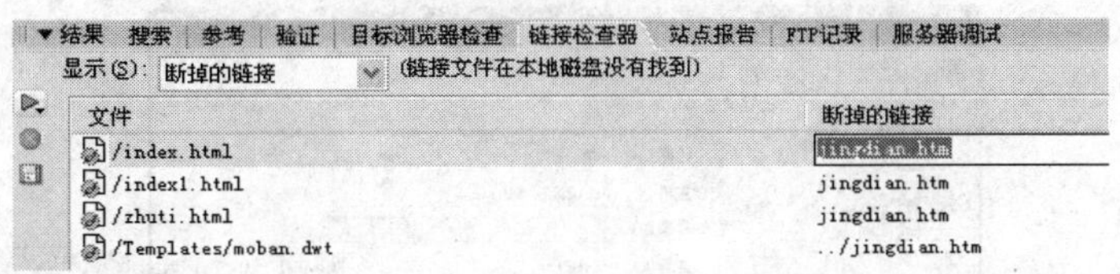

图 14.58　“链接检查器”选项卡

② 单击面板左上角的小三角按钮，在弹出的菜单中还可以选择检查范围，如图 14.59 所示。

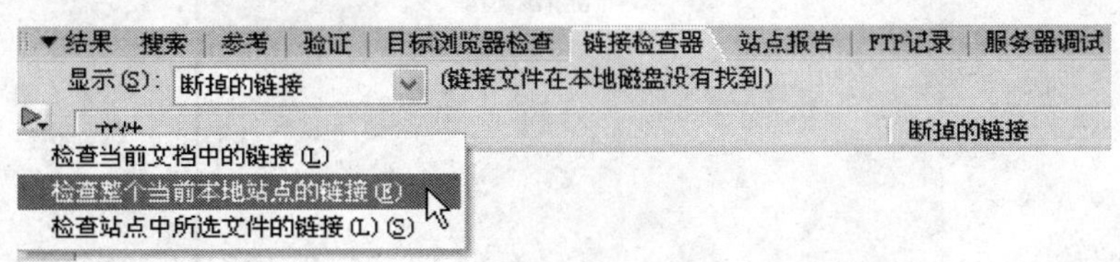

图 14.59　修改链接

除此之外，还可以选择“文件→检查页”中的其他选项或在“结果”面板单击相应选项卡，如“目标浏览器检查”、“站点报告”等，进行其他方面的检查。

3. 站点上传

目前多数的远端服务器采用的都是 FTP 技术，FTP 中文译为文件传输协议，是

Internet 上的另一项主要服务，这项服务让使用者能通过 Internet 来传输各式各样的文件。FTP 上传方式的优点是效率高，而且支持断点续传。FTP 服务器是各式文件的存放场所，用户可以通过 Internet 连上这类主机，然后利用文件传输协议将自己计算机里的文件传到 FTP 服务器上，这个动作便称为“上传”（Upload）；还可以把想要的文件传回自己的计算机中，这个动作就称为“下载”（Download）。除此之外，在 Internet 上要连上提供各种服务的主机，大都要经过登录（Login）的过程（就是输入您在该主机上登记的帐号和密码），其目的是要让主机知道是谁进来使用计算机。所以在 FTP 上传的过程中，只要弄清楚 3 个问题：主机地址和目录、用户名和密码，上传就会变得非常简单。

在用 FTP 上传之前，首先必须有一个远端的 FTP 服务器提供服务，而且用户必须拥有自己的用户名和密码，然后再在 Dreamweaver 中设置 FTP 的相关参数，这些都做好之后，就可以上传你的网站了。

跟我操作

① 选择“站点→管理站点”，在弹出的“管理站点”对话框中，选择需要上传的站点。

② 单击“编辑”按钮，在打开对话框中选择“高级”选项卡，选择其中的“远程信息”选项，在右侧的“访问”中选择“FTP”，在“FTP 主机”中输入主机域名，“登录”中输入用户名，“密码”中输入密码，如图 14.60 所示，输入完成后中，单击“测试”按钮，若输入的远程信息无误，稍后会出现提示框，提示连接成功，如图 14.61 所示。

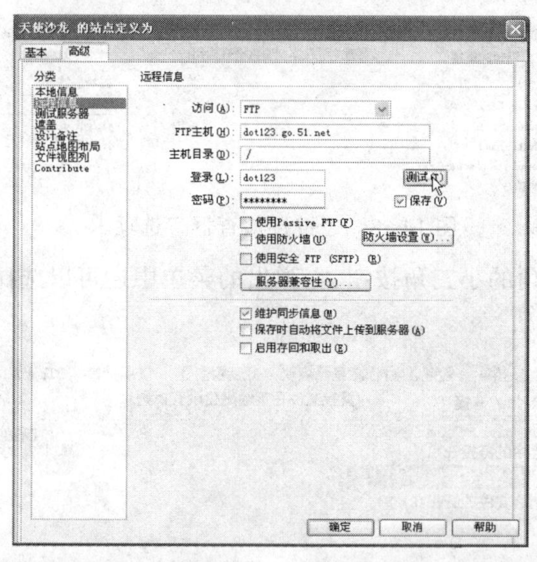

图 14.60 定义远程信息及连接提示

提 示 FTP主机、主机目录、登录名、密码等信息是虚拟空间供应商提供的。

③ 单击“文件”面板中的“连接到远端主机”按钮，如图 14.61 所示，出现“状态”进度提示框，稍后该按钮变成状，并自动跳转到“远程视图”模式。单击上传文件按钮，出现“您确定要上传整个站点吗”对话框，单击“确定”按钮，出现“状态”进度显示框，表示开始上传文件了，如图 14.61 所示，也可以单击“展开”来同时显示本地站点与远程站点，上传完毕后就可以在浏览器地址栏中输入服务商提供的网址，浏览网页了。

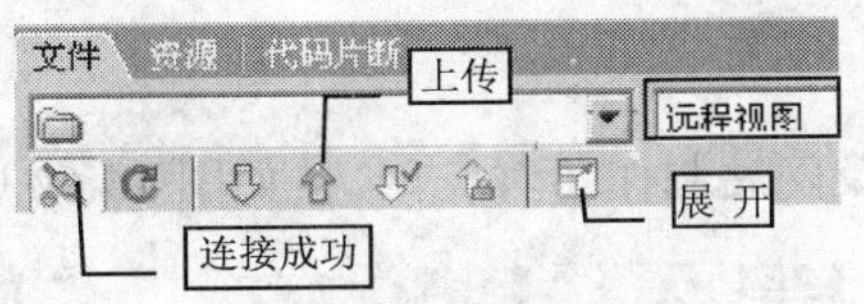

图 14.61 上传网站

除了用 Dreamweaver 上传网站之外，还可以使用专用的 FTP 软件上传网站，最常用的是 CuteFTP，由于篇幅有限，在此不再详述，有兴趣的读者可到网上搜索后下载使用，过程非常简单。

项目小结

本项目讲解了从网页切片到制成模板、制作网页的过程，使本书知识有了一个综合运用的案例，其目的是抛砖引玉，更多的经验还需要读者在实际应用中体会。

实训与练习

一、填空题

1. 要将制作好的网站发布到 Internet 上，首先应________，用于存放一个网站。
2. 站点检查的主要对象有________、________、________、________。

二、单选题

1. 在打开一个站点时，在移动或复制一个网页文件或文件时，会弹出“更新文件”对话框，为了保证所有的链接能正常访问，应选择（ ）。

A. 更新　　B. 不更新　　C. 忽略　　D. 取消

2. 在文件面板中可查看文件或文件夹，以下说法不正确的是（ ）。

A. 通过本地视图，查看站点文件夹和文件

B. 通过远程视图，查看远程站点文件夹和文件
C. 通过站点视图，查看本地站点
D. 通过站点视图，查看站点文件的链接情况

三、简答题

1. 简述网页从切片到建立的过程。
2. 上传网站有要做什么准备工作？

四、实训题

综合实训：网页切片及网站制作（鲜花网），如图 14.62 所示。

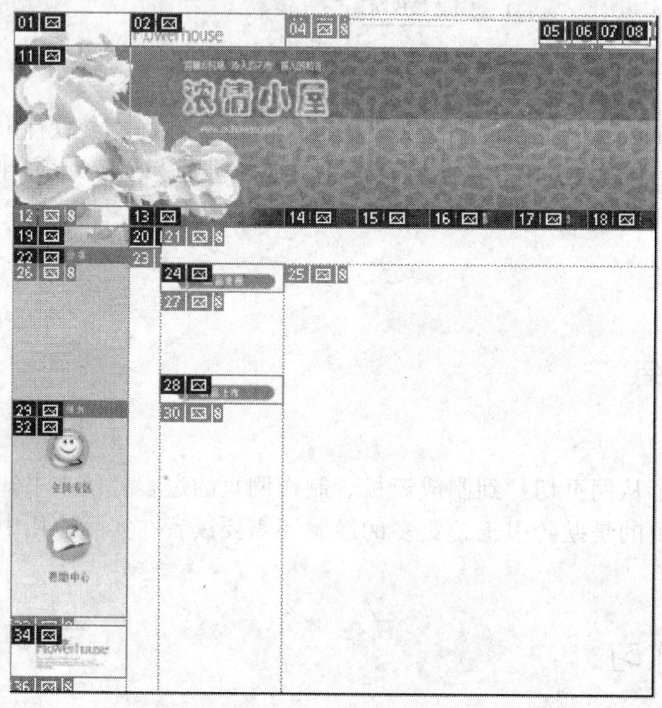

图 14.62 实训效果

【实训要求】 将“xianhua.pad”切片，并输出为网页，然后创建站点，制作模板，并利用模板制作一到两个页面。

【实训提示】 在 C 或 D 盘新建一个站点文件夹，然后打开文件“14.2lx\xianhua.psd”，将其切片并输出为网页。

动态网站制作

知识目标

- IIS 的安装和配置方法
- 数据库的建立及连接方法
- 动态网页的制作方法

技能目标

- 掌握 IIS 的使用方法
- 掌握两种连接数据库的方法
- 掌握查询记录集的建立方法
- 掌握用户身份验证等服务器行为的设置方法

在前面的几个项目中，具体介绍了静态网页的制作，静态网页对访问者来说，网站的内容固定不变，对访问者不会产生互动的行为，当用户在浏览器上通过 HTTP 协议向 Web 服务器请示网页内容时，服务器仅能回应“静态”的 HTML 网页。动态网页不仅仅是单纯地将网页传给客户端，而且还具有执行各种程序的能力，同时它还能与数据库进行数据的传递与存取。在本项目中，以最简单的留言板为例，讲解如何采用 ASP 语言，利用 Dreamweaver 8 生成动态网页。其过程如下：

① 安装、设置 Web 服务器 IIS。

② 创建数据库及 DSN。

③ 重定义站点。

④ 连接数据库。

⑤ 制作动态网页。

任务 15.1 设置动态网站运行环境

如果用户只安装了 Dreamweaver 8，而没有安装任何的服务器软件，那么只能制作静态的网页，因为没有网站服务器环境，就无法发挥 Dreamweaver 8 编辑互动网页的强大功能。为此，用户可以在自己的计算机上模拟，将自己的计算机架设成一个网站服务器，让 Dreamweaver 8 有一个可以测试的互动环境。对于 Windows 系统的用户来说，IIS 就是其自带的一种 Web（网页）服务组件，其中包括 Web 服务器、FTP 服务器、NNTP 服务器和 SMTP 服务器，分别用于网页浏览、文件传输、新闻服务和邮件发送等方面。下面将介绍安装 IIS 的方法。

跟我操作

① 在 Windows 中选择“开始→设置→控制面板”，启动“添加/删除程序”，选择“添加/删除 Windows 组件”按钮，出现“Windows 组件向导”对话框，选择“Internet 信息服务”如图 15.1 所示，单击“下一步”，Windows 就开始安装这些组件了，此时将 Windows 的系统安装盘放在光驱中，根据提示选择相应的目录即可以顺利安装。

提 示 可以单击“详细信息”按钮来选择安装的组件，如果这样做，其中的“Internet 服务管理器”“World Web 服务器”“公共文件”是必须选中的。为了方便文件管理，也可以选择“文件传输协议（FTP）服务器”一项。

② 安装后，选择“开始→程序→管理工具→Internet 服务管理器”或在控制面板中单击“管理工具”，选择其中的“Internet 信息服务”，如图 15.2 所示，均可进入 IIS。

顺利启动 IIS 后，就可以开始制作动态网页了，为了便于读者学习，就不对知识进行单独讲解了，下面就以“天使沙龙”摄影网为例，介绍动态网页的创建方法，在案例制作的过程中，将穿插知识点的讲解。

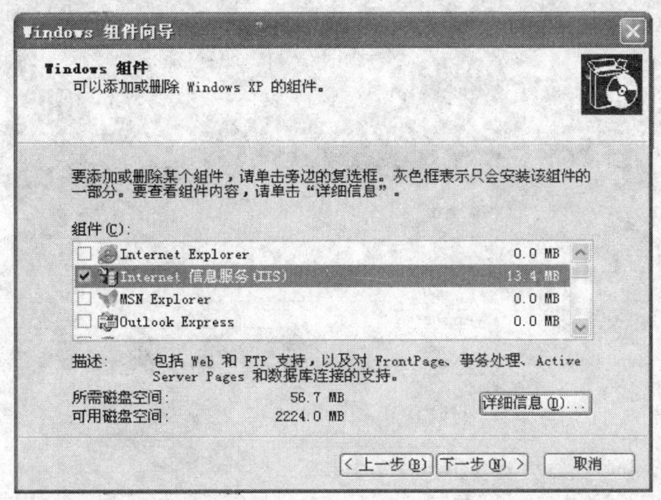

图 15.1　设置安装 IIS

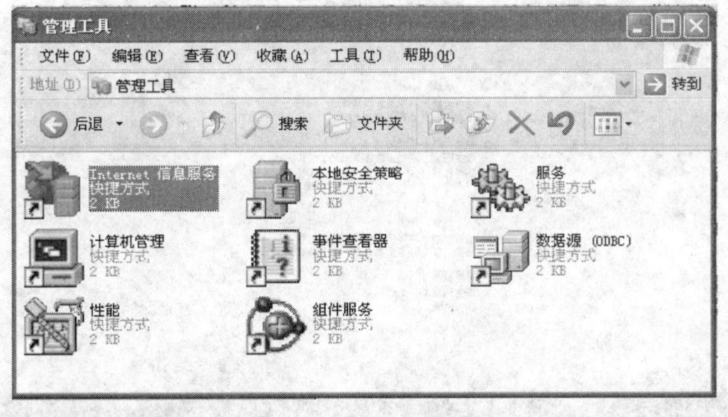

图 15.2　启动 IIS

案例 15.1　创建数据库及连接（儿童摄影网）

“天使沙龙”留言板，要分两个案例讲解完成。整体案例效果为：首先进入留言板首页“ly.asp”，如图 15.3 所示，在该页中可以添加留言，也可以看到其他客户的留言。本案例讲述的是创建虚拟目录到连接数据库的过程。

作为管理者，要对留言进行回复，此时可以单击“管理留言”图片，进入“管理员登录”页面“login.asp”（图 15.4），输入用户名“yuan”，密码“yuan”即可进入管理页面“admin.asp”，否则进入报错页面“error.adp”。

进入管理网页“admin.asp”后，可以选择“回复”或“删除”页面，单击“回复”进入“reply.asp”页面，单击“删除”进入“del.asp”页面（图 15.5）。

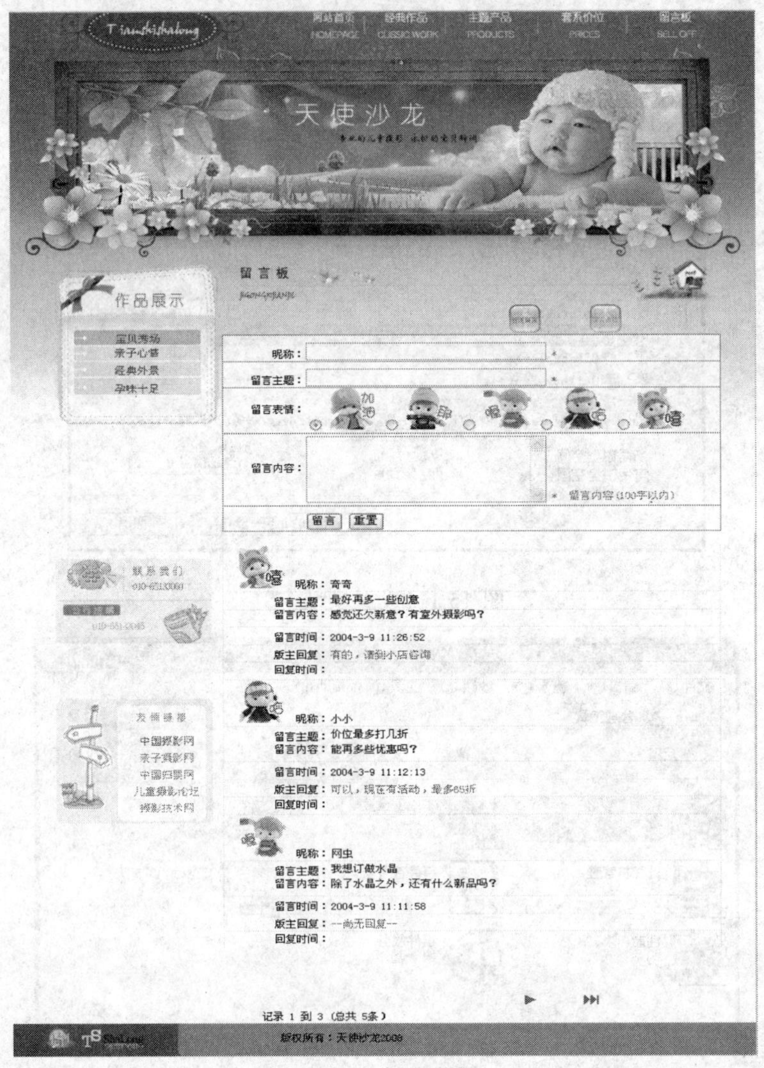

图 15.3 留言板首页 ly.asp

图 15.4 管理员登录页面 login.asp

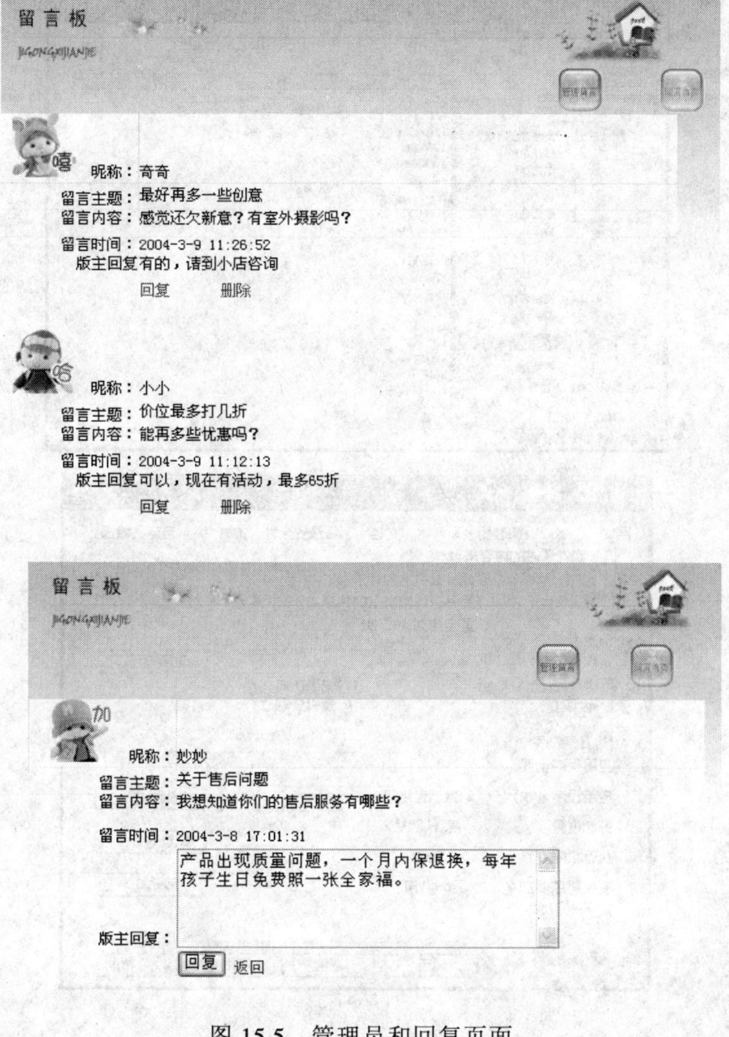

图 15.5　管理员和回复页面

操作步骤

（1）设置 IIS

IIS 安装后将自动在 IIS 服务器上建立一个“默认 Web”站点。它的位置默认在“c:\inetpub\wwwroot”中，用户可以将自己的站点放在该文件夹中，然后在浏览器的地址栏中输入“http://localhost”或“http://127.0.0.1”，即可访问站点的主页。当然，也可以将默认站点设置为用户自己的站点，本案例中将把天使沙龙所在的文件夹设置为“默认 Web”站点。

① 在 D 盘新建一个目录“myweb”，将“15.1lx”中的全部内容复制到该文件夹下。

② 鼠标右键单击“默认网站”，在弹出的菜单中选择“属性”，在打开的对话框中选择“主目录”标签，将“本地路径”设置为“d:\myweb”，注意勾选其中的“读取”和“写入”选项，如图 15.6 所示。

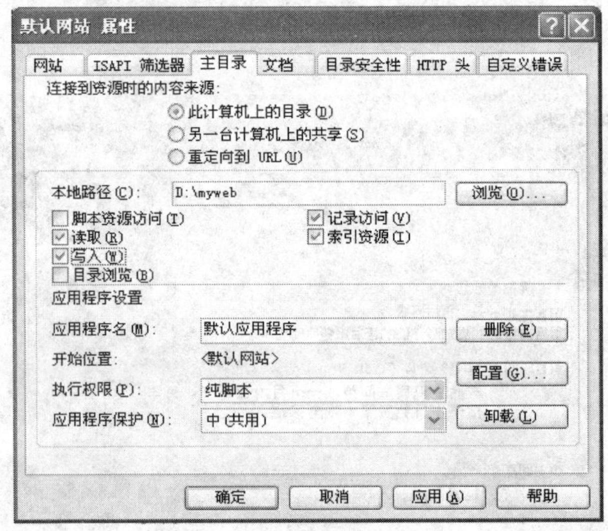

图 15.6 设置 IIS

用户也可以将自己的站点放在任意文件夹下，然后将此文件夹设为虚拟目录，同样可在 IIS 的支持下访问站点的网页，访问方法为在浏览器的地址中输入“http://localhost/”虚拟目录名，或“http://127.0.0.1/”虚拟目录名。虚拟目录并不是真实存在的 Web 目录，但其与实际的 Web 站点有一定的映射关系，给虚拟目录起的名字称为别名。创建虚拟目录的方法为：

鼠标右键单击“默认网站”，在弹出的菜单中选择“新建→虚拟目录”，按照提示，分别给虚拟目录起“别名”、设置站点的实际路径等，单击“完成”即完成站点的创建。本案例暂不采用此方法。

（2）创建数据库

要使一个网站达到互动的效果，就要使浏览者对网页提出请求时，能出现响应的结果。这种结果实际上是通过让网页读出保存在数据库中的数据、然后显示在网页上来实现的。根据每个浏览者对某一个相同的网页提出的请求不同，显示出的结果也不同。

在 Dreamweaver 8 中可连接的数据库类型是比较多的，目前市场上常用的有 Oracle，MySQL，SQL server，Microsoft Access 等，下面逐一地做简单介绍：Oracle 是目前最强大、性能最全面的产品，但成本较大；MySQL 是最流行的开放源数据库，其性能虽不像大型数据库系统那样全面，但足以应付大部分网页应用程序的需求；SQL Server 性能比较全面，提供强大的企业数据库管理功能；Access 是最流行的桌面数据库，虽不大适合大型数据库网站使用，但对于小型的网站来说绰绰有余，其文件大小限制在 2GB 以内，而且开发用户数限制为 255 个。

下面就大体介绍一下在 Access 中建立数据库的方法，如果读者不想新建，在本案例中已制作好了一个数据库“data.mdb”，在文件夹“15.1lx”中，读者可用“文件 →打开”直接观看。

① 选择“开始→程序→Microsoft office→Microsoft office Access”，启动 Access，然后选择“文件→新建”，在弹出的对话框中给新建的数据库定义保存路径并起名。在一个数据库中可以包含多个表，最开始创建的是第 1 个表。

② 单击“利用设计器创建表”，在其中输入表结构：要输入“字段名称”和“数据类型”两部分，“数据类型”可为“文本”、“数字”“日期/时间”和“自动编号”等。

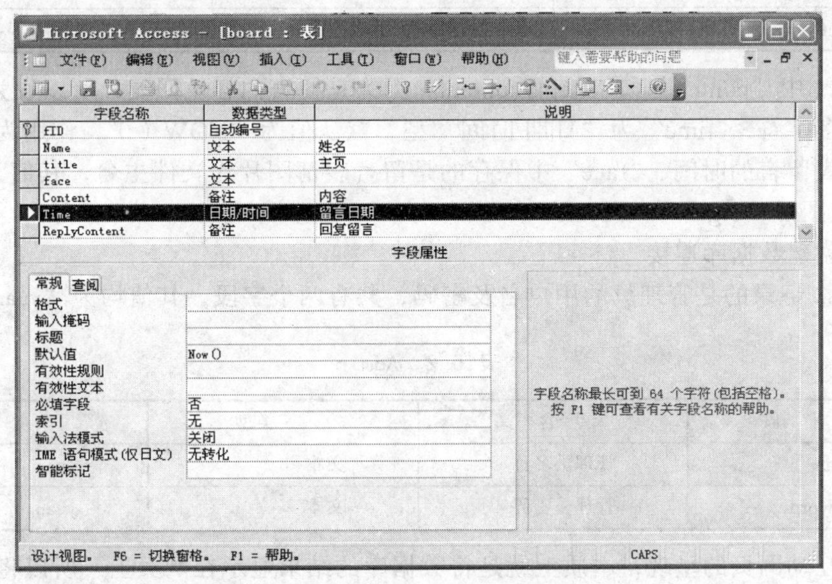

图 15.7　创建表结构

③ 在所有的字段中，必须设置一个字段做为主键，所谓主键就是每一条数据都不能重复的字段，用来唯一识别每条记录。如果用户没有设置，Access 在保存表时自动生成一个称为“ID”的字段作为主键，它的类型为“自动编号”。表结构定义完毕后，单击“保存”按钮时，会提示输入“表名”，输入“board”，至此一个表的定义结束。

④ 再次单击“利用设计器创建表”，可以再新建另一个表，全部定义结束后，双击任一个表名，就可以逐一输入该表的记录了，为了调试“显示留言”效果，先在此输入几条留言，如图 15.8 所示。

fID	Name	title	face	Content	Time	ReplyContent
1	妙妙	关于售后问题	1	我想知道你们的	04-3-8 17:01:31	出现质量问题一月之内保退换
2	鸭鸭	请问您的地址	2	您的店在哪个区	04-3-9 10:53:56	在河西区
3	网虫	我想订做水晶	3	除了水晶之外，	04-3-9 11:11:58	--尚无回复--
4	小小	价位最多打几折	4	能再多些优惠吗	04-3-9 11:12:13	--尚无回复--
5	奇奇	最好再多一些创	5	如果再新颖些就	04-3-9 11:26:52	--尚无回复--
(自动编号)					3-5-25 11:15:12	--尚无回复--

图 15.8 输入表记录

在提供的数据库中，共有两个表，表 15.1 中为留言板的内容。

表15.1 属性

字 段	含 义	类 型
ID	自动编号	自动编号
Name	留言者昵称	文本
title	留言主题	文本
face	留言表情	文本
Content	留言内容	备注
Time	留言日期和时间	时间/日期
ReplyContent	回复的留言	备注

表 15.1 中“conten”和“Replycontent”因为是留言内容及回复，所以设为备注型，可接受较多字符，“time”为“日期/时间”型，默认值为“NOW（ ）”，作用为自动获取留言者发表留言的时间，“face”中保存的是留言表情图片为文件主名，其值为“1”～“5”，对应图片“1.gif ”-“5.gif ”。

（3）创建数据库连接

表 15.2 记录的是管理员的用户名及密码，共有两个字段，其值均为“yuan”。

表15.2 Admin

字 段	含 义	类型	值
FAdmin	管理员名称	文本	yuan
FPassword	管理员密码	文本	yuan

一个互动网页的呈现，本质上就是将数据库的结果显示在网页上，所以将网页连接到数据库，并读出数据、写入数据和更改数据，是非常重要的。这个过程的第一步就是建立网页和数据库的连接，因为没有这个连接，网页程序将不知道到哪里查找数据库的数据。做完这一步之后，就可以进入 Dreamweaver 8 制作动态网页了。有两种连接到数据库的方法，在此建议使用第二种。

1）设置数据库源名称（DSN）连接方式。

这种连接方式是利用系统中的 ODBC 管理器来设置数据源名称（DSN），从而建立 ODBC 连接。一个数据库的 DBC 连接一旦建立，那么该数据库的信息就被保存在 DSN 中，程序的运行就必须通过 DSN 来运行。下面来说明一下建立方法。

① 选择“开始→控制面板→管理工具→数据源（ODBC）”，因为 Dreamweaver 8 只能读取服务器上的系统 DSN，因此在打开的对话框中要选择“系统 DSN”标签，然后单击“添加”按钮，以添加一个系统 DSN，如图 15.9 所示。

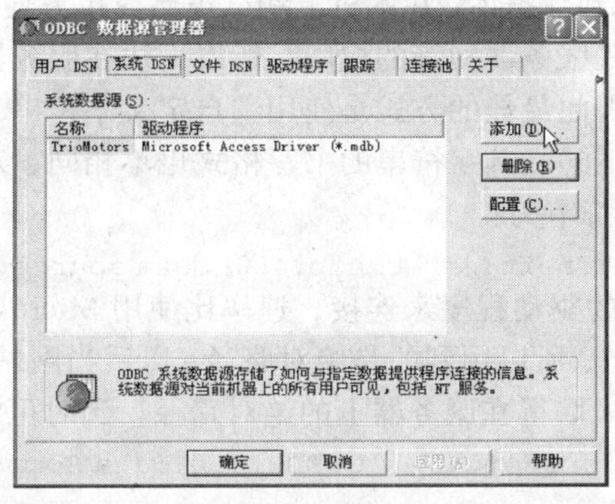

图 15.9　打开 ODBC

② 在打开的对话框中选择“Microsoft Access Driver（*.mdb）”，如图 15.10 所示。

图 15.10　选择驱动程序

③ 在下一个对话框中给数据源起名为“liuyan”，然后单击“选择”按钮（图 15.11），在打开的对话框中，选择建立好的数据库“D:\myweb\data.mdb”。

ODBC Microsoft Access 安装
数据源名(N):　liuyan
说明(D):
数据库
数据库:
选择(S)...　创建(C)...　修复(R)...　压缩(M)...
系统数据库
无(E)
数据库(T):
系统数据库(Y)...
确定
取消
帮助(H)
高级(A)...
选项(O)>>

图 15.11　选择库文件

④ 单击确定，再单击确定后即可完成 DSN 的创建，在“系统 DSN“标签时可以看到新创建的系统 DSN 名称“liuyan”。

2）设置自定义字符串的连接方式。

使用 DSN 方式连接到数据库，在本机上测试虽然简单方便，但将网站上传到服务器上后，由于用户没有主机服务器网管的权限，所以无法在服务器主机上设置数据源，数据库也就无法访问了，因此最佳的方式是使用“自定义字符串“方式连接数据库。根据连接的数据库的类型的不同，其字符串的书写格式也不相同，对于本机作为测试服务连接 Access 数据库，其字符串为：

```
"provider=microsoft.jet.oledb.4.0; data source='d:\myweb\ data.mdb'"
```

此为通过 OLE DB 的驱动程序来连接，速率比使用 Microsoft Access 的驱动程序连接要高。由于是本机测试，所以用到的是绝对路径，以后当网站上传到远程服务器上时，要用到 MapPath 方法，来取得在服务器上的绝对路径。到时可将其修改为：

```
"Provider = Microsoft.Jet.OLEDB.4.0;Data Source = "& Server.MapPath
("/data.mdb")"
```

其中/表示数据库文件在站点根目录下，如果其在下一级子目录中，可用“/”逐级说明，如"/newsSystem/database/news.mdb"。

建议读者使用这种方法来连接，具体使用方法将在下一案例中进行讲解。

案例小结

本案例全面介绍了创建虚拟目录、重定义站点、创建数据库、创建连接的全过程，并对过程的实施目的进行了详细的讲解，希望读者能从根本上理解并掌握。

任务 15.2　建立动态网页

做好上一任务的准备工作后，就可以进入 Dreamweaver 8 制作动态网页了，下面继续以“天使沙龙”为例，讲解其制作过程。

案例 15.2　制作动态网页（儿童摄影网）

本案例任务为进入 Dreamweaver 8 制作动态网页，实现用户添加留言、查看留言、管理者登录、管理者回复留言和删除留言的功能。

操作步骤

（1）定义站点

测试服务器是 Dreamweaver 用来测试站点的位置和内容的，Dreamweaver 使用此服务器生成动态内容并在工作时连接到数据库，该服务器可以是本地计算机或远程服务器。当一台计算机安装了 IIS 后，本地计算机就是一个服务器了，所以在制作动态网页时，对站点的定义有所不同。

① 在“站点定义”的“高级”中定义“本地信息”如前，如图 15.12 所示。

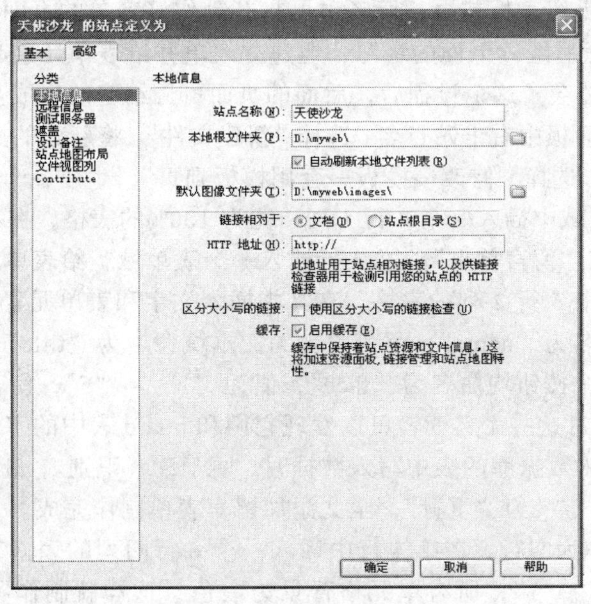

图 15.12 设置“本地信息”

② 分类中选择“测试服务器”，定义其中的“服务器类型为”“ASP VBSscript”、访问为“本地/网络”，测试服务器文件夹为“D:\Myweb”，URL 前缀为“http://localhost/”，如图 15.13 所示，单击“确定”完成站点的定义。

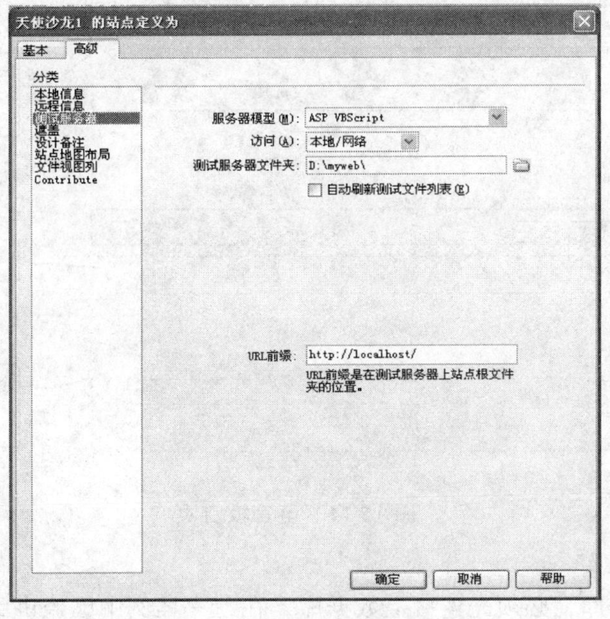

图 15.13 设置“测试服务器”

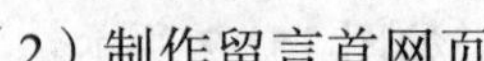

（2）制作留言首网页

首先要制作的是留言板首页，读者也可打开制作好表单的页面“15.1lx.asp”，将其另存为“ly.asp”，然后继续下面的练习，但建立表单并给表单元素起名的过程很重要，不建议读者跳过，体会了这个过程后，后面的页面可用给定的现成基本页面来完成。

① 在“文件”面板中右击站点名，选择“新建文件”，将新建的文件改名为“ly.asp”，然后打开“ly.asp”，选择“修改→模板→套用模板到页”，生成一个基于模板的网页。

② 在可编辑区域中插入一个 4 行 1 列，宽为 100%的表格，在第 1 行中插入两张图片：“管理留言”和“留言首页”。第 2 行插入一个表单域，给表单域起名为“form1”，在表单域中插入一个 5 行 2 列的表格，在其中插入文字和表单元素如图 15.11 所示，其中呢称的文本域命名为“name”，留言内容的文本域命名为“title”，留言表情中插入一系列单选按钮，每个按钮均命名为“face”，值为“1” ~ “5”，留言内容的文本区域命名为“content”，通过这些命名读者可以发现它们和 board 表中的字段名是相同的，这样做的好处是在向写入数据库的表中写入数据时，便于读者识别。最后两个按钮，一个定义为“提交”，一个定义为“重置”，至此添加留言表单制作完成。

③ 将第 3 行作为空行，在第 4 行中插入一个 6 行两列的表格，设置表格背景色为“#DFFFF4”，间距为“1”，所有单元格背景为白色，这样就制作了一个细线表格。在表格中输入相应文字如图 15.14 所示，这个表格将用来显示留言内容。

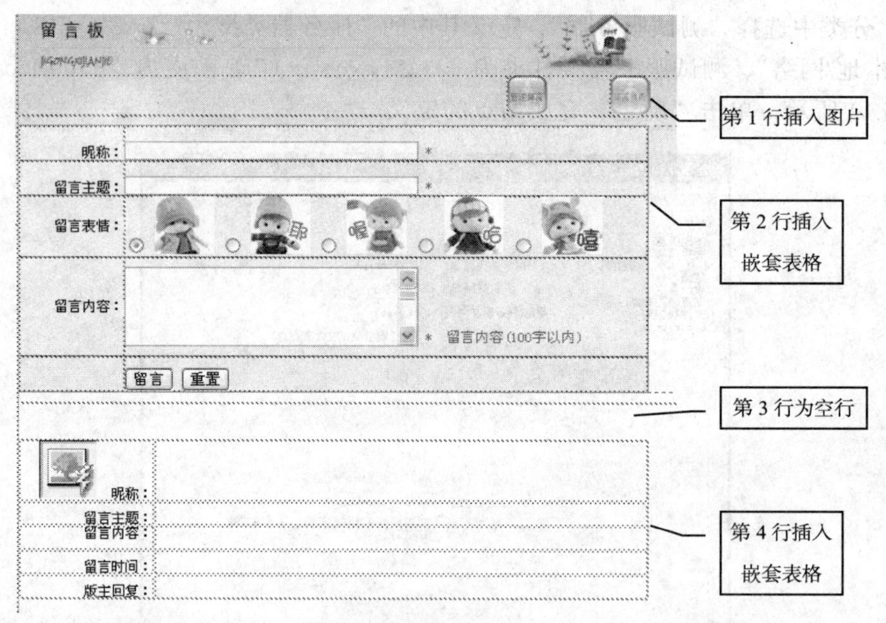

图 15.14 留言板首页

（3）连接数据库

要想访问数据库，必须先连接上数据库，在上一案例中已经讲到，建议读者用“自定义连接字符串”的方法进行连接，在文件夹“15.1lx\conn.txt”中提供了字符串，读者只需直接粘贴即可。

① 选择“窗口→数据库”打开数据库面板，在其中单击“数据库”标签中的“+”号，选择“自定义连接字符串”。在打开的对话框中输入“连接名称”为“conn”，“连接字符串”中粘贴 conn.txt 中的字符串，如图 15.16 所示，然后单击“测试”，如果弹出“成功建立连接”表示连接成功，若报错请检查修改字符串。

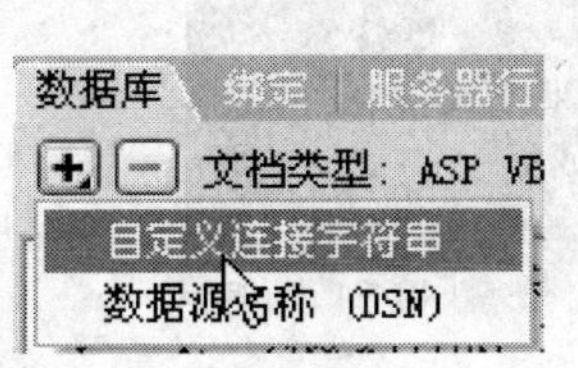

图 15.15　添加自定义字符串

图 15.16　添加自定义字符串

② 成功连接数据库后，在 DW 里其实是自动生成了一个连接文件。位置在自动生成的 Connections 文件夹中，名称是你刚才输入的“连接名称”，如本例生成的文件为“ conn.asp”，如图 15.17 所示，同时，在“数据库”面板可看到连接成功的数据库。

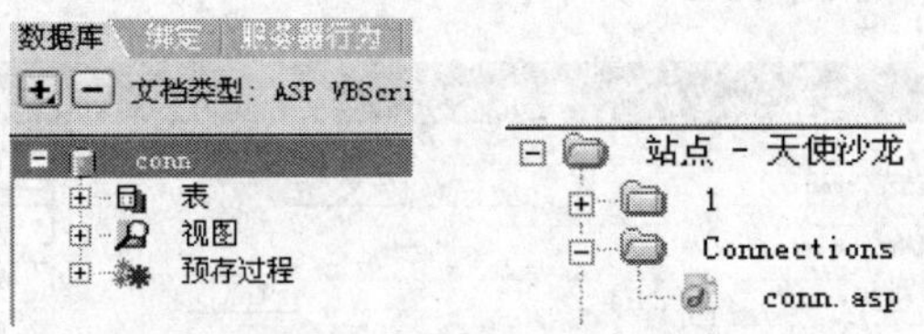

图 15.17　添加成功的连接

（4）建立查询记录集

连接数据库的文件生成后，就可以从数据库中读取数据了，要读取什么样的数据可以通过添加“查询记录集”来定义，其实质是生成 recordset 记录集的实例。

① 在“绑定”面板中，单击“+”，选择“记录集”（查询）命令，在打开的对话框中定义记录集名称为默认的 Recordset1，连接选择前面定义的“conn”，表格选择“board”表，排序中选择“ID”，顺序为“降序”，如图 15.18 所示，这样做的目的是，在显示所有留言时，让最后留言的记录在前面显示。

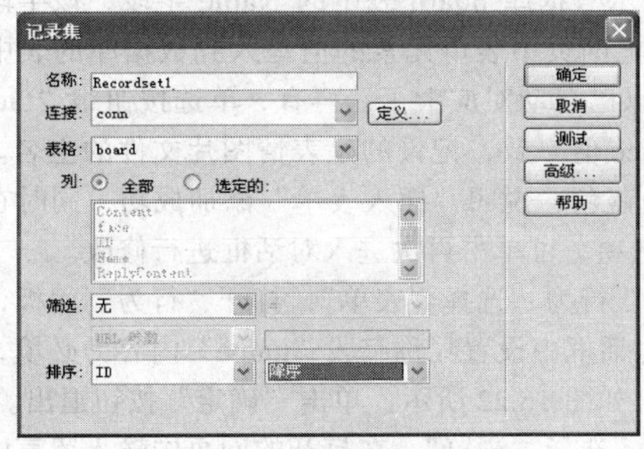

图 15.18　添加记录集

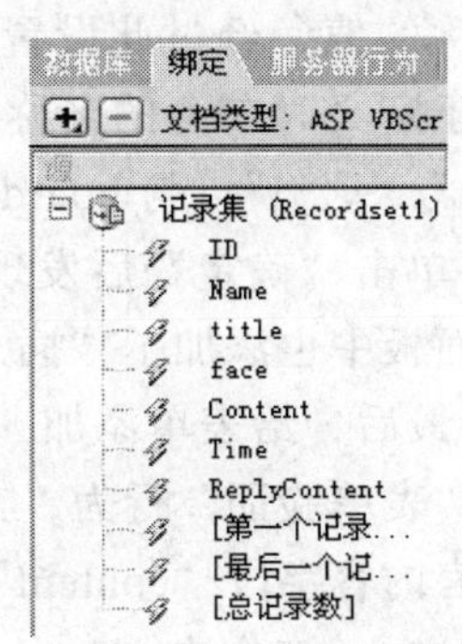

图 15.19　添加结果

② 单击“确定”后看到在“绑定”面板中添加了读取过来的字段集，如图 15.19 所示。

（5）制作添加留言

① 下面制作添加留言功能：选中添加留言所在的表单，如果不好选取，可在标签选择器中直接点取其标签即可，如图 15.20 所示。

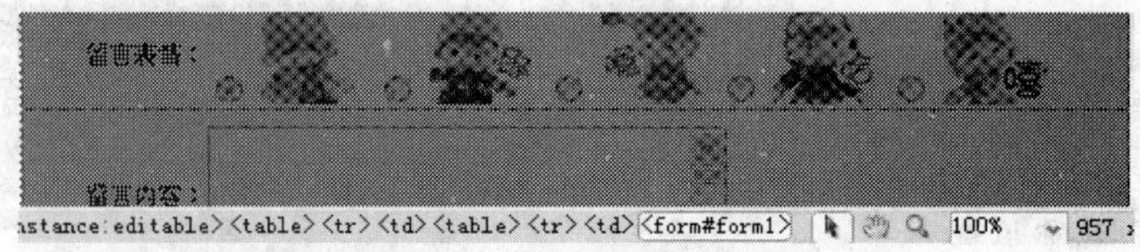

图 15.20 选取表单

② 在“服务器行为”面板中单击“+”，选择“插入记录”，在打开的对话框中定义“连接”为“conn”，插入到表格为“board”，插入后，转到选择 “ly.asp” （当前网页），获取值自“form1”（当前表单的名字），“表单元素”中逐一选择表单元素的值，以写入到数据表中的相应字段，如图 15.21 所示。

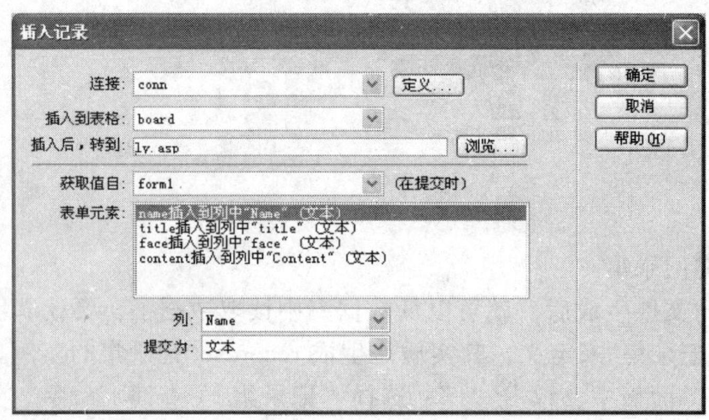

图 15.21 插入记录对话框

以“name 插入到列中“Name”（文本）”为例，第一个“name”表示表单中“昵称”的文本域名，第二个“Name”表示数据库 board 表中的 Name 字段，该字段保存的是昵称的值，经过此设置，就可以把网页中表单元素的值写入到数据库的表中了，本例由于定义时二者的名称一致，所以已自动对应上了。再有，单选按钮组“face”的值为“1”～“5”，与 board 表中的 face 值一致，记录的是表情图片文件的主名。

③ 单击“确定”后发现表单变为蓝色，说明“插入表单”添加成功，同时在“数据库”面板中也添加了“插入记录”选项，可单击再次进入对话框进行修改。

④ 最后，给表单添加“表单验证”行为，选择“表单”，打开“行为”面板，给表单添加“表单验证”行为，在打开的对话框中设置昵称字段“name”内容为必填，同样设置留言内容字段“content”为必填，如图 15.22 所示，单击“确定”按钮退出。

⑤ 进入 IIS，在“ly.asp”上右击，选择“浏览”，在打开的网页中输入留言内容，如果不报错，就说明成功了。

图 15.22　检查表单

⑥ 如果报错，且错误为“需要一个可更新的查询”，可能是权限设置问题，在“我的电脑”中选择“工具→文件选项”，在打开的对话框中选择“查看”标签，去掉“使用简单文件共享”前面的对勾，单击“确定”退出。然后右键单击文件“myweb”，在弹出的菜单中选择“属性”，在打开的对话框中选择“安全”，给用户设置“写入”权限就可以了。

（6）显示所有留言

“ly.asp”页面的上半部分为添加留言，下半部分为显示留言，由于在制作添加留言时已经建立记录集了，所以此时就不用再建立了，直接使用即可。

① 在“数据库”面板，选择“绑定”，拖动字段“name”到“昵称”旁的空白单元格内，拖动“title”到留言主题旁，“content”到留言内容旁，“time”到留言时间旁，如图 15.23 所示。

昵称：	{Recordset1.Name}
留言主题：	{Recordset1.title}
留言内容：	{Recordset1.Content}
留言时间：	{Recordset1.Time}
版主回复：	
回复时间：	

图 15.23　插入动态字段

② 下面制作“昵称”前的动态图像显示：首先在“昵称”的前面，插入图像“images/1.gif ”，然后选择插入的图像，在“属性”面板中单击 源文件 images/1.gif 中的文件夹图标，在打开的对话框中选择“选择文件名自”为“数据源”，单击其中的“face”字段，按 Ctrl+C 键下面的 URL 中的内容，如图 15.24 所示，单击“取消”退出。选“取消”是因为只想复制它的数据源地址，而不想在此更改。

③ 再次选中图片，单击“代码”按钮进入到“代码视图”，此时图片的代码为选中状态，选中其中的“1”，然后按 Ctrl+V 键将刚才的内容复制，这样就可以动态读取图像了，图 15.25 是复制前后的对比。

这样做的原理是：在 board 表中 face 字段为文本类型，值为“1”～“5”，<%=(Recordset1.Fields.Item("face").Value)%>表示读出“face”字段的值，与后面的“.gif ”连到一起就可以动态设置图片的名称了，达到动态显示留言表情的目的。

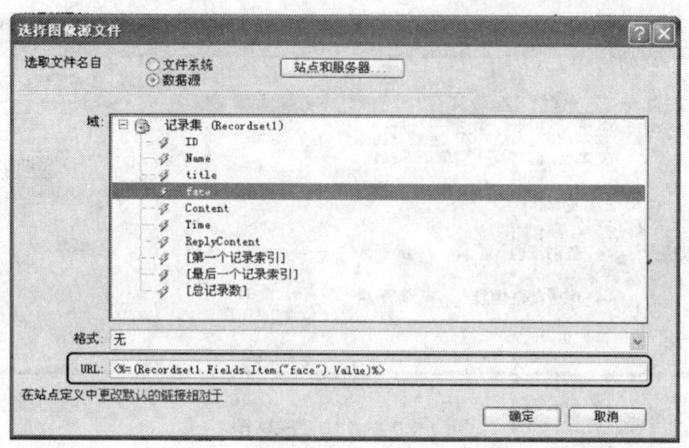

图 15.24 复制 URL

```
更改前<img src="images/1.gif" width="50" height="50" />
更改后<img src="images/<%=(Recordset1.Fields.Item("face").Value)%>.gif" width="50" height="50" />
```

图 15.25 更改图片代码

④ 进入 IIS，在“ly.asp”上右击，选择“浏览”，在打开的网页中如果看到刚才的留言内容和图片，就说明成功。

⑤ 刚才只能看到一条留言，下面制作显示多条：选中表格，在“服务器行为”中选择“重复区域”，在打开的对话框中选择“3”，即每页显示 3 条留言，退出后看到表格左上角出现“重复”两字，如图 15.26 所示，说明建立成功。

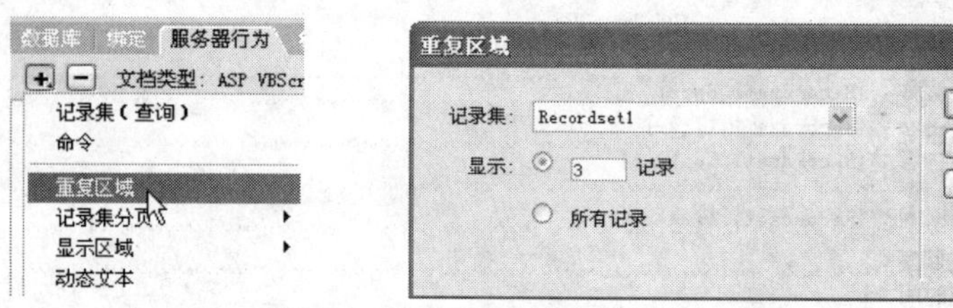

图 15.26 添加“重复”服务器行为

⑥ 下面制作翻页功能：将光标放在最后一行，选择“插入→应用程序对象→记录集分页→记录集导航条”，在打开的对话框中选择一种显示方式如“图像”，单击“确定”按钮后即可看到插入的导航条。

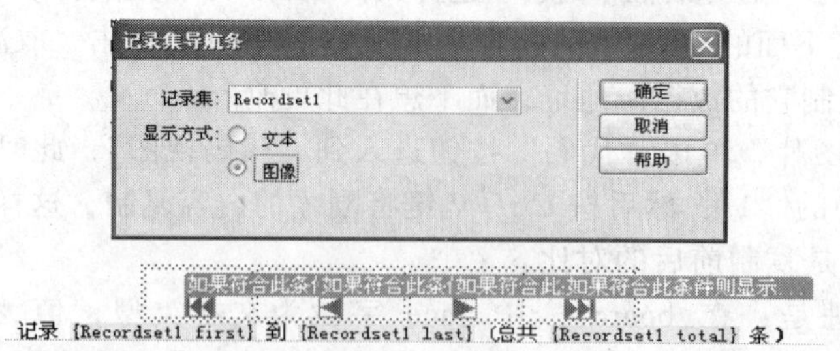

图 15.27 添加导航条

⑦ 选择"插入→应用程序对象→显示记录计数→记录集导航状态"，在打开的对话框中单击"确定"即可。最后插入的导航如图 15.27 所示。

⑧ 进入 IIS，在"ly.asp"上右击，选择"浏览"，验证显示留言和翻页功能。

（7）管理员登录验证

回复、删除留言的功能，由管理员完成，管理员首先要以正确的用户名和密码登录，才能进入管理页面。

① 打开 login.asp，这是一个做好的登录页面，在其中插入了一个表单，名为"form1"，如图 15.28，管理员旁的文本域名为"user"，密码旁的文本域名为"psword"，其类型为"密码"。

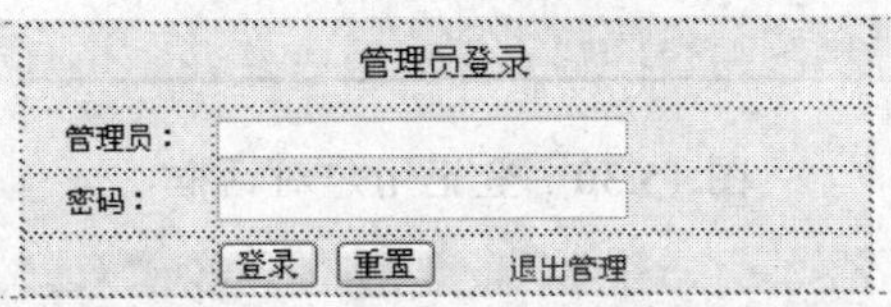

图 15.28　表单 form1

② 下面添加记录集，在"数据库"面板的"绑定"中选择"+"，再选择"记录集"，在打开的对话框中设置如下：表格选择"admin"，这是"data.mdb"库中的另一个表，专门用来记录管理员密码的。

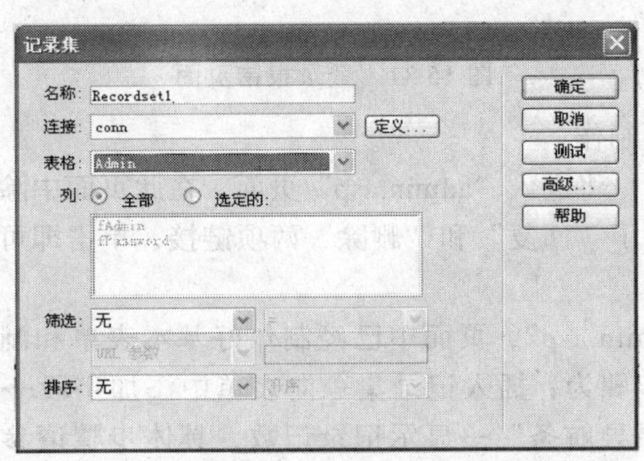

图 15.29　记录集对话框

③ 下面为网页添加"登录用户"服务器行为：在"服务器行为"中单击"+"，选择"用户身份验证户→登录用户"，在打开的对话框中设置如下：注意"表格"中选择要写入的数据库的表"fadmin"，用户名为"FAdmin"，密码为"Fpassword"，"如果登录成功，转到"为"admin.asp"（管理员修改删除留言的页面），"如果登录失败，转到"为"error.asp"(报错页面)，如图 15.30 所示，这两个页面的基本结构是已经做好的。

④ 进入 IIS，在"login.asp"上单击，进入管理员验证页面，输入用户名为"yuan"，密码为"yuan"（这是在 data.mdb 库的 Admin 表中定义好的用户名和密码的字段值），单击"登录"进入 admin.asp 页面，若输入有误，进入报错页面，如图 15.31 所示。

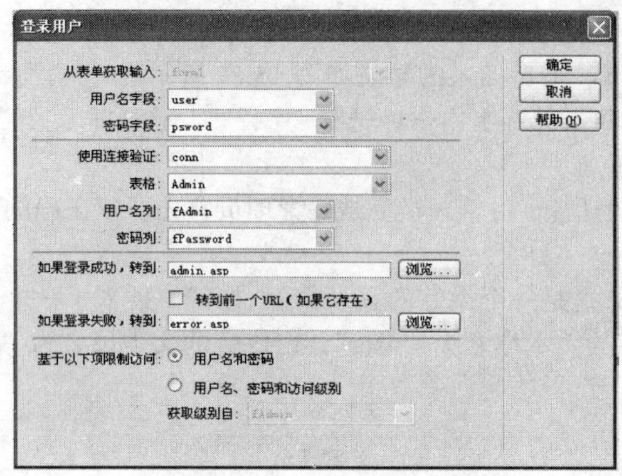

图 15.30　登记用户对话框

图 15.31　登录报错页面

（8）修改留言页面制作

管理员登录无误后，将进入“admin.asp”页面，在此页面中除了显示所有留言内容外，还在每条留言中多了“回复”和“删除”两项链接，单击即可进入相应页面，对该条留言进行回复或删除。

① 打开文件“admin.asp”，页面中已经制作好基本表单和制作“ly.asp”中一样，制作显示留言部分，步骤为：插入记录集→向表单中添加字段→添加“重复记录”服务器行为，添加“记录导航条”→显示记录记数，具体步骤请参考 15.2.6，最后结果如图 15.32 所示。

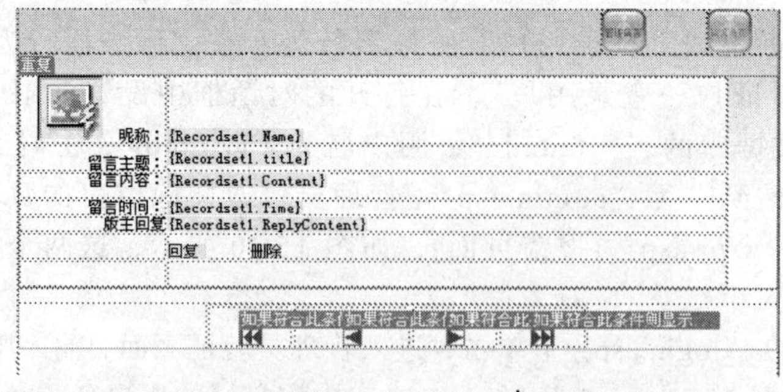

图 15.32　制作显示留言部分

② 与显示留言唯一不同的是在表单最后有“回复”和“删除”两项功能。先制作“回复”功能，选择“回复”两个字，在“服务器行为”中选择“转到详细页面”，在打开对话框的“详细信息页”中选择“reply.asp”，（这是一个已做好基本结构的回复页面），在“传递 URL 参数”中选择“ID”，这项选择至关重要，它决定了回复的是否是当前选择的记录，“记录集”为当前的记录集“recordset”，列为“ID”，如图 15.33 所示。

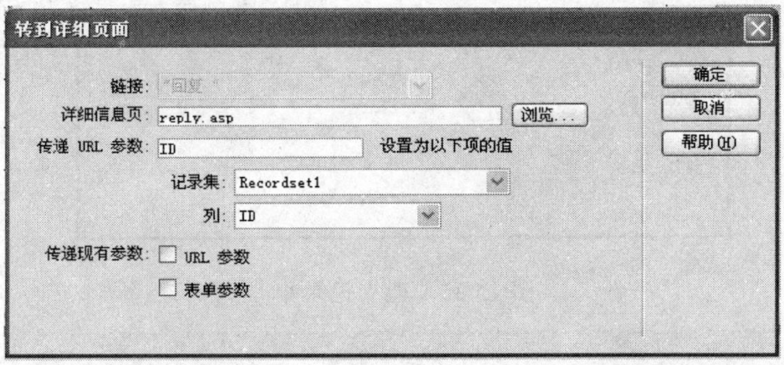

图 15.33　定义“回复”的跳转页面

③ 同样，选择“删除”，在“服务器行为”中选择“转到详细页面”，在打开对话框的“详细信息页”中选择“del.asp”，（这是一个已做好基本结构的删除页面），同样地在“传递 URL 参数”中选择“ID”，如图 15.34 所示，至此修改留言页面制作完毕。

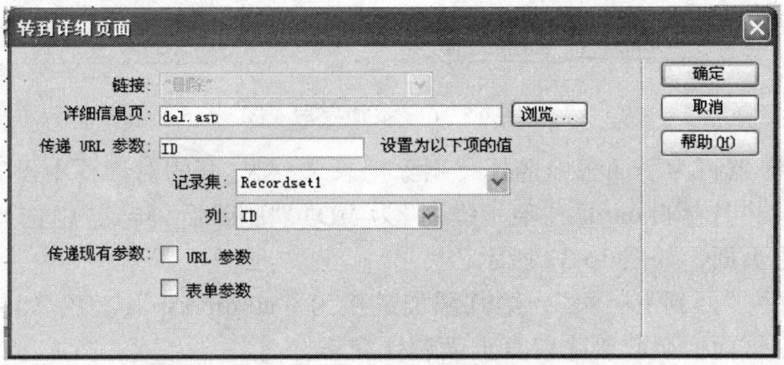

图 15.34　定义“删除”的跳转页面

（9）删除留言页面制作

当在“admin.asp”中的某一条留言中单击“删除”时，将跳转到删除页面，并传递回选中留言记录的 ID 值。

① 打开文件“del.asp”，页面中已经制作好基本表单，且添加了一些文字。首先添加记录集，由于要删除的记录号由 admin.asp 传递过来，所以添加时和前面有所不同，在打开“记录集”对话框中，要特别注意的是在“筛选”中选择“ID”，其他的则会自动添加上，如图 15.35 所示，单击“确定”按钮退出。

② 在“昵称”等旁边拖入相应的字段，如图 15.36 所示。

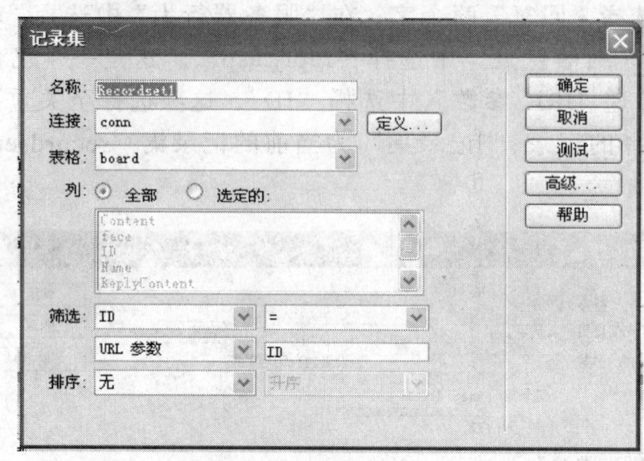

图 15.35 建立记录集

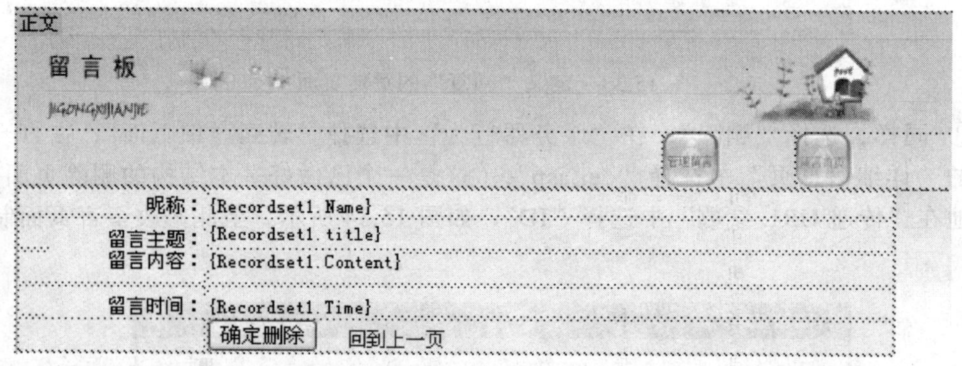

图 15.36 添加字段

③ 在“服务器行为”面板中选择“删除记录”，在打开的对话框中设置如下，注意“从表格中删除”中选择“board”，“唯一键列”为“ID”，“删除后，转到”中选择“admin.asp”即管理留言的主页面，如图 15.37 所示。

④ 选择文字“回到上一页”，给其添加链接为“admin.asp”，表示如果不删除就回到管理留言的主页面，至此删除留言页面制作完毕。

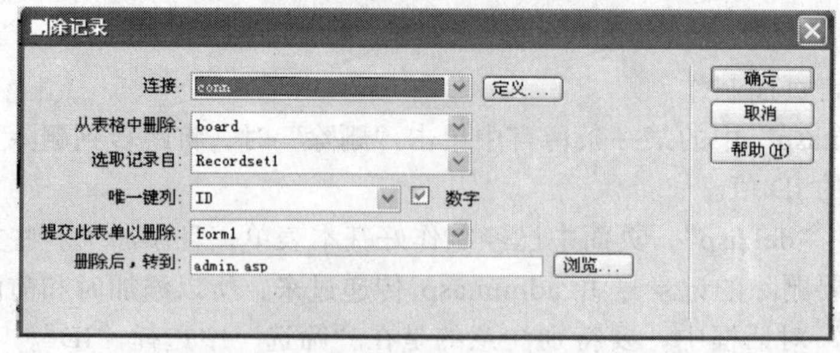

图 15.37 删除记录对话框

（10）回复留言页面制作

当在“admin.asp”中的某一条留言中单击“回复”时，将跳转到此回复页面，并传递回选中留言记录的ID值。

① 打开文件“reply.asp”，网页中已事先插入了一个表单，且添加了一些文字。首先添加记录集，同del.asp中一样，注意“筛选”中“ID”的选择，如图15.38所示。

② 在“昵称”等旁边拖入相应的字段，如图15.39所示。“版主回复”是表单中的一个文本区域，其名称为“replycontent”。

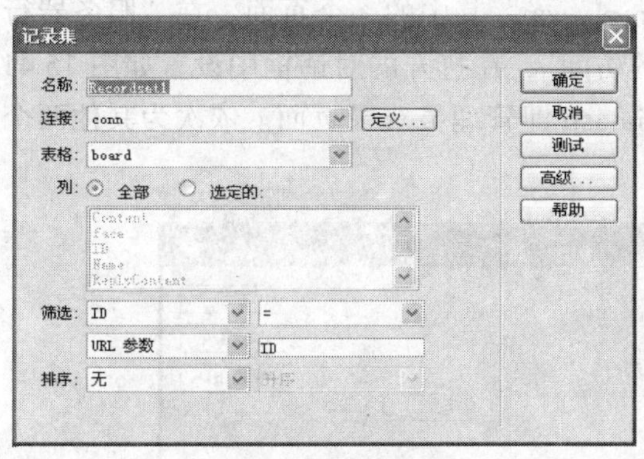

图15.38 建立记录集

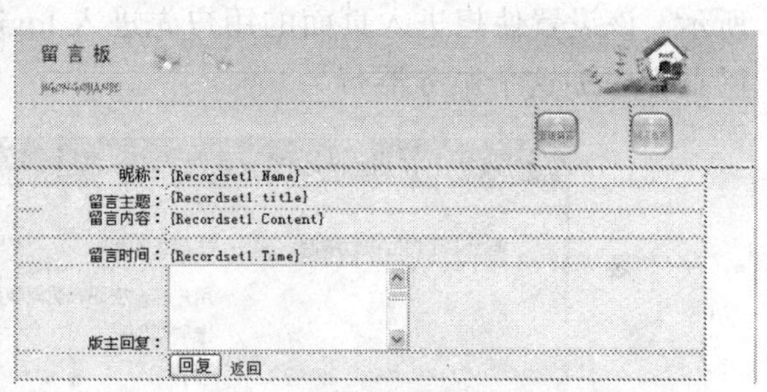

图15.39 添加字段

③ 在“数据库”面板的“服务器行为”中选择“更新记录”，在打开的对话框中设置如下，注意“要更新的表格”中选择“board”，“唯一键列”为“ID”，“更新后，转到”中选择“admin.asp”即管理留言的主页面。“表单元素”为“replycontent 更新列 replycontent”，表示用当前表单中的replyconten的值更新数据data.mdb中的表“board”的replycontent字段的值，这样就实现了向库写入回复的功能，如图15.40所示。

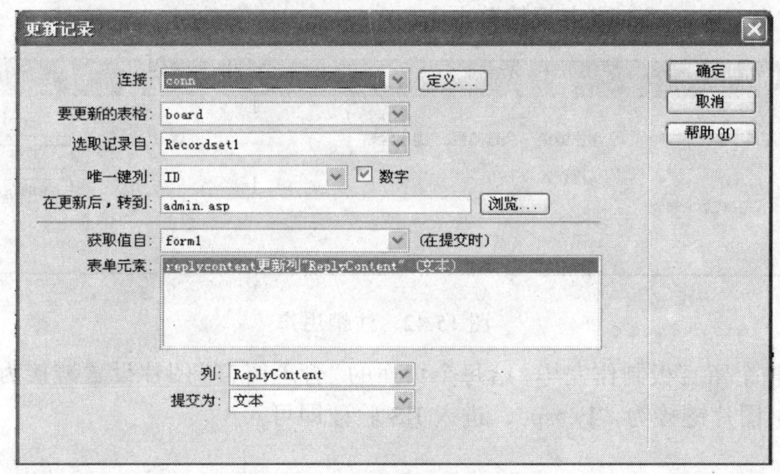

图15.40 更新记录对话框

④ 选择文字“回到上一页”，给其添加链接为“admin.asp”，表示如果不更改就回

到管理留言的主页面，至此回复留言页面制作完毕。。

（11）设置限制对页的访问及注销用户

“admin.asp”、“del.asp”、“reply.asp”三个页面只有管理员才能进入，所以需要添加“限制对页的访问”服务器行为来防止其他人进入。当管理员通过 login.asp 进入修改页面后，程序会在服务器自动产生一个值来记录这个用户的身份，如果管理员暂时离开，这个值未消除，就可能使其他人进入管理页面，从而造成安全隐患，所以在登录页面添加“注销管理”也很重要。

① 打开文件“admin.asp”、“del.asp”、“reply.asp”其中的一个页面，在“服务器行为”面板中添加“用户身份验证→限制对页的访问”，在打开的对话框中设置如图 15.41 所示，该设置使想进入页面的用户先进入 login.asp 即管理员登录页面。依次为其他两个网页也添加这个服务器行为。

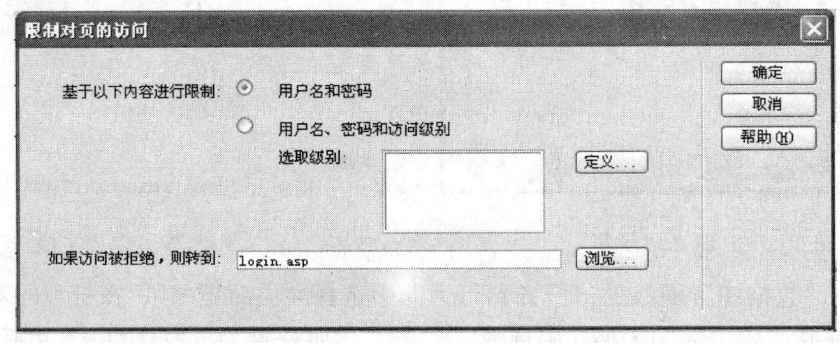

图 15.41 限制对页的访问

② 打开文件“login.asp”，选中文字“退出管理”，在“服务器行为”面板中选择“用户身份验证→注销用户”，在打开的对话框中进行如图 15.42 所示设置，其中“完成后，转到”中输入“ly.asp”（留言板的首页）。

图 15.42 注销用户

至此，整个留言板制作完毕，给每个页面的“管理留言”图片设置链接为“login.asp”，“留言首页”图片链接为“ly.asp”，进入 IIS 验证即可。

案例小结

本案例讲解了留言板的整个制作过程，虽然和其他 ASP 程序相比，它是非常简单的，但对于初次接触的读者来说，还是有一定的难度，在整个制作过程中，要经常调试，验证效果，有问题及时解决，以达到练习的效果。

项目小结

本项目讲解了一个简单留言板的制作过程，使初次接触的读者理解了动态网页的工作流程，掌握了 IIS 的安装和配置，以及数据库的连接和调用。本项目内容只起到抛砖引玉的作用，有兴趣的读者可参考相关 ASP 书籍继续深入学习。

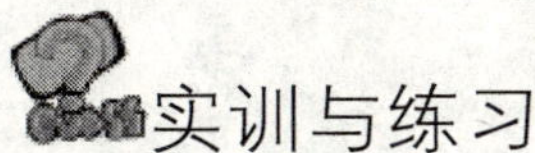

实训与练习

一、填空题

1. 通过选择____________命令，可以打开“数据库”面板。

2. 添加“注销用户”服务器行为的方法 是单击“服务器行为”面板上的“+”，比弹出菜单中选择____________。

二、选择题

1. 下列哪些服务器行为在添加时不需要为相应的页面定义记录集（　　）。

A. 转到相关页　　B.删除记录

C. 插入记录　　D. 更新记录

2. 在 Dreamweaver 8 中，几乎可以将动态内容放在 Web 页若其 HTML 源代码的任何地方，具体表现为（　　）。

A. 可将动态内容放在插入点处

B. 可用动态内容替换文本字符串

C. 可将其插入到 HTML 中

三、简答题

1. 简述制作登录页面的过程。

2. 连接数据库有几种方式？分别是什么？

四、实训题

综合实训：制作留言板（鲜花网）。

【实训要求】 给鲜花网制作留言板，要求有基本添加和显示留言的功能，如图 15.43 所示。

【实训提示】 将文件夹 15.2lx 建立为站点，设置 IIS，制作各留言页面。

Flowerhouse
浓情小屋
www.nqflower.com.cn
首页
送花常识
节日主题
购物车
留言板
会员登陆
用户名
密码
登陆
注册
忘记了密码-->
商品分类
慰问鲜花
商务庆典
爱情浪漫
婚庆鲜花
探亲访友
生子满月
悼念鲜花
生日鲜花
客户服务
会员专区
帮助中心
网站留言
昵称：*
留言主题：*
留言内容：* 留言内容（100字以内）
留言
重置
昵称：兰兰
留言主题：关于配送的问题
留言内容：请问西青区能送货吗
留言时间：2008-5-4
版主回复：可以，没问题！
昵称：丰儿
留言主题：
留言内容：不知你们的最快送货时间是多少？
留言时间：2008-4-3
版主回复：1小时以内
Flowerhouse
版权所有：侬情小屋鲜花店 Copyright (C) 2008. All right reserved

图 15.43 实训效果

(TP—3921.0109)

计算机应用基础及实训

Dreamweaver 8网页设计与实训

Flash CS3教程及实训

Dreamweaver CS3网页制作与实训

ASP程序设计与实训

CAD机械制图及实训

Visual Basic 6.0 可视化编程与实训

计算机网络技术与实训

局域网组建与工程实训

计算机专业英语

数据库应用及实训（Access）

计算机组装与维护

计算机常用工具软件

Photoshop CS案例教程

网络安全技术与实训

3ds max室内外设计

文字录入

Photoshop平面设计与实训

Flash动画设计与实训

多媒体应用技术及实训

数据库应用基础——Visual FoxPro 7.0

C语言程序设计与实训

中小型局域网组建与实训

www.sciencep.com

ISBN 978-7-03-022455-2

科学出版社 职教技术出版中心
http://www.abook.cn

定价：44.00元

高等职业教育“十二五”规划教材
高职高专计算机应用技术系列教材

Photoshop CS6
Graphics and Image Processing

Photoshop CS6 图形图像处理（第二版）

赵 军 主编

科学出版社